文物建筑防火保护

李宏文　主编

中国建筑工业出版社

图书在版编目（CIP）数据

文物建筑防火保护/李宏文主编. —北京：中国建筑工业出版社，2020.10（2024.12重印）
ISBN 978-7-112-25391-3

Ⅰ.①文… Ⅱ.①李… Ⅲ.①古建筑-防火-中国
Ⅳ.①TU892

中国版本图书馆 CIP 数据核字(2020)第 158168 号

本书内容共 6 章，包括：文物建筑防火现状；文物建筑火灾荷载特性；文物建筑火灾蔓延规律；文物建筑电气防火；文物建筑火灾报警；文物建筑灭火设施。

本书适合于从事文物建筑防火保护和研究的人员使用，同时也可供其他防火相关专业人员学习使用。

责任编辑：张 磊 万 李
责任校对：赵 菲

文物建筑防火保护
李宏文 主编
*
中国建筑工业出版社出版、发行（北京海淀三里河路 9 号）
各地新华书店、建筑书店经销
北京科地亚盟排版公司制版
建工社（河北）印刷有限公司印刷
*
开本：787 毫米×1092 毫米 1/16 印张：11 字数：275 千字
2020 年 10 月第一版 2024 年 12 月第二次印刷
定价：**49.00** 元
ISBN 978-7-112-25391-3
（35961）

前　言

文物建筑凝聚着我国古代能工巧匠的聪明才智和精湛技能，是我国优秀传统历史文化的重要传承载体，也是人类文明发展和历史进步的见证，具有极高的历史、文化和科学价值，是不可再生的宝贵遗产。我国许多文物建筑因火灾而湮灭在历史长河中，从秦朝阿房宫的焚毁到福建泰宁甘露庵（始建于宋代）的烧毁，文物建筑火灾不断发生，让人痛心。

我国的文物建筑以砖木结构为主，耐火等级低，火灾荷载大，一旦引发火灾，燃烧蔓延迅速，消防扑救困难，因此防火安全一直是文物建筑保护工作的重中之重。随着社会经济的发展，文物建筑的保护价值、文化价值、经济价值日趋被广大群众所认知，导致对文物建筑的开发利用越加深入，然而也由此造成文物建筑防火安全的工作压力越来越大。文物建筑的结构存在先天不足，加之保护文物建筑原貌的要求，使其无法按照通行的防火规范要求进行防火保护。为了更好地进行文物建筑防火安全工作，只能立足本身，深入研究，挖掘潜能，加强管理，应用新技术，开展科技创安。

编者根据十几年来文物建筑防火系统工程设计、火灾风险评估、消防规划的实践经验、研究成果以及查阅国内外相关文献资料，从理论到实践进行了梳理与总结。本书内容既涵盖了文物建筑火灾荷载调查和对文物建筑火灾蔓延规律的认识，又涉及文物建筑电气火灾预防、文物建筑火灾自动报警系统工程设计，文物建筑灭火设施设置等。

本书共6章。其中第一章由相坤执笔；第二章、第三章、第六章第三节由李竞岌执笔；第四章由雷蕾执笔；第五章第一节、第六章第二节由王靖波执笔；第五章第二节由冯忠强执笔；第五章第三节由李宏文执笔；第六章第一节、第四节由梁强执笔。全书由中国建筑科学研究院有限公司李宏文研究员统稿并定稿。本书在编著过程中得到了北京建筑大学刘芳老师、岳云涛老师、怀超平同学的大力支持，在此表示衷心的感谢。本书编著过程中参考了大量文献，在此对相关人员的辛勤努力表示衷心感谢。由于篇幅和其他条件所限，书中所列的参考资料可能会有遗漏，特此说明。

本书得到中国建筑科学研究院有限公司的大力支持，中国建筑科学研究院有限公司建筑防火研究所的李宏文研究员曾主持完成了“西藏三大古建布达拉宫、罗布林卡、萨迦寺防火系统设计”课题，负责完成了北京市科研课题“文物建筑电气火灾监控及防火技术研究与应用示范”。此书中的部分内容，即为相关的设计与研究成果。同事们在编著过程中提出了大量好的建议，在此一并表示感谢。

由于编者水平有限，书中错误和不妥之处在所难免，敬请读者批评指正。

目　录

第一章 文物建筑防火现状

第一节 我国文物建筑防火现状及其迫切性

一、概述

文物建筑凝聚着我国古代能工巧匠的聪明才智和精湛技能，是我国优秀传统历史文化的重要传承载体，也是人类文明发展和历史进步的见证，具有极高的历史、文化和科学价值，是不可再生的宝贵遗产。文物建筑的消防安全保护工作一直是文物建筑保护工作的重中之重。文物建筑火灾难防难控，一旦发生火灾，因原生性、不可复建性等诸多特点，易造成难以弥补的经济损失、历史文化损失和社会影响。随着社会经济的发展，文物开发利用愈加深入，文物的保护价值、经济价值日趋被社会和广大群众所认知，文物建筑消防安全工作越来越引起重视。

文物建筑有着不同于常规建筑的火灾特点：

一是火灾荷载大，蔓延迅速。文物建筑的火灾荷载约为现代建筑的31倍。对于一些高大的古建筑远远超过了这个比例，如北京太和殿每平方米为2m^3木材，其火灾荷载为现代建筑的62倍，山西应县木塔每平方米为4.78m^3木材，为现代建筑的148倍。古建筑群大都以各式各样的单体建筑为基础，组成各种庭院，大型古建筑又以庭院为单元，组成庞大的建筑群体。这种庭院式的布局，讲究高低错落、疏密相间、飞檐交臂、庭院相连。然而从防火角度讲，建筑间防火间距不足，也缺少必要的防火分隔和安全空间。如果其中某处起火，若得不到有效的处置，很快就会造成大面积燃烧，形成火烧连营的局面。还有的文物建筑布置有回廊，通过回廊把建筑连接起来，控制火灾蔓延的难度大，且随着旅游开发的深入，该类古建筑群节假日人员流量大，火灾隐患增多，极易引起火灾并造成人员伤亡。

二是消防规划先天不足，灭火救援难度大。由于历史原因和客观条件的限制，文物建筑或者是依山而建，或者已经被城市繁华商业圈所包围。普遍存在地理位置偏远、水源不足、消防道路狭窄、防火间距不足等问题，一旦失火，难以及时组织有效的救援。如广州市光孝寺是广东省著名的佛教学院，周边已经是繁华的市中心，贴邻有城市老旧小区，临街商店、餐饮等，防火间距小，消防道路狭窄，火灾易蔓延。如北京颐和园万寿山，普通的消防车辆难以靠近。有些古建筑建立在城市的边缘地带或乡镇，消防水源匮乏。还有许多旅游开发的古村落的消防规划意识淡薄，导致灭火力量规划设计滞后于开发进度，特别是该类古村落往往建设在农村用地范围，《城市消防规划规范》GB 51080并不适用，若在初期设计阶段，没有进行相应的公共消防设施规划，从整体上进行消防安全布局要求、消防给水、消防道路，以及消防救援部队力量和社会消防力量的优化配置，运营后消防安全管理难以开展。

三是文物建筑大多依山而建，易受山火威胁。我国文物建筑一般都建在高山之中，少数也建设在城市中心地带，但考虑到景观要求，通常设计布局林木等绿化。当文物建筑建于环境幽静的高山之中，或者院落旁边设置树林时，树木茂密，一旦发生山火，极易引起文物建筑火灾的发生。《文物保护单位保护范围规定》中对省级文保单位要求通过划定保护范围和建设控制地带的途径，以减少周围环境对文物单位景观的影响。但是该规定仅限制了新建或者改建工程，对原有的建筑布局并没有进行相应的消防改造要求。

历史上我国许多文物建筑因为火灾而毁灭，从秦朝阿房宫的焚毁到福建泰宁甘露庵（始建于宋代）的烧毁，文物建筑火灾不断发生。从近些年我国文物建筑火灾来看，虽然总量不大，但损失大、影响大。2003 年 1 月 20 日，武当山遇真宫因电气发生火灾，烧毁遇真宫主殿三间。2007 年 3 月 7 日，贵州铜仁国家级文物保护单位“川主宫”发生火灾，850m^2 古建筑全部烧毁。2014 年 1 月 11 日，云南省迪庆州香格里拉市独克宗古城发生火灾，具有 1300 年历史的古城核心区变成废墟。2014 年 1 月 25 日，贵州省报京侗寨发生大火，具有 300 年历史的侗族村寨 100 余栋房屋被烧毁。2017 年 12 月，四川绵竹灵官楼突发大火，木塔被烧，因原来建于明崇祯年间的古迹在 5·12 地震中损毁，该塔为原址上重新修建的。起火地点位于大殿，火势蔓延引燃旁边的高塔，这座被大火烧毁的木塔已修建 8 年，采用的是我国传统的榫卯结构，共 16 层，号称亚洲第一高的斗拱木塔。

我国陆续颁布了文物建筑的多项法规，这对加强文物建筑消防工作，保卫我国历史文化遗产以及公民人身和财产安全，发挥了重要作用。特别是近几年，文物建筑的火灾严峻形势引起了相关职能部门的高度重视。2014 年 4 月 3 日，为深刻吸取云南独克宗古城、贵州报京侗寨火灾事故教训，严防此类事故再次发生，公安部、住房和城乡建设部及国家文物局印发《关于加强历史文化名城名镇名村及文物建筑消防安全工作的指导意见》（公消[2014] 99 号）。这是中国第一份由多个职能部门联合制定的强化文物建筑消防安全工作的规范性文件。同日，公安部消防局下发了《古城镇和村寨火灾防控技术指导意见》（公消 [2014] 101号），从多个方面提出古城古村火灾防控操作措施。2014 年 12 月 16 日，国家文物局颁布《关于加强全国重点文物保护单位安全防护工程申报审批与管理工作的通知》。2015 年 2 月 26 日，国家文物局组织编制了《文物建筑防火设计导则（试行）》。2017 年 9 月，国务院办公厅发布了《关于进一步加强文物安全工作的实施意见》（国发办[2017] 81 号），提出要健全落实文物安全责任制，加强日常检查巡查，严厉打击违法犯罪，健全监管执法体系，畅通社会监督渠道，强化科技支撑、提高防护能力，加大督查力度，严肃责任追究。

除颁布技术标准、行政政策外，国家文物局每年会对全国文物消防安全工作情况进行通报。如 2018 年 2 月，国家文物局召开新闻发布会，通报了 2017 年全国重大文物火灾事故调查处理情况和文物单位火灾隐患明察暗访工作情况。

二、近几年我国文物建筑火灾分析

1. 文物建筑历史火灾统计

随着时代的变迁，文物建筑正处于不断的毁灭之中。而在所有文物建筑损坏或消失的原因之中，火灾无疑是主要原因之一。从春秋时期开始，朝代更迭，几乎每场战争都伴随着纵火焚城。公元 845 年，唐朝末期的会昌法难，使得全国有 4600 多座寺庙毁于一旦。

而作为中国现存最古老的木结构建筑，山西五台地区的南禅寺，只是因为地处偏僻才得以在那次浩劫中幸存。到了近代，列强入侵，对中国历史古迹也进行了疯狂的破坏，圆明园的断壁残垣就是最好的证据。

中华人民共和国成立到2000年以前，我国各地文物建筑共发生火灾68起，其中，含全国重点文物保护单位火灾21起。例如，1959年，陕西省西安市碑林大成殿遭受雷击起火被毁，殿内263件文物也被烧毁；1962年，河北省遵化市清东陵因生活用火不慎发生火灾，慈安陵省牲亭被毁；1984年，西藏拉萨布达拉宫强巴佛殿发生火灾，烧毁古建佛殿64m²，铜质镏金佛像8尊，佛经100余部；1987年，北京故宫博物院景阳宫遭受雷击引起火灾，景阳宫是紫禁城重要殿之一，火灾中使局部建筑烧毁，事后重修景阳宫，并安装了避雷针；1995年，河南省登封市少林寺大雄宝殿发生火灾，局部建筑被毁，经查明，系劣迹僧人史训利放火所为，后史训利被捕后判刑。

2000年全国文博单位、文物建筑发生火灾6起，烧毁城楼一座、牌楼一座、文物建筑5间。2001年全国文博单位、文物建筑发生火灾4起，烧毁大殿一座、文物建筑165m²。2002年全国文博单位、文物建筑发生火灾4起，烧毁寺院一座、大殿一座、房屋65间，过火面积1865m²。始建宋代的南京夫子庙因为火灾五毁五修；而最近文物建筑火灾事故更是频频发生，令人痛心疾首。2003年到2015年，我国多处文物建筑也发生火灾，典型的火灾案例如表1-1所示。

我国近年文物建筑火灾典型案例　　**表1-1**

时间	古建名称	文保等级	受损情况	起火原因
2003.1	湖北省武当山遇真宫主殿	省级	最有价值的主殿化为灰烬	私立武术学校搭设照明线路及灯具不规范
2004.6	北京护国寺西配殿	未入选	过火面积达187m²，历时两个小时扑灭，西配殿烧毁	租赁西配殿的服装厂变电箱起火
2007.3	贵州省铜仁市川主宫	国家级	有100多年历史的木质古建筑被完全烧毁，火灾烧毁古建筑850m²	茶艺馆麻将机通电过热引燃覆盖物造成的
2014.1	云南省迪庆州香格里拉市独克宗古城	省级	有1300年历史的古城核心区变成废墟，烧毁242栋房屋，古城历史风貌严重破坏，部分文物建筑也不同程度受损，财产损失上亿	客栈经营者用电不慎
2014.1	贵州省镇远县报京乡报京侗寨	省级	有300年历史的侗族村寨100余栋房屋被烧毁，当地侗族文化遭毁	人为纵火
2014.3	唐代古刹圆智寺千佛殿	国家级	屋顶几近烧毁，殿内壁画也有些许脱落	监控线路老化引起短路导致火灾发生
2015.1	云南省巍山古城拱辰楼	省级	拱辰楼木构部分基本烧毁，烧毁面积约765m²	电气线路故障引燃周围可燃物，蔓延扩大造成火灾

从表1-1中可以看出，文物管理部门擅自将文物建筑出租，管理不善，再加上租赁者自身用电、用火安全意识不强，使用不规范，是引起火灾的重要原因之一。而火灾过后，那些经历数百上千年沧桑的文物古建无一不受损严重，有的甚至完全烧毁。频繁发生的文物建筑火灾一次次向我们敲响警钟。加强文物建筑的消防安全工作，确保文物建筑的安

全，是保护历史文化遗产一项紧迫而重要的任务。此外，引发文物古建火灾的主要原因还有用火不慎和电气火灾。2010年至今，全国已有34处重点文物建筑发生火灾事故，许多重要文物建筑在大火中受到严重损毁甚至全部灭失，其中三分之一左右都是电气原因所致。

2014年古城古镇、古村古寨等文物建筑频频发生火灾，这一现象也被列入发起的“2014年度十大文物事件”评选活动的提名事件之中，在文物建筑烧毁这一令人痛心的事件背后，更重要的是提高民众和相关部门的保护意识，以避免类似的情况再次发生。

2. 典型火灾案例分析

（1）2014年1月11日独克宗古城火灾

2014年1月11日凌晨，云南省迪庆州香格里拉市独克宗古城发生火灾，有1300年历史的古城核心区变成废墟，烧毁242栋房屋，古城历史风貌严重破坏，部分文物建筑也不同程度受损，财产损失上亿，见图1-1和图1-2。独克宗古城历来为滇、川、藏茶马互市之通衢，是中国保存最好、最大的藏民居群，而且是茶马古道的枢纽。

图1-1 云南香格里拉市独克宗古城大火

图1-2 云南香格里拉市独克宗古城火灾

（2）2019年5月30日平遥古城内武庙火灾

2019年5月30日下午14时许，山西省晋中市世界文化遗产平遥古城内县级文物保护单位武庙发生火灾，过火面积约50m²，导致武庙正殿主体建筑烧毁坍塌。

经查，当地政府和文物、消防等部门在古城消防安全检查和管理中有明显漏洞和不足，平遥古城在消防管网、消防人员的配备和管理上存在设施不规范，消火栓、微型消防站以及人员分布不合理等问题；市区和建筑存在电线线路老化、敷设杂乱等问题。特别是文物保护工程施工单位安全主体责任落实不到位，安全意识淡薄，施工过程中存在着明显违规行为，安全监管不力，管理混乱，安全标志牌设置不规范、信息不全，脚手架、信号灯、尼龙网等不符合安全生产要求，施工用电线路、灯具安装不规范，施工材料堆放杂乱等突出问题和安全隐患。

国家文物局对平遥古城武庙火灾事故进行跟踪督办。同时，针对当前全国文物消防安全形势，国家文物局部署开展全国文物火灾隐患排理整治专项行动，国家文物局办公室、应急管理部消防救援局发布了《关于开展文物建筑火灾隐患排查整治工作的通知》，实施源头治理，全面增强火灾防控和应急处置能力，确保全国文物单位的安全与稳定。

（3）2018年2月17日拉萨大昭寺火灾

拉萨大昭寺已有1300多年的历史，在藏传佛教中拥有至高无上的地位。大昭寺是西藏最早的土木结构建筑，开创了藏式平川式的寺庙市局规式。大昭寺保存了释迦牟尼12岁等身像，故称大昭寺为“觉康”，意为释迦牟尼的殿堂。

2018年2月17日18时40分左右，拉萨大昭寺供奉有释迦牟尼佛像的后殿二楼右侧通风室着火。火灾被迅速扑灭，未造成人员伤亡，周围一切秩序正常，过火面积50m^{2}左右。火情扑灭并消除复燃隐患后，大昭寺于2月18日9时45分正常对外开放。

火灾发生后，西藏迅速启动突发事件应急响应机制，调集力量迅速扑灭火灾。明火扑灭后，消防人员为防止通风室坍塌以及死灰复燃，保护性移除了2013年修复的后殿金顶，并在后殿内采取保护措施，搭建支架和隔板，确保后殿释迦牟尼佛像安全。文物专家组成文物保护组，对寺庙文物损失情况进行了调查核实。寺内供奉的释迦牟尼12岁等身像完好无损，主体建筑完好无损，登记的6510件文物无任何损失。过火点通风室是20世纪80年代后维修建筑，内部未存放任何文物。

火灾发生后，拉萨市成立了事故调查组，对现场进行勘验和调查，询问并走访周边群众和现场相关人员，目前已初步排除人为因素。相关部门立即采取紧急措施：一是全覆盖拉网式进行安全生产大检查，确保各类文物绝对安全；二是全面深入调查评估拉萨市古城区及重点寺庙公共安全风险，及时消除隐患；三是将依法依规严肃追究相关责任人的责任。

第二节　其他国家文物建筑防火

由于火灾造成文物建筑破坏和损坏的状况比较多，世界上许多国家致力于文物建筑消防保护技术和安全措施的研究，几乎所有的国家都设有文物古迹保护机构并出台相应的保护制度和规范条款或实施条例。国际上最早由政府来保护文物建筑的国家是瑞典，瑞典在1630年就设立了专门机构。美国也在文物建筑消防安全保护上投入了很大的精力和努力，美国消防协会（NFPA）自1940年成立后，一直致力于文物建筑的消防保护，在文物建筑消防安全保护方面展开了一系列诸如编制、出版、宣传相关规范和标准的技术活动，并颁布了一系列文件，2001年，出版了文物建筑的防火规范，NFPA914。日本在文物建筑的消防保护方面也做了大量工作，建立了有关的保护标准，制定了火灾预防措施，并于2003年由日本消防厅发布了《文化财产火灾预防相关对策调查研究报告》。

一、文物建筑防火工作的发展

1. 日本

日本的建筑文化和建筑形式来源于中国。日本的文物建筑也多以木质结构为主。截止到2016年2月9日的统计，日本重要文化遗产分为历史建造物和美术工艺品两大类，其中历史建筑物共计2445件、4775栋，国宝占223件、282栋。美术工艺品有10612件。

在明治维新以后，日本就对奈良法隆寺的消防设施进行了极其周密的布置和大量的投资。1986年，日本对古建筑“姬路城堡”进行了防火安全保护方面的研究，在1/25的城堡模型试验中测试了火灾发生后火势和烟气在主体塔楼中的扩散情况，为该类建筑的防火保护提供了研究基础。

日本文化遗产保护的第一个也是最重要的国家大法是1950年8月颁布的《文化财保

护法》，这一法律将“文化财”这一定义正式规定下来，标志着日本文化财的保护从第二次世界大战前“崇古求美”的保存修复，转变为现代社会的保护与活用为主的新阶段。该法的颁布源于1949年奈良法隆寺金堂的大火，金堂初层内部柱子和壁画被烧毁。2003年，日本消防厅发布《文化财产火灾预防相关对策调查研究报告》，考虑到了管理及教育体制、防火管理措施、消防技术等各个方面，灵活地运用法规标准，在保护文物建筑不受火灾侵害的同时，保持文物建筑的美观和景观，并符合文物建筑保护的观点，制定出合理有效的文物建筑火灾的对策方针。

2004年6月，日本国会通过了《景观绿三法》（包括《景观法》《实施景观法相关法律》和《城市绿地保全法》），针对景观规划、景观重要建造物指定与管理、景观地区中建筑形态设计的限制、景观协议和景观维护机制相关的程序与规范等进行规定。日本以良好的景观为前提，限制建筑的形态、色彩、高度、开发密度等开发行为，保护城镇乡村周边的良好景观环境，重视保护现存的历史文化景观，力图创造具有地方个性的生活环境和富有活力的地域社会。

2008年5月，《关于地域的历史风致维护和改善的法律》开始实施。这是第一部将物质与非物质文化遗产结合保护的法律。文部科学省、农林水产省和国土交通省三省对这一法律共同监管，以保护和改善城乡生活环境品质为目标，重视保护地域内的固有传统文化工艺、生产、活动和其场所，体现了文化遗产保护与城乡规划建设、农村地区振兴等行政管理的紧密合作。

2. 加拿大

1998年，加拿大保存技术研究院（Canadian Conservation Institute，CCI）发布的《历史建筑火灾防护问题》，对历史建筑火灾危险性、自动洒水装置等进行了分析，同时指出当时的国家建筑规范及省级建筑规范的制定都是以通过调节安全应急出口来保障建筑居住者的生命安全以及防止火灾扩散到相邻建筑为主要目标，而不会涉及财产保护。只要人员安全撤离，火灾得到控制，建筑法规不会关心火灾破坏建筑及其内藏品的可能性。也就是说，当时的建筑规范对珍贵的历史建筑或藏品是没有进行保护的。因此，加拿大以博物馆为例开展防火保护，博物馆在向公众开放前，需要联系当地的权力部门（Authority Having Jurisdiction，AHJ)，通常是当地或者省级的消防局长，以保证符合规定。

2010年，由加拿大联邦政府、艾尔伯塔省、卑诗省、魁北克省等11个组织机构共同推出了《加拿大历史场所保护标准及指南》（第二版）。该资料提出了历史场所保护标准，也对文化景观（包括遗产区）、遗址、建筑物、机器制造厂（包括民用、工业及军用制造厂）及材料的保护提供了参考。

2015年，加拿大国家研究委员会（National Research Council，NRC）公布了2015版《国家防火规范》（National Fire Code，NFC），但是并没有针对历史建筑防火的条文规范。

3. 欧洲

在欧洲，古建筑的保护也同样受到了重视。国际建筑研究与文献委员会（CIB）W014工作委员会将七项计划确定为高度优先性计划，这其中就包括了具有指导性的关于古建筑的消防安全工程方法的文件。其他有关古建筑保护的活动还有1998年在英国爱丁堡举行的“古建筑的防火”会议，1999年在波兰华沙举行的第三届古建筑消防的国际研讨会以

及2011年在希腊萨洛尼卡发起举办的关于古建筑消防的国际会议。

欧洲的技术文件一般都是没有法律效力的指南。这些指南包含古代材料及组件的耐火性能，如1997年，英国《英国遗产技术指南通知》主要包含木材镶板门及耐火性；火灾保护措施，例如2006年，英国赫特福德郡消防及救援部门的绘图部门制作的《茅草财产消防指南》；历史建筑消防策略、应急计划及消防措施配置管理的指南；其他技术咨询报告（Technical Advice Note，TAN）。

1984年，法国卢浮宫扩建的防火设计中，采纳了贝聿铭的设计方案，并对建筑内易燃物的表面进行了防火阻燃处理。20世纪60年代，英国对文物建筑的消防安全保护开展了许多研究，如在文物建筑的材料阻燃技术、火灾报警、消防设备、人员安全疏散及火势控制和烟气蔓延等方面做了大量工作。

4. 美国

美国虽然没有悠久的文化历史，但对历史建筑的保护却十分重视。自1940年NFPA成立文化资源委员会（原名为博物馆、艺术馆、古建筑委员会）以来，美国就开始了对历史建筑火灾的研究。

2001版的NFPA914《Fire Protection of Historic Structures》于2000年11月由NFPA委员会投票一致通过。这是美国第一部用于古建筑的消防规范，而以前这部规范是作为推荐惯例被发表的，从被推荐的惯例转变到规范使其具有了法律权利。完整的重新修订的文件包括几个新的特征，提供了关于古建筑的消防安全的几种革新的办法。例如：古建筑的消防安全需要的分析过程，对于可能危及古建筑完整性的其他规范的特殊补充，以及古建筑消防安全的性能方法。

NFPA914的目的是在保护古建筑的元素、空间和特征的同时为古建筑提供火灾保护，并保证人的生命安全。它的主要内容是为古建筑的保护和为古建筑的管理者、使用者和参观者提供防火安全的需求。它从建设、保护、管理和所有权等方面尽可能地降低火灾包括由火灾产生的烟雾、热量和火焰对生命和建筑结构的影响，并同时保持古建筑的结构和整体性不受破坏。

美国NFPA914的重要性就在于可以加强火灾保护，在保证历史建筑安全的同时不破坏建筑空间的独有特性。

NFPA914与其他文件相比的不同之处就是提供了两种处理方法："处方式"方法（Prescriptive-Based Option）和"性能化"方法（Performance-Based Option）。

建筑的历史性特征还包括了文物建筑的附属物，这些附属物有可能是一个窗帘或一片装饰性的墙、顶棚甚至可以扩大到整个楼层。无论是采取"处方式"方法还是"性能化"方法，正确的古建筑保护措施必须是所有的这些特征不能被改变。在实践工作中通常首先采用"处方式"的方法，但是，处方式的做法往往解决不了古建筑的火灾问题，因此完成后要作出评价，看使用的具体情况是否适合，若不适合，就采用"性能化"的方法。"性能化"方法可以恰当地权衡火灾保护和古建筑保护的平衡性，提出现实的、具体可行的解决问题的办法。"性能化"方法的一个基本原则，就是在确定消防安全目标后，广泛采用性能化消防安全措施取代处方式规范，通过采用灵活的消防安全措施，保证古建筑内的整体消防安全水平达标，而不是孤立地判断某个系统是否符合规范。

随着科学技术的不断发展，NFPA914也在不断地完善。2007版的NFPA914修正了涉及用于历史建筑结构属性中的自动洒水器类型，并增加了信息管理操作系统和急救响应计划方面等内容。新版的 NFPA914 新添了一章，主要关于安全性并附加了合规替代品实例。技术方面的改进有生命安全性能；临时围墙；一致性评审阶段中发现的缺陷；修改规范性要求文件；家务；热加工；布线；商业烹饪和食品服务业务；添加、更换和维修；屋面；水暖；临时接线；防火门；检验、试验和维修消防系统；以及可燃包装材料的使用。

为减轻历史建筑遭受纵火的危险性，2010 版的 NFPA914 添加了用于行为脆弱性评估的标准及调查表格；用于实施运行控制的导则；对用于保护电路的电弧故障断路器的要求；抵抗野火的标准；确认在历史建筑中工作的承包商资格的标准；楼宇安全系统的检查、测试及维护要求；新附录 R 中，添加了 NFPA914 案例分析；新附录 S，历史区域的保护；新附录 T，不适合历史建筑物规范的特殊例子；新附录 U，安全系统。

2015 版 NFPA914 中，将规范范围、目标及目的中加入了安全性。为符合修正后的范围，对安全性的要求也进行了修正，合并。而且为了紧跟第 11 章的火灾预防要求，将此部分内容移到新的第 12 章。从 NFPA90A 中提炼出增压仓库要求，第 11 章添加了空调及通风系统安装标准，所有提炼的条款都是在 2014 年秋季修正期中更新的。

此外，J・Zicherman 等人在 2000 年提出了《古代材料及组件的防火等级指南》。J・Watts 等于 2002 年提出《历史建筑火灾安全规范》。

除了技术规则，其他规范也提出了一些前瞻性的规定。例如，国际现有建筑规范（International Existing Building Code，IEBC）1003 部分用于改建中的历史建筑消防安全；加利福尼亚州历史建筑规范（California State Historical Building Code，SHBC）在保证居住者及消防员的生命安全基础之上，为有资格的历史建筑消防提供强制性要求，以保证其完整性。

二、三起国外典型文物建筑火灾分析

1. 2019 年 10 月 31 日首里古城火灾

2019 年 10 月 31 日，首里古城发生火灾，木质结构的首里古城正殿、北殿和南殿均被烧毁，约 4800m² 的建筑被大火烧毁。据报道，消防队在当地时间 2 点 41 分接到报警，称首里古城发生火灾，消防队随后派出 15 辆消防车赶赴现场灭火，但直至当地时间早晨 7 点左右火势仍未扑灭。在燃烧持续 11h 后，首里城的正殿等主要建筑物全部被烧毁。

据调查显示，正殿安全系统传感器过热引发火灾。当正殿警报响起时，建筑物内的安保人员曾尝试进入正殿。但当时正殿北侧入口处都已上锁，在等救援人员拿到钥匙进入正殿时，室内已经烟雾弥漫，错过了最佳的灭火时机。

据报道，入口处的“人感传感器”曾在火灾刚发生时启动过，在奉神门警卫室值班的保安发现了这一点，保安最初认为有可疑人员闯入，所以独自一人外出巡逻。由于他并没有叫醒正在打盹儿的同事，导致数分钟内无人观看监视器画面。随后，该保安发现正殿处正冒出大量浓烟，但他并没有用对讲机通报，而是选择小跑着回到警卫室，叫醒同事并报警。消防部门收到火情的时间与正殿“人感传感器”启动的时间间隔约 6min，如果当晚值班保安叫醒同事继续观看监控，那么报警时间将会提前。而据“冲绳美丽岛财团”与安保公司签署的协议，首里城每晚的值班保安必须经常观看正殿内外的监控录像。见图 1-3、图 1-4。

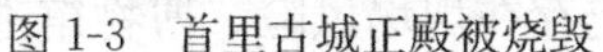

图 1-3　首里古城正殿被烧毁

图 1-4　首里古城被烧毁后的航拍图

此外，正殿周边设置了 4 个水枪，但其中 1 个位于正殿背面的水枪因没有配备开盖工具而不能使用。相关工作人员表示，设置水枪时的确因为考虑美观，将其设计成需要使用工具才能打开的造型，今后将会做出调整。

2. 2019 年 4 月 15 日巴黎圣母院火灾

2019 年 4 月 15 日下午 6：30（约北京时间 16 日 0：30），正在搭建脚手架进行维修工程的巴黎圣母院遭遇大火。2019 年 4 月 16 日上午，大火扑灭，火灾持续 14h。教堂的主体结构得以保留，圣母院的屋顶和塔尖被烧毁。

火灾发生后，约有 400 名消防员参加了与大火的斗争。据外媒报道，诸多法国巴黎居民和媒体纷纷质疑消防队的扑救水平与灭火器材，认为其救火不利。法国警方称，不采用直升机喷水灭火是担心自上而下的猛烈喷水会破坏内部的艺术品，故只能采用外围消防车喷水和消防员携带灭火器进入建筑物内部灭火。消防水炮无法到达巴黎圣母院起火点，且由于巴黎圣母院一部分主体为木质，故消防车水炮无法过于强力地喷射，否则可能损坏建筑结构，只能在建筑周边以较为柔和的水雾的形式为建筑物降温和灭火。见图 1-5、图 1-6。

图 1-5　巴黎圣母院火灾现场

图 1-6　消防车扑救巴黎圣母院火灾现场

纽约约翰杰伊学院消防科学副教授格伦科贝特推测，施工明火可能是造成火灾的危险因素之一。火炬上的明火、焊工产生的火花以及其他脚手架上的易燃材料带来的危险都是潜在的灾难。巴黎圣母院的屋顶为木质结构，高度还非常高，这给地面救火带来了极大的难度。前纽约市消防局局长文森特·邓恩说，消防软质水管够不到这样一座大教堂的顶部，而且消防员步行到达教堂顶部，则必须在蜿蜒的台阶上艰难攀爬，会消耗很多时间。

由于圣母院被焚毁的建筑材料中所含的大量铅随着大火散播导致铅污染，修缮工程于7月底暂停。从8月13日开始，巴黎市政府在巴黎圣母院附近区域使用高压喷洒的方式，深度清理因圣母院大火造成的铅污染。2019年8月19日，法国巴黎圣母院修缮工程重新启动。目前，大型起重设备已经恢复工作。法国文化部方面表示，由于巴黎圣母院面临坍塌的风险，眼下的修缮加固工作迫在眉睫。相关作业将使用可移动的除污装置作为隔离防护，同时作业人员也将接受更多关于防止铅污染方面的操作培训。

3. 2018年9月2日巴西博物馆火灾

2018年9月2日晚，位于巴西里约热内卢市的国家博物馆发生火灾。火势始终无法控制，馆内2000万件藏品恐怕都已被烧毁。5个小时后，消防员控制住火势，却没有完全扑灭明火。起火时，博物馆已经闭馆，馆内4名安保人员都及时逃出，没有人员伤亡。截至2018年9月4日，博物馆整个三层建筑基本被烧毁，仍存在坍塌风险。博物馆主体建筑损毁严重。

人们最初猜测火灾可能是因电路短路或人们放飞的“天灯”引起的。在经事故调查后，博物馆大火不涉及纵火，主要原因是冷气断路器及接地装置的安装方法，与制造商的建议不符。馆内并无火灾报警装置、防火门及防火分隔，全馆唯一设备只有灭火器。仅是率先起火的地下会堂，火势历经6h方被扑灭。在消防队灭火期间，博物馆的消防设施中出现了缺水问题，消防队不得不到附近的湖中去取水，耽误了救火时间。同时，馆内易燃品多、杂物堆放拥挤，也给灭火带来了困难。在灭火结束后，消防队还发现博物馆没有消防证书，一直是在消防设施不达标的情况下运营。见图1-7。

图1-7　巴西博物馆火灾后建筑情况

第三节　我们面临的任务

随着经济和社会事业的迅速发展，文物建筑的消防工作也遇到了许多新情况、新问题。传统性和非传统性火灾致灾因素不断聚集，火灾现象越来越复杂化和多样化。传统的文物建筑火灾原因以电气火灾为主，电气火灾可以分为两类：一类是由于电气设备的质量、安装、老化造成的；另外一类是人为因素造成的，例如私搭乱接电线、更换保险丝、使用易拉电弧的刀闸开关、直接在木材上敷设电线电缆、使用质量差的不合格电缆和插座、施工中损坏线缆绝缘外皮、不规范布线、室内对电动车充电等行为。非传统性火灾致灾因素，主要是随着文物建筑不断被开发利用，不可避免的引入一些新功能，新功能一方面导致其火灾危险性存在较大的不确定性，另一方面，火灾荷载也有一定的增加。

一、管理方面

1. 责任划分及落实

一是文物建筑产权不清，责任不明，消防安全责任难以具体落实。

按照1984年文化部、公安部颁布的《古建筑消防管理规则》的规定，古建筑的消防安全工作由古建筑的管理和使用单位共同负责。一般而言，各地的文物局、文管所是古建筑的管理单位，但使用单位却是千差万别，涉及了各种行业，这是由于历史原因造成的。解放初期，各地各级人民政府文物保护的观念尚不十分清晰，古建筑纷纷被作为办公、仓库等用房分配给各有关单位，并办理了产权手续，这就在实际上造成了古建筑管理和使用单位的脱节：一方面，文物局、文管所作为文物保护的专业管理部门，从自身职责出发，对文物保护有着强烈愿望，而事实上却难以插手被占用文物建筑的日常管理；另一方面，文物建筑占用单位保护意识十分淡薄，仅仅将文物建筑作为一般建筑使用管理，使得文物建筑的消防安全管理由管理和使用单位共同负责成为空谈。消防部门作为监督机构，只能在两家单位之间调停，事实上的消防安全责任难以具体落实。可行的办法就是通过政府协调，清晰产权，明确责任，把文物建筑的消防安全责任落实到具体单位，具体人员上，但是由于牵扯面广，操作复杂等原因，就造成了文物建筑在消防安全管理上的漏洞，使文物建筑的消防安全职责始终处于飘摇不定之中。

二是文物建筑火灾隐患多，整改难度大，资金投入少。

一方面，整改火灾隐患需要投入大量的资金，这在自身没有收入，仅靠上级拨款的文物建筑单位根本无法实现，只有在开发旅游项目，有充足收入的文物建筑单位勉强能够实现；另一方面，即使有充足的资金保障，也还面临着许多技术性的难题。例如，按照《建筑设计防火规范》的要求，国家级文物保护单位的重点砖木或木结构建筑应设自动喷水灭火设备，这在自动灭火系统的设计、施工中存在着许多技术性的困难，一是消防用水与文物建筑普遍缺乏水源的矛盾；二是消防供水管网与文物建筑的建筑风格存在互不相容的冲突，按照修旧如旧的原则，消防供水管网的设置处于两难的境地：按照规范设计，暴露出来的喷淋头破坏了古建筑的整体风格，照顾古建筑的建筑风格，往往又存在喷淋系统不能发挥或不能完全发挥作用的状况。

三是消防法律、法规存在盲点，不利于消防监督工作的开展。

按照《消防法》的解释，营业性场所是指宾馆、商场、歌舞厅、桑拿浴室等场所，文物建筑显然不在其列，应该是机关、团体、企业、事业单位的范畴，这就带来了一个问题，即文物建筑火灾隐患如何查处。按照公安部61号令的规定，县级以上文物保护单位即是消防安全重点单位，如果按照公安部《消防监督检查规定》，对文物建筑进行了检查，发现了隐患而单位又没有在限期内整改，依照一般程序，应该实施处罚，但文物建筑管理使用单位是非营业性单位，按照《消防法》的规定，只能给予其负责人行政警告处分，行政警告处分只能由其上级行政机关实施，消防机构作为监督机构，实施上有很大难度。所以这种规定只能是一纸空文，难以落到实处，从而对文物建筑火灾隐患的整改起不到应有的督促作用。

四是消防组织不健全，制度不落实。

文物建筑特别是没有形成群落、规模的文物建筑，大多地处荒郊野外，远离城镇、农村。由于缺乏明确的管理、使用单位，或者由于没有必要的经费保障，连最起码的值班人员也难以落实到位，基本处于失控漏管状态。文物建筑作为特殊建筑，严加看管尚难保证其消防安全，失控漏管更无须赘言。武当山玉真宫、临汾尧庙两起古建筑火灾皆因人为纵火引起，派设专人看管的重要性自然不言而喻。除国家重点保护的古建筑外，多数古建筑无组织机构或防火组织不健全，单位领导没有真正成为防火安全责任人，没有专（兼）职防火员和消防队（站），使防火和灭火工作没有保证。尽管国家已颁布了《古建筑消防管理规则》，少部分单位也制订了管理制度，但不能切实落实到位、责任到人。

五是随意变更文物建筑场所的使用性质。

一些单位对古建筑缺乏足够的认识，不重视消防安全管理，使其有的用作商店、招待所，增加建筑物的火灾荷载；有的用作加工生产场所，违章安装使用电器设备，动力线路老化；有的室内违章动火，如火炉、火炕等，这些都严重地威胁着古建筑的消防安全。

除上述原因外，政府和各部门能否密切协作，也是文物建筑的消防工作能否顺利开展的一个重要因素。只有政府各部门、社会各界积极动员起来，参与到文物建筑保护中来，才有可能对文物建筑火灾进行合理、有效的预防和控制。

2. 消防保护工作的切入点

由于文物建筑为既有建筑，难以按照新建建筑进行消防设计，加之文物建筑具有个体独特的建筑特点、环境特点，也难以采用同一标准，需针对文物建筑个案进行性能化的消防评估，明确其火灾风险和现状消防工作薄弱环节。在此基础上，进行消防规划和近期消防设计。通过火灾风险评估查找问题，再进行消防规划明确近远期工作方向，通过消防设计明晰近期具体工作，使得文物建筑的消防保护成为一项系统性的工程。

（1）火灾风险评估

进行文物建筑的火灾风险评估是分析当前消防安全状况，提高文物建筑精细化管理水平的重要体现。根据《城市消防规划规范》GB 51080—2015，在编制文物建筑消防专项规划的前期需对文物建筑火灾风险、消防安全状况、灭火救援能力进行分析评估，可见开展火灾风险评估是消防规划工作的基础。

目前在欧美国家，火灾风险评估开展较为广泛，也有很深厚的实践基础，火灾风险评估主要作为消防救援力量部署的重要依据之一。我国关于火灾风险评估的研究起步较晚，火灾风险评估处于探索阶段。由于文物建筑通常以院落布置，因此针对文物建筑的火灾风险评估属于区域火灾风险评估的范畴。

在区域火灾风险评估方面，根据目前的发展，大致可将区域火灾风险评估分为三类：1）消防安全风险调研评估；2）基于单体建筑评估的区域火灾风险评估；3）基于空间的区域火灾风险评估。

其中，1）消防安全风险调研评估。公安部消防局于2017年先后印发了《关于印发2017年司政后防部门工作意见的通知》（公消［2017］14号）、《关于深入开展消防安全风险调研评估结果应用的通知》（公消［2017］20号），号召各地积极开展消防安全风险调研评估工作，该评估通过对涉及消防的各个部门开展深入细致的座谈调研和实地调研，精准了解当前消防工作状态，掌握火灾风险的基础底数，找准火灾防范工作、消防基础设施建设、灭火救援能力等方面存在的问题，该评估侧重于消防管理工作薄弱环节的分析上，呈现整体的消防工作主要问题为目的。

2）基于建筑评估的区域火灾风险评估。广东省、重庆市等多地也在积极开展基于建筑评估的区域火灾风险评估，该评估是以通过深入细致的火灾隐患排查，并利用消防设施检测方法，采取抽样的形式，掌握消防重点单位或者消防重要部位的火灾隐患，通过建立指标体系，进行样本数据的分析处理，并针对评估结果给出解决方案以供消防管理部门研

判，侧重于呈现消防安全管理的动态变化，与消防监管有关。

3）基于空间的区域火灾风险评估。是在构建区域消防数据平台基础上，进行火灾风险分析，掌握现状火灾风险的空间分布水平，可实现火灾风险水平的动态评估和预警，以提高区域火灾风险防控能力，该评估是以1）消防安全风险调研评估为基础，可包括层次2）基于建筑评估的城市火灾风险评估，为消防规划设计、消防力量配置服务，主要为灭火力量资源的优化配置提供依据为目的，数据库的建立重在体现了消防安全的本质特性，通过结合2）基于建筑评估的城市火灾风险评估，可实现本质特性和动态变化的有效衔接。

虽然火灾风险评估的发展相对比较成熟且日趋规范，但是在区域火灾风险评估方面，还处于初期研究阶段。通过调研发现，进行过火灾风险评估的消防规划，风险评估的结果和建议与消防规划的编制内容未得到很好结合，无论在与消防规划的结合还是指标体系的构建上，都存在一些不足。区域火灾风险评估在消防规划的编制过程中并未发挥应有的作用。

目前，面向消防规划的火灾风险评估在以下方面急需进行完善：

1）评估过程不合理，成果难以运用

构建区域火灾风险评估指标体系过程中没有考虑到区域特点，以建筑内的风险分析和建筑内的消防设施评估为主，未对相应的救援能力和消防管理进行分析评估，导致评估结果无法为规划设计中的消防安全布局和市政消防设施提供指导，给规划设计的应用带来了许多不便。

区域火灾风险评估单元以文物建筑区域整体为一个评估单元，导致仅有整体区域的评估结果，导致整改措施难以落实。

2）评估结果适用性不强，与规划脱节

对消防现状问题调查和分析不够深入，如仅注重火灾统计，忽视火灾发生、蔓延与建设用地和建筑布局的关系，导致规划内容仅限于规范性语言要求，缺乏实质性和适用性的具体内容。

火灾风险评估也未能充分论证区域各功能分区的消防安全适宜性，以及功能用地的消防安全防护要求，未结合消防安全风险提出完善安全布局的有效措施。

在完善区域火灾风险评估的科学性基础上，评估应以服务消防规划为出发点，提高评估对规划的支撑能力。

3）定量火灾风险评估缺少工程实践

在评估方法方面，单一的评估方法和主观赋权都很难满足评估客观、全面的需要，总存在着各种缺陷，评估过程中还会发生信息丢失的现象，需要研究系统的评估方法。此外，在定量评估与规划的结合上，仍然没有较为统一的方式及解决思路。

当前，由于国家政策和信息化技术的不断发展，消防大数据和物联网技术发展迅猛，处在初期建设阶段。在城市规划领域，定量的规划已越来越引起研究学者的重视，处于初期探索阶段。在物联网技术和定量规划的初期建立阶段，构建物联网技术及消防规划的有效衔接，是顺应事物自然发展的必然途径，基于消防物联网的消防规划也将会成为大数据技术应用的极佳典范。因此探索适用于消防规划的区域火灾风险定量评估方法是目前亟待解决的问题，特别是随着大数据技术和信息化的发展，迫切需要进行定量的以区域为尺度的火灾风险评估及消防规划，而在该方面理论研究和工程实践均较为薄弱。

（2）消防规划及消防设计

消防规划是指根据区域功能分区、各类用地性质分布、基础设施配置和地域特点，在进行历史火灾数据统计和区域发展趋势预测上，对区域火灾风险进行评估，确定区域消防发展目标，从而对区域消防安全布局、公共消防基础设施和消防力量等进行科学合理的规划，提出阶段性的建设目标，为完善区域消防安全体系提供决策和管理依据。

纵观我国古代城镇和建筑的发展，马头墙、水缸的设置均是考虑了防火隔离、灭火的需要。1989 年公安部、建设部、国家计划委员会、财政部联合发布的《城市消防规划建设管理规定》是我国关于城市消防规划工作的第一个规范性文件。1995 年颁布的《消防改革与发展纲要》要求“必须将消防事业的发展纳入国民经济和社会发展的总体规划，尚未制定消防规划的城镇，均应在今后 3 年制定出来。今后上报城市总体规划，如果缺少消防规划或消防规划不合理的，上级政府不予批准”。随着国家对于城市消防工作的重视和城市发展的需要，城市消防规划逐渐成为一项专业规划内容单独编制，各城市的规划工作为消防规划编制进行了积极的探索，但我国早期的城市消防规划仅是城市总体规划中防灾规划的一项内容。在 1998 年 4 月颁布的《消防改革与发展纲要》使得消防规划从此具有法律地位和法律效力。在 2006 年发布《国务院关于进一步加强消防工作的意见》中，要求：“地方各级人民政府要结合实际编制城乡消防规划，确保公共消防设施建设与城镇和乡村建设同步建设。”该意见的实施极大地推动了消防规划的发展，促使各大中城市将编制消防专项规划提上日程，城市消防规划逐渐成为一项专业规划内容单独编制，各城市的规划工作为消防规划编制进行了积极的探索。

新时期、新背景下，《国家新型城镇化规划（2014—2020 年）》中明确指出我国存在城市管理服务水平不高，公共安全事件频发，城市管理运行效率不高，公共服务供给能力不足等问题并提出要完善城市应急管理体系。公安部联合建设部等部委在 2015 年 8 月联合下发的《关于加强城镇公共消防设施和基层消防组织建设的指导意见》中明确指出：“着力加强城乡消防规划、公共消防设施、消防安全管理组织网络和灭火救援力量体系建设，积极采用区域消防安全评估技术，提高消防规划编制质量，健全完善消防规划实施情况的评估、考评机制，规划主管部门要加强对消防专项规划编制、审批、实施的监督管理”。《中共中央 国务院关于进一步加强城市规划建设管理工作的若干意见》（2016 年 2 月 6 日）中指出：城市规划在城市发展中起着战略引领和刚性控制的重要作用，城市规划前瞻性、严肃性、强制性和公开性不够；切实保障城市安全，提高城市综合防灾和安全设施建设配置标准，加大建设投入力度，加强设施运行管理；加强城市安全监管，建立专业化、职业化的应急救援队伍，提升社会治安综合治理水平，形成全天候、系统性、现代化的城市安全保障体系。

文物建筑的消防规划在近些年得到了快速发展。2014 年，公安部、住房和城乡建设部、国家文物局联合下发关于印发《关于加强历史文化名城名镇名村及文物建筑消防安全工作的指导意见》的通知，该通知指出，城乡规划、文物部门将消防规划纳入历史文化名城、名镇、名村和文物保护规划，作为保护规划审批的必要条件。

2014 年，独克宗古城、报京侗寨、洪江古建筑群等地相继发生火灾，其中部分文物建筑不同程度受损，文物周边环境风貌遭受严重影响。为全面加强文物保存丰富、集中的古城、古镇、古村落和古建筑群的消防安全工作，按照《国务院关于加强和改进消防工作

的意见》（国发［2011］46号）中相关规定，国家文物局决定于2014年开展10处文物消防安全专项规划编制试点工作，并陆续发布了《关于开展文物消防安全专项规划编制试点工作有关事项的通知》（文物督函［2014］194号）和《关于公布文物消防安全百项工程和文物消防安全专项规划编制试点名称的通知》（文物督函［2014］761号）。该文件的颁布和国家专项资金的支持，有利推动了文物建筑的消防专项规划的编制工作。国内其他国保文物建筑也陆续开展了消防专项规划的编制工作。

前期纳入消防规划试点的有歙县古城（许国石坊等）、上津古城、顺溪古建筑群、洪江古建筑群、瑶里改编旧址、昭化古城（剑门蜀道遗址之昭化段）、三坊七巷和朱紫坊建筑群、潮州老城古民居建筑群、青木川老街建筑群等。

消防规划的合理制定，需要采用科学、系统的理论体系，并采用与规划尺度相适宜的火灾风险评估方法，通过消防工程和城市规划专业等多专业人才的共同努力，不断提高规划编制的质量；在规划实施阶段，充分利用大数据平台，建立消防规划的动态评估方法，从而不断的优化各项规划内容，通过加强监督管理保证规划落到实处。由于文物建筑群不同于一般的城市区域，国内起步晚，消防专项规划工作仍存在一些薄弱环节，需要继续深入解决的问题有：

1）消防规划的系统方法研究

基于消防规划起步较晚，理论深度欠缺的现状，应对现有的消防规划的规划深度、规划内容、规划重点进行分析研究，建立消防规划的系统全局理论，并根据文物建筑区域特点，文化历史特点，自然环境特点进行消防规划的方法研究，探索适用于文物建筑的消防规划系统理论方法。

2）针对不同对象的消防规划技术研究

针对文物单体建筑、文物建筑院落、历史街区、古镇、古城等不同规划对象，开展区域消防安全布局要求、消防给水、消防道路，以及消防力量和社会消防力量的优化配置等专项技术研究。

3）适用于消防规划的区域火灾风险定量评估

在进行火灾风险评估时，可采用火灾整体评估和重点区域专项评估相结合的评估手段，分别对整个区域风险进行整体评估，对整个区域的消防安全布局、公共消防设施、灭火救援力量和社会面防控能力进行整体把控，并对局部单体建筑进行专项评估。整体评估和局部专项评估根据评估对象的不同，建立相适应的指标体系，在对区域消防工作整体把控的同时，有效完善重点单体建筑的消防工作。

为以事实或数据为基础，通过逻辑分析和经验验判，做出最符合区域实际情况的判断，探索区域火灾风险定量评估方法，提高对消防现状的分析能力；在定量火灾风险评估基础上，开展消防规划的方法研究，实现火灾风险评估和消防规划的有效衔接，提高消防规划科学性，实现规划的动态评估。

4）构建基于消防规划及火灾风险评估的数据库

在规划编制和评估过程中，数据收集分析和深入调研是关键技术环节。首先，在数据收集阶段，开展基于消防规划和评估内容挖掘定量消防规划和评估的数据需求分析研究；其次，在数据分析阶段，应建立数据分析平台，开发基于数理统计的数据分析程序，为定量评估和规划提供支撑；最后，在数据分析结果阶段建立基于地理信息系统的数据呈现方法及动态的消防规划及过程评估。

(3) 应急预案和消防演练

编制应急预案，是为了单位在突发火灾事故时，统一指挥，及时、有效地整合人力、物力、信息等资源，迅速针对火势实施有组织的扑救，避免火灾现场的慌乱无序，防止贻误灭火时机，最大限度地保护文物建筑和减少人员伤亡。编制科学的消防应急预案有利于掌握科学施救的主动权，有利于促进单位内部相互熟悉，有利于增强演练的针对性。

应急预案一般包括总则、应急组织体系与职责、预测预警、应急响应、信息报告与发布、后期处置、应急保障、宣传教育、培训和演练等内容。

消防演练可以很好地检验应急预案的合理性，提高人员的自防自救能力，检验消防设施的有效性，但是限于人力和物力，消防演练无论从数量还是质量上都不尽如人意。2016年10月10日，在故宫博物院建院91周年纪念日当天，故宫曾举行建院以来最大规模消防实兵演习：假定太和殿遭到雷击，闷顶内发生“火灾”。故宫博物院微型消防站人员、应急小分队和三支志愿消防队迅速集结赶往火灾发生地点，按照应急预案，扑救初期火灾。之后，公安消防官兵、驻院武警中队和派出所人员对太和殿区域设置警戒线，奋力扑救火灾，并对抢救出的文物实行严密保护，禁止无关人员进入。120医务急救人员赶赴现场对受伤人员进行紧急救治，并送往医院，演习全程持续近1h。

(4) 应用研究

中国建研院受北京市颐和园管理处委托，承担了“颐和园消防体系建设规划”项目。颐和园始建于1750年，是中国保存最完整的清代皇家园林，1998年被联合国教科文组织列入《世界遗产名录》，具有极高的文物价值和社会价值。为了降低这一历史瑰宝的火灾风险，提升及带动文物建筑保护单位火灾防护及消防管理水平，中国建研院防火所及设计院联合组建项目团队，发挥消防安全评估与规划设计综合优势，为颐和园构建具有前瞻性、先进性、科学性的消防体系。

项目组对园内建筑及建筑群的自然环境条件、火灾危险源、建筑防火性能、消防救援能力、消防管理等五大类内容进行了调研，建立了深度结合颐和园园区及周边情况的火灾风险评估指标体系，给出了各个院落的火灾风险评级，并从火灾荷载、电气火灾隐患、易燃易爆危险品等13个方面剖析了颐和园整体及各个院落的火灾风险。通过高度精细化计算机模型，项目组分别仿真模拟了颐和园单体建筑、建筑群落火灾蔓延发展情况以及高压细水雾等灭火设施在文物建筑初期火灾中的作用。见图1-8。

基于火灾风险评估结论、建议及火灾数值模拟结果，结合颐和园消防现状及山水园林特点，项目组对园区进行了专项消防规划。规划主要内容包括消防布局规划、消防站（点）与消防装备规划、消防道路规划、消防给水工程规划、消防电力工程规划、火灾自动报警系统工程规划、规划实施建议等共计14章节，绘制实施扑救评价图、消防布局规划图、消防供水工程规划图、消防电力工程规划图、火灾自动报警规划图等图纸。

在规划的基础上，项目组与园方共同为颐和园量身打造编制消防应急预案，该预案的编制大幅提高了全园科学调配、合理利用防灾力量的能力，将指导后续的颐和园消防安全工程设计、消防管理和火灾应急突发处置工作。

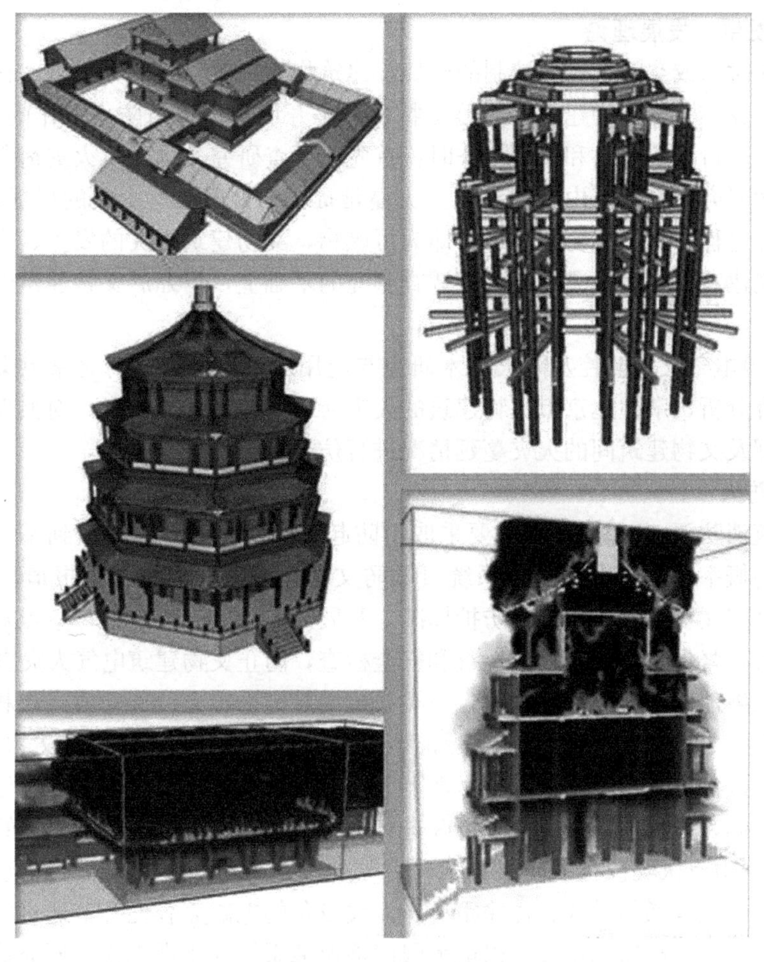

图 1-8　火灾数值模拟

二、技术方面

文物建筑的结构存在先天不足，加之保护文物建筑原貌的要求，使其无法按照通用的防火规范要求进行防火保护。为了更好地进行文物建筑防火安全工作，只能立足本身，深入研究，挖掘潜能，加强管理，应用新技术，开展科技创安。

中国建研院联合北建大、北元安达、天康达、城安盛邦承担了北京市科技计划课题《文物建筑电气火灾监控及防火技术研究与应用示范》，该课题已于 2019 年 2 月顺利通过北京市科委的验收。北京市现存文物建筑数量众多、地位尊崇，面对其日益严峻的火灾防控形势，课题分别针对北京市文物建筑火灾蔓延特性、电气火灾无线监控系统及无线火灾探测报警系统设计、文物建筑灭火设施设置方法、文物建筑消防设施监控云平台研发等方面开展了深入研究，课题成果已在北京市内 17 处文物建筑中进行了示范应用。课题组在国内外首次开展了砖木结构文物建筑大规模火灾荷载调查，率先给出了电气火灾无线监控系统及无线火灾探测报警系统在文物建筑中应用的关键性能参数，首次提出了移动式高压细水雾灭火装置和高压细水雾防火分隔系统在文物建筑中的设置原则和关键参数，所研发的文物建筑消防设施监控云平台具有完全自主知识产权，并达到国际先进水平。

1. 火灾发生、发展理论

火灾是在时间或空间上失去控制的燃烧，建筑物火灾危险性的大小，直接取决于可燃物质的数量多少。明确文物建筑火灾蔓延特性，是开展文物建筑防火工作的前提和依据。在对文物建筑进行消防评估和规划工作时，首先应调查研究文物建筑火灾荷载的类型和分布，可为后续研究文物建筑内及建筑间火灾蔓延提供研究基础。火灾的形成需经历发生、发展和蔓延等过程，由于文物建筑本身即为可燃物，文物建筑火灾的发生、发展和蔓延过程不同于常规建筑。在对火灾荷载进行调查研究的基础上，应开展文物建筑的火灾蔓延规律研究。

《文物建筑电气火灾监控及防火技术研究与应用示范》课题针对北京市文物建筑进行火灾荷载调查分析，掌握北京市文物建筑的火灾荷载类型和分布状况，对典型文物建筑火灾发生时内部及文物建筑间的火灾蔓延情况进行仿真模拟研究。

2. 电气防火

文物建筑消防要"以防为主"，要采取预防起火的措施，尽可能做到不失火成灾，降低火灾发生的概率。电气火灾监控系统可预防文物建筑电气火灾，据报道，2019 年，国家文物局将制定文物建筑电气火灾防护标准，开展火灾隐患专项整治，重点对国保和省保单位进行检查，督促各地加强执法巡查和安全检查，防止文物建筑电气火灾事故发生。

为最大限度地保护文物建筑原貌，该类系统最好应采用无线传输模式，相比于传统的有线方式，无线信号传输省去了复杂的布线问题，能够最大限度减少对文物建筑的损坏。但是由于无线传输方式在稳定性和可靠性上逊于有线传输，并受限于现有电池寿命，其应用受到一定限制，对无线系统特性进行改进和优化成为现阶段迫切需要解决的问题。

《文物建筑电气火灾监控及防火技术研究与应用示范》课题研究了文物建筑无线电气火灾监控系统的最佳通信模式、传输距离、无线设备的电磁兼容性等，通过对无线电气火灾监控系统的运行进行监测研究，以最大限度地保障系统的正常工作。研究成果对无线电气火灾监控系统在文物建筑中的应用起到了积极的促进作用。

3. 火灾探测

2018 年，国家文物局会同工业和信息化部、科学技术部联合印发了《文物保护装备发展纲要（2018—2025 年）》，将文物建筑火灾防控预警和灭火先进适用技术攻关，列为装备研发应用重点内容。

目前，大部分火灾报警系统都是采用有线通信，与基于无线通信的火灾报警系统相比，有线火灾报警系统存在布线复杂等缺点，且对于保护文物本体有一定影响，如果安装不规范，就会造成为了安全而破坏文物的现象。无线火灾报警系统是利用无线通信技术，系统中的设备间均通过无线方式进行通信，无需布线。相较于传统的有线火灾自动报警系统，无线火灾报警系统由于其自身无需布线的特点具有减少破坏，保护建筑的优势。但无线火灾自动报警技术的发展和推广还需要解决和突破许多技术难点，如：无线通信过程中信号的传输距离与穿透性；数据传输的稳定性与可靠性；无线火灾报警系统中为设备供电的独立电源或备用电源的使用寿命；无线火灾报警系统对其所应用环境中的其他无线信号的抗干扰性能等，这些问题也是国内现有无线火灾报警产品研发厂家以及无线通信技术提供商所需要解决的关键问题。

《文物建筑电气火灾监控及防火技术研究与应用示范》课题通过对文物建筑无线火灾

报警系统最佳通信模式、传输距离、无线设备的电磁兼容性等进行研究，对无线火灾报警系统的运行进行监测，提出了无线系统的改进和优化方法。研究成果对无线火灾探测报警系统在文物建筑中的应用起到积极的促进作用。

4. 控火及灭火措施

文物建筑在设计初期往往并未设置相应的灭火设施，仅有水缸等储水设备以供灭火使用，在后期对文物建筑进行改造时，通常设置消火栓系统，极大地改善了其消防供水情况。文物建筑修缮要修旧如旧，文物建筑的消防设施也应与文物建筑风貌相适应，不能损坏文物建筑的结构、形式、功能等。以上特点决定了文物建筑灭火设施的设置不同于常规建筑，而且对于木材等A类火灾，若火势得到充分发展，灭火用水量远大于其他类型火灾，这对灭火设施的灭火效能提出了较高的要求。目前在文物建筑灭火设施设置方面，考虑到自动灭火系统管路设置对文物建筑景观的影响，文物建筑常用的消防灭火设施为消火栓系统，但文物建筑往往经受不住消火栓水流压力的冲击及水渍对文物的影响带来的二次灾害，因此现阶段急需研究适用于文物建筑的灭火设施。

除建筑物的灭火设施外，相应的消防救援时灭火装备的研发也亟待发展。如许多文物建筑为高大建筑，人工登高、灭火甚至破拆的难度很大，需要利用消防车进行灭火和控火作业。然而文物建筑消防通道狭窄，高大特种消防车能否通行并顺利开展作业存在较大不确定性。部分文物建筑建立在山坡上，消防车道坡道大，容易使得车后底盘脚支架和车尾部有蹭地现象，延缓行驶速度。因此，对于适用于文物建筑的灭火装备的研发显得尤为重要。

《文物建筑电气火灾监控及防火技术研究与应用示范》课题基于现有灭火系统及装置在文物建筑中针对性不足、适用性不强、试验研究相对薄弱的现状，对氟化酮灭火剂、细水雾在文物建筑中进行灭火的喷放强度、持续时间、有效作用范围、对文物风貌的影响程度以及用于防火分隔的细水雾系统基于文物建筑构造特性的设置原则开展模拟与试验研究，其研究成果为北京市乃至全国的文物建筑防火保护提供了借鉴和参考。

第二章　文物建筑火灾荷载特性

第一节　文物建筑火灾荷载调查

一、调查方法

火灾荷载是衡量建筑内所容纳可燃物总量及其火灾危险性的重要参数。特别是单位面积的火灾荷载，即火灾荷载密度，反映了建筑内可燃物的聚集程度，通常该值越大，所发生火灾的潜在规模也越大。同时，该值也是火灾数值模拟中基本输入参数之一。为简略计，一般将火灾荷载密度简称为火灾荷载。中国现存的文物建筑多为木结构或砖木结构，火灾荷载显著高于以不燃材料为主的现代建筑。然而，其作为文物建筑防火保护中的基础性数据，目前尚十分缺乏，因此有必要开展针对性的调查研究，并分析总结规律。

火灾荷载一般通过下式计算：

$$q_{\mathrm{m}} = \frac{1}{A}\sum_{i}\varphi_{i} m_{i} q_{\mathrm{r}i} M_{i} \tag{2-1}$$

式中 M_i——第 i 种可燃物的质量，单位：kg；

$q_{\mathrm{r}i}$——每 kg 材料 i 所含热量，单位：MJ/kg；

m_i——描述第 i 种材料燃烧行为的因子；

φ_i——材料 i 处在被保护火灾荷载时的估算系数；

A——防火分区水平地面面积，单位：m^2；

实际应用中一般取 $m=1$，$\varphi=1$。

文物建筑火灾荷载总体分为固定和活动两种类型。

(1) 固定火灾荷载。固定火灾荷载一般来源于位置基本固定的可燃建筑构件，其一旦形成，在建筑中几乎是长期不变的。我国文物建筑结构本体中大量使用木材，如梁、板、柱、椽、檩、屋面等（图 2-1），因此都会成为固定火灾荷载的一部分，自建筑落成之时保留至今。通常来说，固定火灾荷载在文物建筑总火灾荷载中占据主体，甚至超过 90% 份额。

(2) 活动火灾荷载。活动火灾荷载来源于建筑内位置可变的可燃物，如家具、丝织品、文玩摆件等。此类火灾荷载与其使用功能存在较大关联（图 2-2），且具有多样性、可变性等特点。相比于固定火灾荷载，文物建筑的活动火灾荷载尽管数值较小，但其对于火灾的初始发生和早期扩大具有重要影响，因此应格外予以关注。

文物建筑火灾荷载调查的基本流程如图 2-3 所示。首先，编制火灾荷载调查计算表格（样例见本章第二节）。然后，开展现场踏勘，掌握建筑平面布局，辨识、拆分建筑内全部可燃构件、物品和材料，现场测量或结合图纸估算其尺寸、体积及分布状况。最后，根据

典型可燃材料（木材为主）的热物性测试数据和相关文献数据，综合计算建筑的固定、活动和总火灾荷载，并作进一步的统计、分析。

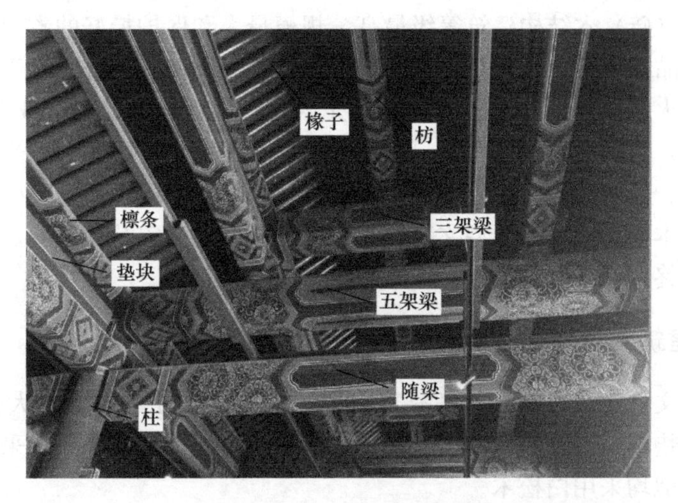

图 2-1　文物建筑固定火灾荷载典型木质构件

(a)　(b)　(c)

(d)　(e)

图 2-2　文物建筑典型使用功能

(a) 祭拜；(b) 展览；(c) 办公；(d) 售卖；(e) 修缮

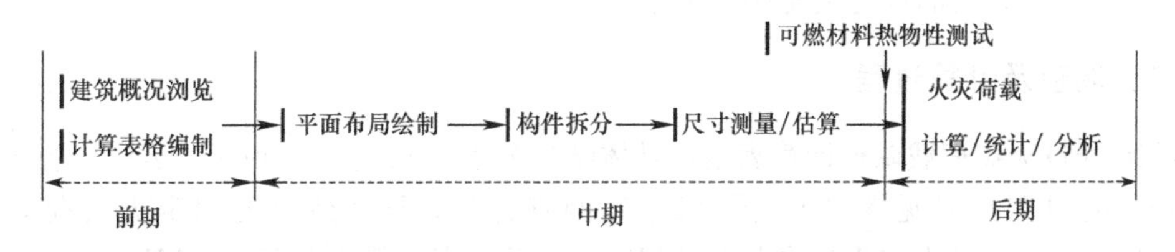

图 2-3　文物建筑火灾荷载调查基本流程

二、调查对象

北京是全国（砖）木结构建筑等级最高、规模最大和保护最好的省市之一，现存文物建筑数量众多、品类丰富，因此在北京开展文物建筑火灾荷载调查，对于我国北方乃至全国文物建筑的防火保护都具有一定的积极意义。本次调查选取北京市域内 12 处文物建筑群、近百栋建筑，调查对象包含宫殿、庙宇、园林、展馆、民居等多种文物建筑形态，始建年代集中于明、清两代，具有较好的覆盖面和代表性。

限于篇幅，本书选取一栋典型文物建筑，给出详细的火灾荷载调查、计算过程，其余建筑直接给出最终调查结果，分别见于本章第二节、第三节。

三、文物建筑木材物性参数

针对调查的文物建筑，除个别皇家宫殿采用楠木作为主材外，绝大部分文物建筑的柱、梁、檩条、垫板、枋、墙均采用红松木，椽子、望板、吊顶板等均采用杉木，室内可燃的木制材料近似均采用白松木。

利用锥形量热仪对若干文物建筑原始木材样品进行测试，得到其平均热值分别为：楠木 13.6MJ/kg，红松木 19.2MJ/kg，白松木 23.9MJ/kg，杉木 18.6MJ/kg。由此可见，几种木材的燃烧热值近似存在如下排序：白松木＞红松木＞杉木＞楠木。其中，白松木的热值显著高于其他几种木材，红松木和杉木的热值大致相当，而楠木的热值最低。因此，对于采用楠木作为主材的高规格文物建筑，其固定火灾荷载受到一定的抑制。

第二节　某文物建筑火灾荷载调查及计算

一、建筑概述

文物建筑 JFD 位于 XNT 建筑群内部。XNT 始建于明永乐十八年（1420 年），位于正阳门西南，建制沿用明初旧都南京礼仪规制，将先农、山川、太岁等共同组成一处坛庙建筑群。嘉靖十年（1513 年），于内坛墙南部增设天神坛、地祇坛，形成现今布局。XNT 占地约 2000 亩，由内外两重围墙环绕，外坛墙南北长约 1424m，东西宽约 700m，呈北圆南方状。

JFD 是明清两代帝王祭先农时更衣并行藉耕之典的场所。JFD 建于 1.65m 的高台上，面阔五间 27.22m，进深三间（6 椽 7 檩）14.24m，占地面积近 $400m^2$，为砖木结构建筑，耐火等级为四级。JFD 主要功能为展厅，除其建筑本体的木质构件为主要可燃物外，殿内存在的大量展台、展品也是主要的可燃物。

二、调查及计算过程

编制 JFD 火灾荷载调查计算表格，具体结果如表 2-1、表 2-2 所示。表中，各可燃构件、物品的对照编号见图 2-4、图 2-5。经调查计算，JFD 建筑的固定火灾荷载约为 $2669.9MJ/m^2$，活动火灾荷载约为 $82.2MJ/m^2$，总火灾荷载约为 $2752.1MJ/m^2$。

JFD固定火灾荷载调查计算　　表 2-1

可燃物配图编号	单位体积 v(m³)			数目 N	体积 V(m³)	材质 MTR	密度 ρ (kg·m⁻³)	单位热值 q (MJ·kg⁻¹)	热值 Q (MJ)
	长 L（m）	宽（厚）W（m）	高 H（m）						
计算公式	$L\times W\times H$ 或 $0.25\pi d^2\times H$			—	$v\times N$	—	—	—	$\rho\times V\times q$
圆柱[1]	$d=\phi0.40$m		4.50	12	6.78	红松	410	19.22	53446.7
	$d=\phi0.40$m		5.55	12	8.36	红松	410	19.22	65917.6
檩条[2]	$d=\phi0.30$m		24.56	7	12.15	红松	410	19.22	245028.0
垫板[3]	0.30	0.15	24.56	7	7.74	红松	410	19.22	60964.4
枋[4]	0.35	0.30	24.56	3	7.70	红松	410	19.22	60699.6
	0.48	0.29	24.56	2	6.72	红松	410	19.22	52990.2
	0.43	0.30	24.56	2	6.27	红松	410	19.22	49433.4
梁[5]	0.45	0.27	3.12	6	2.26	红松	410	19.22	17843.7
	0.54	0.46	6.44	6	9.60	红松	410	19.22	75635.6
	0.41	0.30	10.26	6	7.57	红松	410	19.22	59667.9
椽子[6]	$d=\phi0.10$m		14.24	77	11.17	杉木	400	18.60	83103.1
望板[7]	27.22	14.24	0.05	1	22.78	杉木	400	18.60	169506.6
木板墙[8]（包括门窗）	24.56	0.06	3.50	1	5.16	红松	410	19.22	40642.9
固定可燃物总热值ΣQ(MJ)									1034879.6
建筑占地面积 A(m²)									387.6
固定火灾荷载（MJ·m⁻²）									2669.9

JFD活动火灾荷载调查计算　　表 2-2

可燃物配图编号	单位体积 v(m³)			数目 N	体积 V (m³)	材质 MTR	密度 ρ (kg·m⁻³)	单位热值 q (MJ·kg⁻¹)	热值 Q (MJ)
	长 L(m)	宽（厚）W(m)	高 H（m）						
计算公式	$L\times W\times H$ 或 $0.25\pi d^2\times H$			—	$v\times N$	—	—	—	$\rho\times V\times q$
展板[9]	55.70	0.015	1.60	1	1.34	PVC	1300	18.00	31356.0
木展品[10]	0.30	0.30	0.50	1	0.05	白松	410	23.90	490.0
活动可燃物总热值ΣQ(MJ)									31846.0
建筑占地面积 A(m²)									387.6
活动火灾荷载（MJ·m⁻²）									82.2

(*a*)

图 2-4　JFD固定火灾荷载分布（一）

（*a*）建筑外观

(*b*)

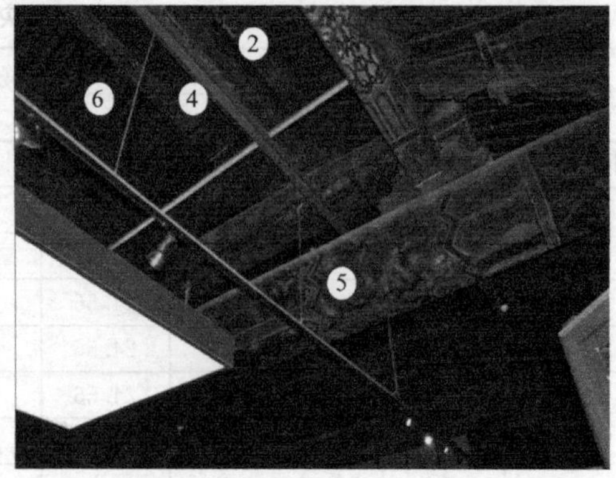

(*c*)

图 2-4 JFD 固定火灾荷载分布（二）

(*b*) 木质构架（室外）；(*c*) 木质构架（室内）

(*a*)

(*b*)

图 2-5 JFD 活动火灾荷载分布

(*a*) 室内展板；(*b*) 室内木展品

第三节 文物建筑火灾荷载分布及估算方法

一、分布拟合

各文物建筑火灾荷载调查结果汇总如表 2-3 所示。

文物建筑火灾荷载调查结果汇总 **表 2-3**

建筑群代号	建筑编号	建筑面积 (m^2)	固定火灾荷载 (MJ/m^2)	活动火灾荷载 (MJ/m^2)	总火灾荷载 (MJ/m^2)
A	1	544.3	3186.8	3.9	3190.6
	2	82.3	3488.4	0.0	3488.4
	3	82.3	3488.4	0.0	3488.4
	4	122.1	3011.6	8.3	3019.9

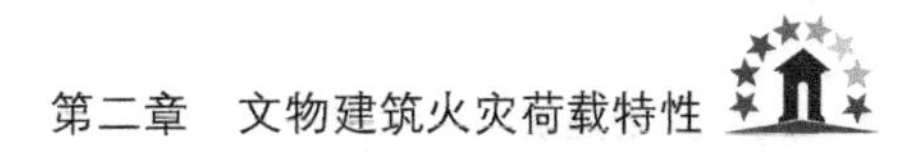

续表

建筑群代号	建筑编号	建筑面积（m^2）	固定火灾荷载（MJ/m^2）	活动火灾荷载（MJ/m^2）	总火灾荷载（MJ/m^2）
B	5	111.0	2043.8	88.6	2132.5
	6	78.2	2367.0	88.0	2455.0
	7	153.1	3479.0	201.9	3680.9
	8	369.9	3355.0	116.6	3471.6
	9	161.7	2296.6	365.8	2662.5
	10	45.4	1752.3	0.0	1752.3
	11	9.6	2235.1	0.0	2235.1
	12	165.0	2295.8	0.0	2295.8
	13	165.0	2295.8	0.0	2295.8
	14	112.1	1522.0	0.0	1522.0
	15	112.1	1522.0	0.0	1522.0
	16	59.4	2101.5	0.0	2101.5
	17	33.0	2436.7	0.0	2436.7
C	18	140.0	1837.0	191.9	2028.9
	19	258.0	1418.6	107.0	1525.6
	20	150.3	1527.8	186.4	1714.2
	21	159.3	1808.4	109.1	1917.6
	22	198.0	3655.4	150.8	3806.2
D	23	472.9	2102.4	96.5	2198.9
	24	61.7	2294.3	66.6	2360.9
	25	48.0	2060.7	0.0	2060.7
E	26	35.9	2438.8	131.5	2570.4
	27	48.5	2453.0	149.8	2602.8
	28	42.0	2629.6	183.9	2813.5
	29	128.9	2416.2	0.0	2416.2
F	30	87.0	2798.4	37.9	2836.3
	31	85.7	2673.0	0.0	2673.0
	32	341.0	3749.1	39.2	3788.3
	33	254.8	3666.4	182.0	3848.4
	34	127.7	2114.9	160.2	2275.1
	35	24.0	2698.8	0.0	2698.8
	36	52.9	2637.3	0.0	2637.3
	37	52.9	2637.3	0.0	2637.3
	38	191.1	1953.5	0.0	1953.5
	39	191.1	1953.5	0.0	1953.5
	40	114.2	2049.8	0.0	2049.8
	41	198.5	2286.6	0.0	2286.6
	42	107.5	2073.3	215.2	2288.5
	43	126.0	2334.9	0.0	2334.9
	44	45.0	2424.4	252.8	2677.2
	45	45.0	1981.7	483.9	2465.6

续表

建筑群代号	建筑编号	建筑面积（m^2）	固定火灾荷载（MJ/m^2）	活动火灾荷载（MJ/m^2）	总火灾荷载（MJ/m^2）
F	46	38.3	1475.4	0.0	1475.4
	47	155.5	2429.6	0.0	2429.6
	48	114.2	2049.8	0.0	2049.8
	49	55.0	2491.1	0.0	2491.1
	50	55.0	2491.1	0.0	2491.1
G	51	982.4	4029.3	199.0	4228.3
	52	595.9	4097.6	238.1	4335.7
	53	547.0	3070.4	141.0	3211.4
	54	387.6	2669.9	82.2	2752.0
	55	245.0	3276.4	210.7	3487.1
	56	119.8	2472.5	138.2	2610.7
	57	119.8	2472.5	218.2	2690.7
	58	342.4	3207.3	128.7	3336.0
	59	270.9	2570.0	106.5	2676.5
	60	274.6	2549.3	105.0	2654.3
	61	261.3	2594.7	0.0	2594.7
	62	414.5	4223.6	0.0	4223.6
	63	288.6	3613.8	0.0	3613.8
	64	84.1	2933.7	0.0	2933.7
	65	84.1	2933.7	0.6	2934.3
H	66	1796.5	3620.2	158.7	3778.8
	67	240.4	3660.9	236.8	3897.7
I	68	61.6	2541.8	280.0	2821.8
	69	61.6	2645.4	150.8	2796.1
	70	200.4	2547.6	216.9	2764.5
	71	296.0	3035.0	60.8	3095.7
	72	59.5	2639.8	186.2	2826.0
	73	50.4	2822.1	331.9	3153.9
	74	41.6	2775.3	0.0	2775.3
	75	61.8	2879.4	0.0	2879.4
J	76	110.5	2899.0	32.1	2854.2
	77	44.9	2545.8	185.3	2614.0
	78	44.9	2545.8	57.8	2496.4
	79	103.4	2908.8	24.4	2807.4
	80	36.0	2706.9	41.0	2622.0
	81	36.0	2706.9	186.0	2768.3
	82	40.5	2531.5	63.1	2482.5
K	83	2366.0	2178.7	26.1	2204.8

经初步统计，被调查文物建筑固定、活动和总火灾荷载的算术平均值分别为 2619.2MJ/

m^2、145.6MJ/m^2、2847.7MJ/m^2*。文物建筑固定火灾荷载值多分布于2300～2600MJ/m^2的范围内，占样本总量的24%；文物建筑活动火灾荷载值多分布于100～200MJ/m^2的范围内，占样本总量的43%；总火灾荷载值多分布于2300～2700MJ/m^2的范围内，占样本总量的29%。

火灾荷载可近似认为符合平稳二项过程荷载模型，常用分布类型为正态分布、对数正态分布、广义极值分布、Weibull分布等。基于表2-3中的数据，利用Matlab软件最大似然估计法求取以上各概率密度函数的参数值，见表2-4。然后，对假设概率密度函数进行K-S检验（5%显著性水平）发现：活动火灾荷载最符合广义极值分布：固定火灾荷载和总火灾荷载最符合对数正态分布，但因两者的广义极值分布与对数正态分布的拟合误差值相差很小，为统一计，认为固定、活动和总火灾荷载均较好符合以表2-4中所示的参数确定的广义极值分布。以总火灾荷载为例，不同概率密度函数的拟合结果比较如图2-6所示。

参数估计表　　　　**表2-4**

荷载类型	广义极值分布			正态分布		对数正态分布		威布尔分布	
估计参数	k	μ	σ	μ	σ	μ	σ	μ	σ
固定火灾荷载	−0.153	2369.190	561.422	2619.21	621.034	7.843	0.239	2864.170	4.470
活动火灾荷载	−0.025	102.788	77.335	145.553	96.491	4.612	1.168	158.115	1.423
总火灾荷载	−0.167	2604.92	558.979	2847.68	614.802	7.931	0.218	3095.790	4.905

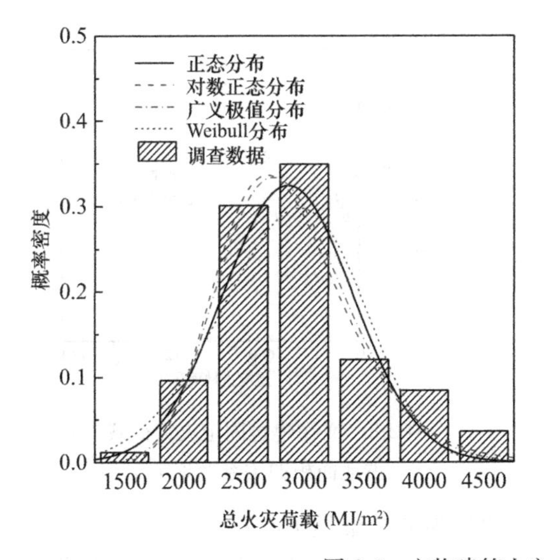

正态分布：

$$f(x)=\frac{1}{\sqrt{2\pi\sigma}}\exp\left[-\frac{(x-\mu)^2}{2\sigma^2}\right]$$

对数正态分布：

$$f(x)=\frac{1}{\sqrt{2\pi\sigma x}}\exp\left[-\frac{(\ln x-\mu)^2}{2\sigma^2}\right]$$

广义极值分布：

$$f(x)=\frac{1}{\sigma}\exp\left\{-\left[1+s\left(\frac{x-\mu}{\sigma}\right)\right]^{-\frac{1}{s}}\right\}\left[1+s\left(\frac{x-\mu}{\sigma}\right)\right]^{-\frac{S+1}{s}}$$

Weibull分布：

$$f(x)=\frac{\sigma}{\mu}\left(\frac{x}{\mu}\right)^{\sigma-1}\exp\left[-\left(\frac{x}{\mu}\right)^{\sigma}\right]$$

图2-6　文物建筑火灾荷载拟合曲线

二、影响因素分析

在以上对文物建筑火灾荷载数据汇总、分析的基础上，有必要深入分析若干不同因素对其影响及作用机制，进而建立科学、有效的文物建筑火灾荷载估算方法，为评估、预防

* 部分建筑因故无法进入室内实地调查，其活动火灾荷载以0计，固定火灾荷载由图纸估算，因此在计算活动火灾荷载和总火灾荷载平均值时未将该部分建筑考虑在内。

和控制文物建筑火灾风险提供依据。

1. 固定火灾荷载影响因素

由于本次调查的文物建筑主体结构类似，故本书将被调查文物建筑按照柱、梁、枋、椽子、檩条、吊顶、望板、其他（如垫板、藻井等）等构件进行拆分，详细考察各构件在文物建筑固定火灾荷载中的贡献占比，如图 2-7 所示。由此可见，望板、柱和梁是（砖）木结构文物建筑中最主要的固定火灾荷载来源，三者占比之和超过总量的 50%，其中又以望板尤为显著。但需注意的是，由于吊顶并不存在于每个调查建筑中，其占比较低是受到了较多无吊顶建筑的平均作用，而对于安装吊顶的建筑，其热值占比通常超过 10%。

以上对构件影响的分析有利于辨识文物建筑固定火灾荷载的来源，但对于估算其数值仍缺乏实用性。文物建筑最直观的特征是其占地面积，该数据获取也相对最为容易。因此，分析文物建筑固定火灾荷载与其占地面积的影响，不仅可以揭示两者之间的内在关联及作用机制，也有利于建立简便易用的文物建筑固定火灾荷载计算方法。

将两者作于图 2-8 中，可见并无显著的相关性。为深入分析其潜在规律，采用聚类分析的智能化算法，将散乱数据以最小化误差函数的判据划分为预定类数 K，使得同一类的内部距离最小化而类与类之间的外部距离最大化。在诸多聚类分析方法中，选择最为成熟有效的 K-Means 聚类算法，其基本过程包括：

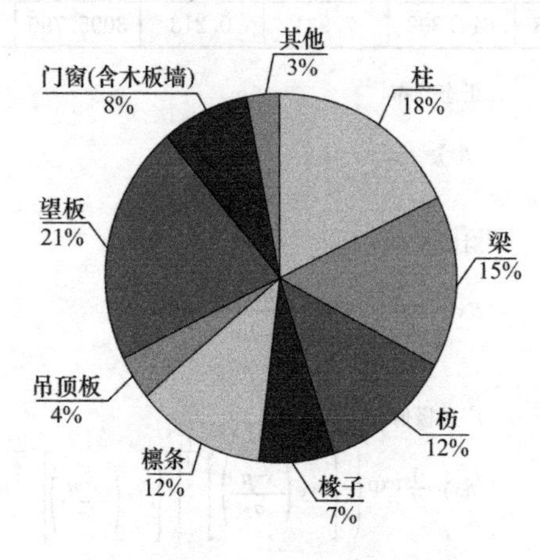

图 2-7　文物建筑各可燃构件固定火灾荷载占比统计

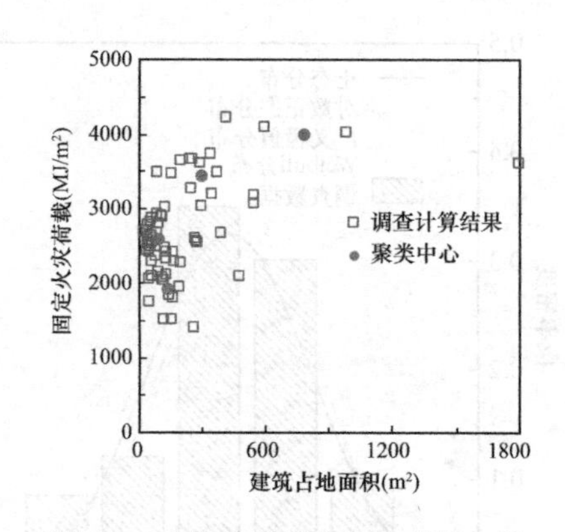

图 2-8　文物建筑固定火灾荷载与其占地面积的关系及聚类中心

（1）从 N 个样本数据中随机选取 K 个对象作为初始聚类中心；

（2）分别计算每个样本到各个聚类中心的距离，将对象分配到距离最近的聚类中；

（3）所有对象分配完成后，重新计算 K 个聚类中心；

（4）与前一次计算得到的 K 个聚类中心比较，如果聚类中心发生变化，转向过程（2），否则转向过程（5）；

（5）当质心不发生变化时停止并输出聚类结果。

本次选取聚类数 $K=4$，通过 Python 代码引用相关库函数编程实现。

输出聚类中心结果如表 2-5 所示。由此按照此聚类中心将所有数据分为 4 类，进而计算每一类中的固定火灾荷载平均值、上、下四分位数。上、下四分位数作为数据序列中的关键统计量，可以有效排除极端数据的干扰，对于判断异常值具有一定的鲁棒性。为简化计，取聚类中心之间的中点作为类别边界，其统计量如表 2-6 所示。将聚类中心同时作于图 2-8 中，可见其较好地反映了数据点的分布规律。

聚类中心　　表 2-5

聚类编号	建筑占地面积（m^2）	固定火灾荷载（MJ/m^2）
1	98.5	2581.2
2	142.1	1910.2
3	300.2	3429.7
4	788.0	3992.7

不同聚类类别关键参数统计　　表 2-6

统计量＼占地面积	固定火灾荷载（MJ/m^2）			
	＜120m^2	120～221m^2	221～554m^2	＞554m^2
平均值 μ	2603.6	1910.2	3429.7	3992.7
下四分位数 Q_L	2436.7	1794.4	3207.3	3927.0
上四分位数 Q_U	2706.9	2080.4	3655.4	4129.1

由聚类结果可见，文物建筑固定火灾荷载与其占地面积之间并不具有单调性，而是随着占地面积的增加，呈现“先下降后上升”的趋势。其原理可通过如图 2-9 的示意模型给出。假设建筑仅由四周及顶棚的木板围成，厚度、热值均一，那么其固定火灾荷载则由总木材体积与投影底面积之比（V/A）决定。从建筑体量的演化过程来看，随着建筑占地面积的增大，其初始更多呈现的是横向尺寸上的扩展，此时可燃物热值的增长速率小于底面积的增长速率，造成实际固定火灾荷载的下降；而随着建筑占地面积的进一步增加，建筑高度开始显著增加，此时纵向尺寸的扩展致使单位底面积上可燃物热值的增加，亦即固定火灾荷载的增加。此外，图 2-9 中各模型同时存在的$\sqrt{2}\delta$ 项由望板计算而来，这也一定程度验证了由望板贡献的固定火灾荷载随建筑形态变化的不敏感性。

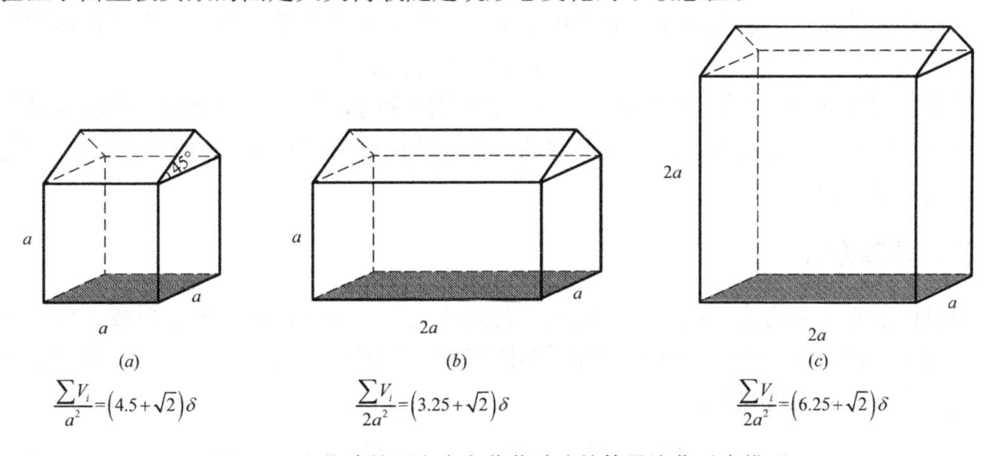

$$\frac{\sum V_i}{a^2}=\left(4.5+\sqrt{2}\right)\delta \qquad \frac{\sum V_i}{2a^2}=\left(3.25+\sqrt{2}\right)\delta \qquad \frac{\sum V_i}{2a^2}=\left(6.25+\sqrt{2}\right)\delta$$

图 2-9　文物建筑固定火灾荷载随建筑体量演化示意模型

（a）原始尺寸；（b）横向扩展；（c）纵向扩展

注：设以上各面厚度均为 δ。

2. 活动火灾荷载影响因素

通过调查，文物建筑使用性质主要分为殿宇（以祭拜功能为主的宫殿、庙宇等）、展览、办公、售卖（如旅游商品服务部、对外营业的茶楼、戏园等）、修缮（如落架大修、设施改造）五大类。将表 2-3 中的文物建筑活动火灾数据按不同使用性质进行分类统计，结果如表 2-7 所示，并作于图 2-10。仍然取上、下四分位数为关键统计量，以排除离群点数据的干扰。

不同使用性质的文物建筑活动火灾荷载统计 表 2-7

统计量 \ 使用性质	活动火灾荷载（MJ/m²）				
	殿宇	展览	办公	售卖	修缮
平均值 μ	251.3	145.5	113.4	278.2	197.8
下四分位数 Q_L	141.1	99.2	64.9	203.5	178.2
上四分位数 Q_U	328.7	187.8	174.4	312.1	217.3

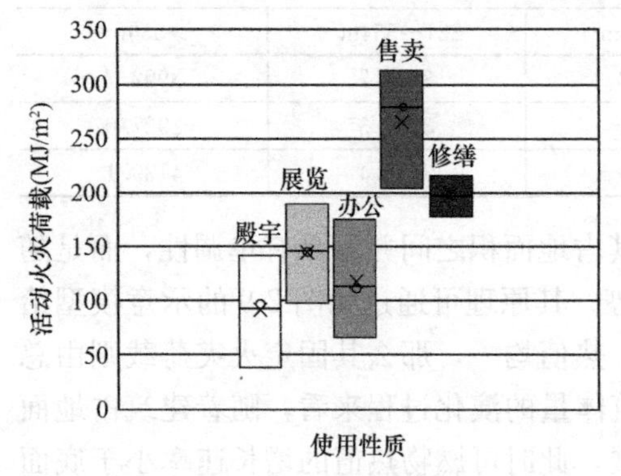

图 2-10 不同使用性质的文物建筑活动火灾荷载统计

（1）殿宇类建筑尽管在几类建筑中活动火灾荷载最小，但由于大量存在屏风、帷幔等易燃物，且祭祀、朝拜等过程中时常引入明火，导致其火灾危险性未必低于其他类型建筑；

（2）展览和办公类建筑活动火灾荷载整体较低，且前者与展品类型有较大关联——对于图片类展出，由于展板所占体积较小，整体火灾风险不高；而对于摆件类展出，当木制品等可燃物较多时，也会相当程度地增加火灾隐患；

（3）售卖类建筑的平均活动火灾荷载在几类建筑中是最高的，因此对于文物建筑的这一类利用方式须受到格外关注。应严格控制商品种类（特别是可燃、易燃类商品）、数量、摆放密度等，相应的消防措施也将适当加强；

（4）修缮类建筑活动火灾荷载属于中上水平，因此务必重视文物建筑修缮过程中的消防安全，加强对于用火、用电安全的管理，加大值守巡查力度。

综上，传统（砖）木结构文物建筑在改变使用用途时，如改造为展厅、商店或进行修缮过程中，通常导致建筑内活动火灾荷载的增加，从而威胁文物建筑的消防安全，因此须予以认真评估、论证。

三、估算方法

通过以上对于文物建筑固定和活动火灾荷载的统计、分析，进而整合形成总体火灾荷载估算方法。以建筑占地面积和使用性质为因变量，将固定火灾荷载的上、下界和活动火灾荷载的上、下界对应相加：

$$\hat{Q} \in [Q_{固L} + Q_{活L}, Q_{固U} + Q_{活U}] \tag{2-2}$$

由此得到文物建筑火灾荷载估算矩阵如表 2-8 所示。今后，可通过掌握文物建筑的占地面积和使用性质，利用该表查取相应的火灾荷载取值范围。特别地，对于占地面积处于临界值附近的建筑（如 120m²、220m²），除应关注建筑高度的影响外，建议参照本书方法进行翔实的火灾荷载调查计算。

文物建筑火灾荷载估算矩阵　　　　**表 2-8**

使用性质 占地面积（m^2）	空置	殿宇	展览	办公	售卖	修缮
<120	2436.7 2706.9	2475.2 2847.5	2535.8 2894.7	2501.5 2881.3	2640.2 3019.0	2614.9 2924.1
120～221	1794.4 2080.4	1833.0 2221.0	1893.6 2268.2	1859.3 2254.8	1997.9 2392.5	1972.6 2297.6
221～554	3207.3 3655.4	3245.9 3796.1	3306.5 3843.2	3272.2 3829.8	3410.8 3967.5	3385.5 3872.7
>554	3927.0 4129.1	3965.6 4269.8	4026.2 4316.9	3991.9 4303.6	4130.5 4441.2	4105.2 4346.4

注：表中斜线左上为下界估计，斜线右下为上界估计。

第三章　文物建筑火灾蔓延规律

第一节　文物建筑火灾蔓延基本过程及研究方法

一、火灾蔓延基本过程

文物建筑火灾蔓延是一个复杂的非线性过程，掌握其相关规律对于火灾探测、灭火扑救、人员疏散、灾害评估等诸多方面都具有重要的意义。已有若干学者对其进行了研究，其基本过程大致为：

首先，对于初期极小火灾，如果可燃物分布过于分散，将难以引燃其他可燃物并造成火势扩大；同时，若门窗紧闭或通风条件极差，也有可能致使初期火灾自行熄灭。然而，一旦火灾扩大至周边堆放的可燃物，火势将迅速蔓延至周围木柱、楼板、木质墙壁、屋顶木架构、屋面望板等；如果火势进一步加大，将损坏门窗，空气的补充会导致燃烧的加剧。随着建筑主体构件的燃烧，建筑内部将发生轰燃，此时建筑内的可燃物几乎在瞬间同时发生燃烧。单一建筑的火灾会使得相邻建筑（接触或非接触）接受大量热辐射。当持续累积的辐射热量使得相邻建筑的可燃构件温度升高至燃点后，该构件被点燃并将引燃建筑整体，形成“火烧连营”的态势。此时，如果存在室外风，将大大增加处于火源下风向建筑被引燃的危险。

以上过程中，轰燃是文物建筑火灾发展蔓延过程中的重要节点，轰燃的发生将对人员疏散和火灾扑救造成极大威胁，因此应尽量避免其发生或推迟发生时间。对于一般建筑，Thomas 等提出轰燃临界热释放速率模型

$$Q_c = 7.8A_t + 378A_w h_w^{\frac{1}{2}} \tag{3-1}$$

其中 A_t 为封闭空间总表面积，A_w 为通风口面积，h_w 为通风口高度。但以上公式存在一定局限性，即仅适用于较小面积且封闭性较好的房间，对于一些宽敞通透的殿宇类文物建筑，该式的适用性有待进一步论证。通常来讲，当地面接收到热辐射通量达到 $20kW/m^2$ 或顶棚烟气层温度达到 600℃时，轰燃即可能发生。如图 3-1 所示为一般建筑内火灾发展过程，可见轰燃通常作为火灾由初始增长阶段向充分发展阶段过渡的中间过程。

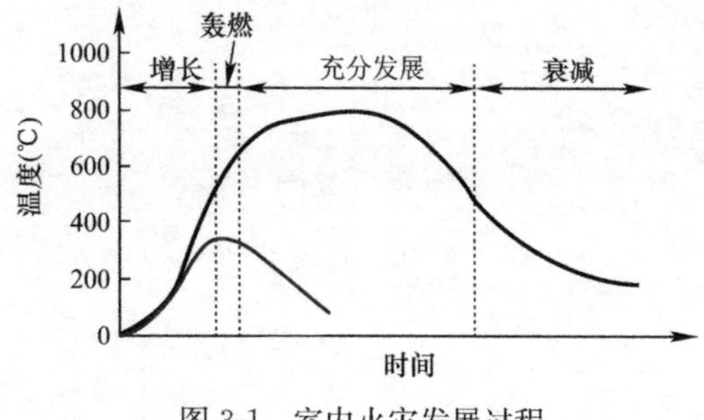

图 3-1　室内火灾发展过程

已有学者对文物建筑内的轰燃问题进行了较为深入的研究。例如，李思雨对仿文物建筑群人员疏散及火灾烟气蔓延进行研究，通过获得烟气蔓延、温度场、能见度、有毒气体分布等规律，建议起火后 10min 以内对火灾进行扑灭及人员疏散较为安全。朱强通

过仿真模拟与试验对四合院式文物建筑的温度场进行对比分析，证明两者能较好吻合，并发现室内温度在420s左右会剧烈升高。李兆男等运用FDS对某文物建筑进行建模，分别在角落、大殿中央、靠近门3处位置设置火源，以研究火源位置对建筑轰燃的影响，此三个工况轰燃时间分别为180s、340s及未发生轰燃。表3-1总结了国内部分学者通过模拟计算得到的类文物建筑发生轰燃的时间。

部分学者模拟计算获得文物建筑发生轰燃时间　　表3-1

学者	单位	建筑型式	轰燃时间
李思雨	北京建筑大学	仿古建筑	600s
朱强	重庆大学	四合院	420s
李兆男	西华大学	一般梁柱式文物建筑	无轰燃、180s、340s
郭福良	中国矿业大学	木结构吊脚楼	平均300s
高先占	昆明理工大学	云南传统木结构民居	平均313s

影响文物建筑火灾蔓延的因素较多，其中可燃物性质（以木质为主）、通风条件、起火位置、建筑间距等为主要影响因素。

（1）可燃物性质。我国文物建筑正由于大量使用木材等可燃物作为建筑材料，致使其火灾荷载和火灾危险性远高于一般现代建筑和国外文物建筑。因此，文物建筑内可燃物，特别是木材的热物理性质，也必然是影响火灾蔓延的最重要因素之一。通常而言，木材的含水率越高，其火灾危险性越低；而对于木材种类，木质越致密，其内部孔隙结构越弱化，导致燃点越高，即越不易引燃。以文物建筑中几种常用的木材来看，其火灾危险性排序一般为松木＞杉木＞楠木。也有学者考虑通过涂刷防火涂料，以改善文物建筑的防火性能，如许永贤对福建土楼木架房间进行火灾试验研究，证明某种透明防火涂料能有效延迟轰燃发生的时间，但目前大面积推广仍存在一定难度。

（2）起火位置。起火位置也会对文物建筑火灾蔓延发展过程产生影响。如果起火位置附近活动火灾数量较少，火灾规模将自然受到一定控制，而粗大的梁、柱等木构件可能无法被继续引燃，由此造成火焰的自熄。然而，火灾一旦蔓延至文物建筑的主体木构件，如果灭火措施不及时到位，将不可避免地造成火灾规模的进一步扩大，从而造成难以挽回的损失。通常而言，受热浮力作用，火灾的竖直蔓延速度显著大于水平蔓延速度，起火位置正上方的梁、枋、檩、椽子、望板等受损最为严重。韩嘉兴、李兆男等均研究发现，特别对于引发于墙角附近的火灾，由于热量大量蓄积，其危险性尤其高于其他位置引发的火灾。

（3）通风条件。通风条件包括室内通风条件和室外通风条件。对于前者，主要影响火灾在单一建筑中的蔓延速率；而后者则很大程度上决定了火灾在建筑群之间的蔓延方向和速率。室内火灾控制条件通常由Harmathy判据进行判定

$$r_{\mathrm{f}}=\frac{\rho A_{\mathrm{w}}\sqrt{gh_{\mathrm{w}}}}{A_{\mathrm{t}}} \tag{3-2}$$

式中，各参数含义与式（3-1）相同。r_{f}值越大，火灾越倾向于燃料控制；r_{f}值越小，火灾越倾向于通风控制。以文物建筑的通用几何尺寸计算发现，其内部火灾通常处于通风控

制状态，即室内通风越良好（一般以通风面积占建筑面积的比例作为指标），燃烧越旺盛，甚至造成轰燃的提前发生。同时，火焰也会通过门、窗等洞口溢出，进而引燃屋檐等突出部位，造成火灾的立体式蔓延。

而对于室外通风条件，往往处于火源下风向的建筑具有更高的危险性，且风速越大，危险性亦越大。同时，飞火的发生也会造成火灾跨建筑间的蔓延。孙贵磊等以某文物建筑为研究对象，应用 FDS 进行模拟分析，设置 7 组不同风速工况，从有毒气体浓度（CO 与 CO_2）、能见度、温度变化等方面进行比较分析，得到不同风速下火灾蔓延规律，并拟合得到风速与有毒气体浓度之间的数学表达式。

（4）建筑间距。当单体文物建筑发生轰燃后，火灾规模的骤然扩大将极大地增加其对周边建筑的传热量（以辐射传热为主），一旦高于建筑材料的引燃临界热辐射通量值（如杉木约为 $15kW/m^2$），可能导致火灾的非接触式蔓延。根据《建筑设计防火规范》GB 50016—2014，若将文物建筑作为一般四级建筑考虑，则相邻文物建筑的防火间距应不小于 12m；若将其作为民用木结构建筑考虑，则防火间距应不小于 10m。然而，文物建筑群落中建筑密度往往较高，甚至通过连廊、挑檐等相接，明显不利于火灾的阻隔。王雁楠通过计算发现，当建筑间距达到 6m 时，与起火建筑相邻的建筑最高温度已低于木材燃点，可以认为是消防上的安全间距；当间距为 5m 时，虽然部分外墙木材达到燃点，但释放的热量已不足以造成大面积燃烧蔓延。郭福良、高先占等通过类似的模拟计算方法，得到了与之相近的安全防火间距数值。需要特别指出的是，如果引入防火分隔水幕等设施，将大大降低建筑之间发生火灾蔓延的可能性，从而对文物建筑群落的整体安全提供保障。

二、FDS 模拟计算工具

在火灾科学研究领域，计算机仿真模拟作为一种先进、有效的手段，现已得到广泛应用。针对文物建筑，特别是具有可燃性（砖）木结构的文物建筑，现有仿真技术可以较为直观地反映出火灾发生、发展、蔓延、扩大以至熄灭的全过程，进而可为消防系统的优化设计提供足够的参考支撑。

自 20 世纪 80 年代起，随着计算机性能的飞速提升，基于计算流体力学（Computational Fluid Dynamics，CFD）的数值模拟方法也得到了长足发展，各科研机构和软件公司相继开发了如 ANSYS Fluent、CFX、Flow-3D、OpenFOAM 等一系列平台程序，极大地拓展了数值模拟的应用场景。在诸多模拟工具中，由美国国家标准与技术研究院（National Institute of Standards and Technology，NIST）开发的 FDS 软件针对火灾进行了专业化的架构设计和流程优化，有效兼顾计算精度、效率和普适性等各个方面，因而在该领域的相关研究中受到青睐。FDS 是一种先进的场模拟软件，在对计算流体域划分网格的基础上，离散求解受火灾浮力驱动的低马赫数 Navier-Stokes 方程，并重点计算火灾烟气和热传递过程。FDS 主要模拟的过程包括：

（1）火灾烟气的蔓延过程，包括火灾过程烟控系统的作用；

（2）固体材料的热解；

（3）火灾蔓延和火焰传播过程；

（4）洒水喷头、火灾探测器等消防设施的作用情况。

其满足的基本守恒控制方程包括：

质量守恒方程（连续性方程）

$$\frac{\partial \rho}{\partial t}+\nabla\cdot(\rho u)=0 \tag{3-3}$$

动量守恒方程

$$\frac{\partial(\rho u)}{\partial t}+\nabla\cdot(\rho u^2)+\nabla p=\rho f+\nabla\cdot\tau_{ij} \tag{3-4}$$

能量守恒方程

$$\frac{\partial(\rho h)}{\partial t}+\nabla\cdot(\rho h u)=\frac{Dp}{Dt}+q_r+q_k-\nabla\cdot q_\lambda \tag{3-5}$$

组分守恒方程

$$\frac{\partial(\rho Y_i)}{\partial t}+\nabla\cdot(\rho Y_i u)=\nabla\cdot\rho D_i\nabla Y_i+\dot{m}_r \tag{3-6}$$

式中：ρ——密度，kg/m^3；

u——速度矢量，m/s；

t——时间，s；

p——压力，Pa；

f——单位质量力，m/s^2；

h——流体焓，J/kg；

q_r、q_k、q_λ——反应热量、机械耗散热量、导热量，J；

Y_i——组分 i 的质量分数；

D_i——组分 i 的扩散系数，m^2/s；

$\dot{m}_r$——反应生成速率，kg/s；

τ_{ij}——应力张量，N，其表达式为：

$$\tau_{ij}=\mu\left(2S_{ij}-\frac{2}{3}\delta_{ij}(\nabla\cdot u)\right);\delta_{ij}=\begin{cases}1 & i=j\\0 & i\neq j\end{cases}$$

$$S_{ij}=\frac{1}{2}\left(\frac{\partial u_i}{\partial x_j}+\frac{\partial u_j}{\partial x_i}\right);i,j=1,2,3$$

μ——流体动力黏度，Pa・s。

FDS采用大涡模拟（Large Eddy Simulation，LES）湍流过程，从而实现方程组封闭。FDS的燃烧模型为混合分数模型（Volume of Fluid，VOF），通过经典经验公式求解传热方程。运行FDS前，需要创建相关数据文件，包括计算区域、网格划分、空间几何参数、环境条件、边界条件、热物性参数、火源参数、设备设施参数等。特别指出的是，Pyrosim作为一款较为通用的前处理图形界面软件，可以较为便捷地对以上条件进行设置。FDS还包括后处理软件Smokeview，可以将模拟计算结果以云图或动画的方式呈现出来，并借助粒子追踪观察火灾烟气及液滴颗粒的运动过程。FDS火灾模拟计算的基本流程如图3-2所示。

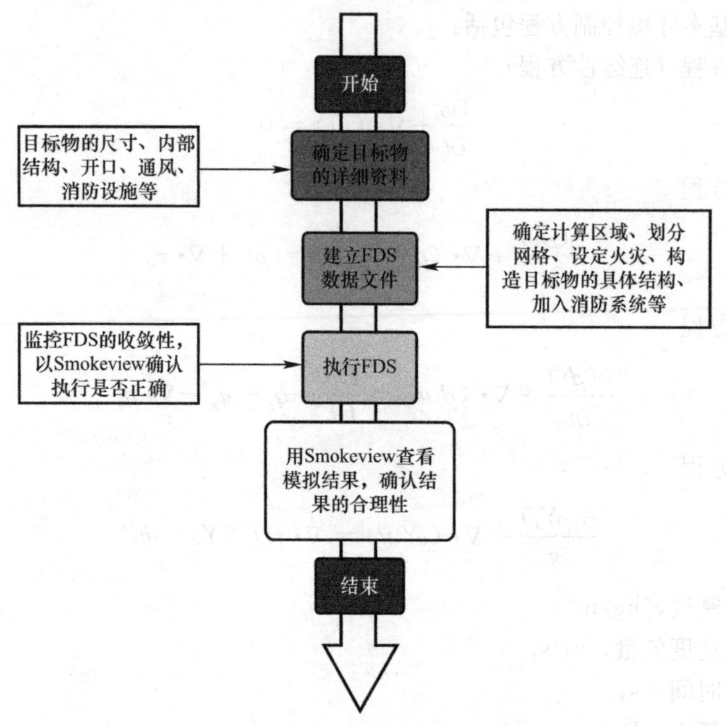

图 3-2　FDS 火灾模拟计算基本流程

第二节　某文物建筑单体火灾蔓延特性模拟计算

一、建筑概况

文物建筑 TSD 是 XNT 建筑群中的重要组成部分。该建筑通面阔七间约 47m，进深三间（12 椽 13 檩）约 21m，占地面积约 980m²，建筑室内总高约 16m，为砖木结构建筑。TSD 目前主要功能为展厅，除其建筑本体为主要可燃物外，殿内存在的大量展台、展品以及展厅照明设施也是主要的可燃物。建筑外观如图 3-3 所示。

图 3-3　TSD 外观

二、模型建立

利用 FDS 的前端图形界面软件 Pyrosim 建立 TSD 的计算机模型。根据 TSD 的测绘图

纸（部分如图 3-4 所示），并结合现场调研情况，确定各建筑构件的尺寸、方位。建模首先从承重的建筑骨架开始，包括地基、梁、柱、枋、椽等，然后建立非承重的围护结构，如围墙、门窗、檩条等；进一步，建立建筑内部活动火灾荷载模型，主要为各类展品、柜体等。建模过程中，分别选取对应的材料种类并输入各自的热物性参数；最后，设置监测温度、能见度的切面以及热电偶等测温装置，从而完成建模。建模的主要过程如图 3-5 所示。

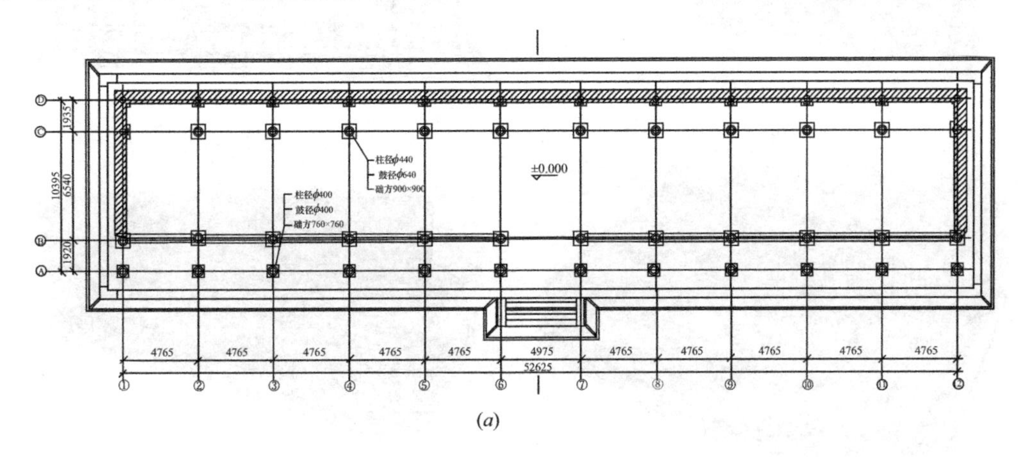

(*a*)

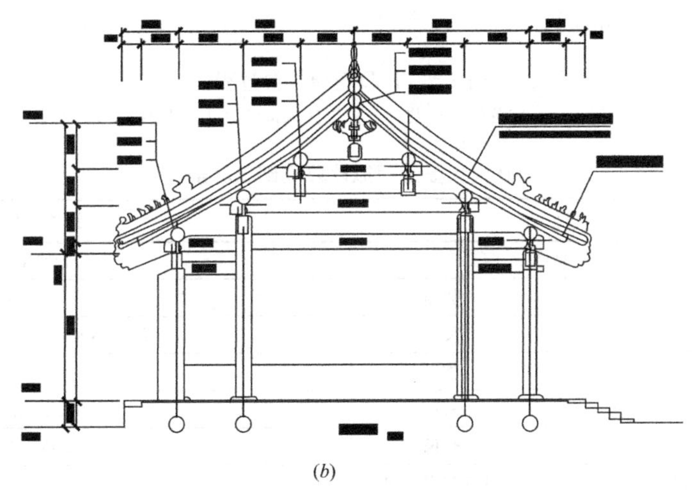

(*b*)

图 3-4　TSD 剖面图

(*a*) 俯视；(*b*) 侧视

特别地，在现有的网格划分条件下，过于细微的几何造型将无法被识别，为降低建模复杂度，对部分构件的形式作一定的简化，并注意在简化过程中保持其总体火灾荷载基本不变。

三、基础工况及计算结果

由于影响火灾蔓延的因素较多，为控制变量以便总结规律，特设置所谓“基础工况”，其各项参数处于折中水平。而其他工况与之相比，仅单独改变某一变量取值。表 3-2 中给出了 TSD 火灾蔓延模拟计算基础工况的主要条件。需要指出的是，基础工况的条件并非预先设定，而是在不断摸索中寻取的优化结果。

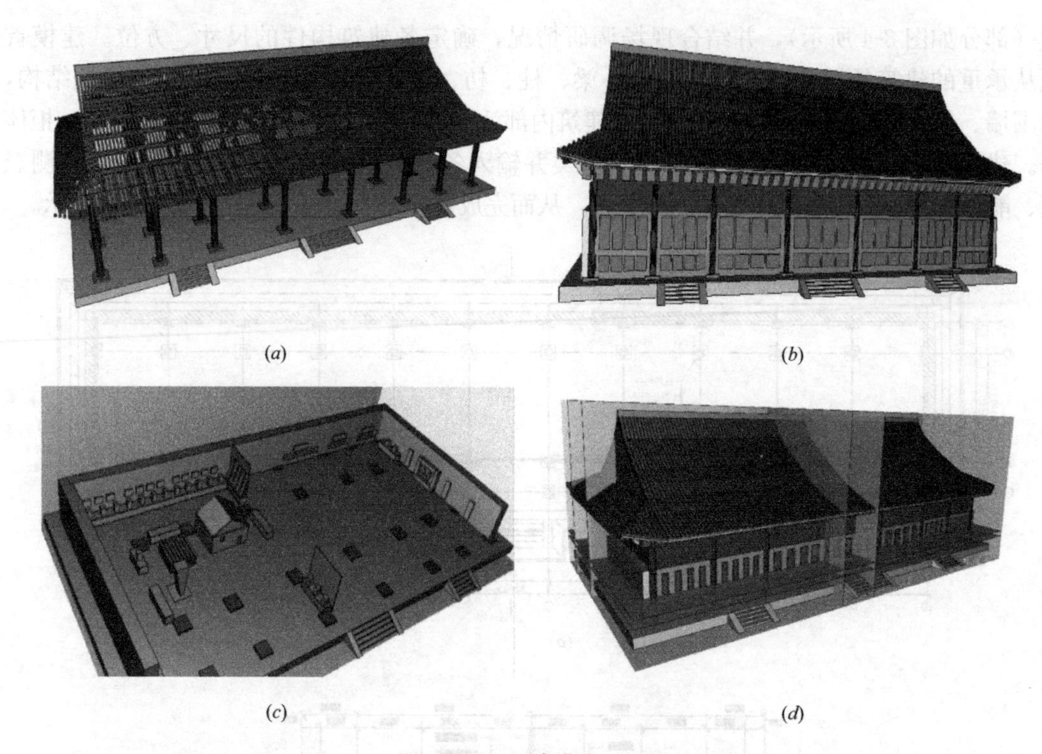

图 3-5　TSD 建模主要过程

(a) 搭建模型骨架；(b) 完善模型细节；(c) 创建内部活动火灾荷载；(d) 添加监测切面

TSD 火灾蔓延模拟计算基础工况条件　　表 3-2

项目			设置条件
工况编号			TSD-BASIC
网格		数量	155.5万
		尺寸	0.27m×0.27m×0.27m
可燃物性质	木材	类型	Pine
		密度	640kg/m^3
		热值	18.0MJ/kg
		热解参考温度	150℃
		热解升温速率	5K/min
		热解温度范围	80℃
		体现形式	Layered，构件整体为木质
	泡沫	类型	Foam
	织物	类型	Fabric
火源		位置	建筑中部内侧地面，靠近木质展柜
		尺寸	0.3m×0.4m
		类型	2000kW/m^2，t^2 增长火
		增长时间	100s
灭火情况			无
监测切面			温度和能见度，过火源中心及建筑对称轴
计算时长			800s

根据 TSD 内火灾荷载调查结果，基础工况中对各材料的热物理性质进行了近似处理，如展板采用聚氨酯泡沫材料、织物采用棉质材料等。为简化计算，各建筑构件及木质展品均采用同一种木材，其详细物性参数如表 3-2 所示。

如组图 3-6 所示为各典型时刻下 TSD 火灾蔓延状态。为便于观察建筑内部着火情况，在 Smokeview 中设置剖面，如右列图所示。从图中可见，初始起火 300s 内，火势增长较为缓慢，火灾集中在起火位置附近，主要以周边活动火灾荷载（如展柜）的燃烧为主，而建筑主体的梁、柱等并未被引燃。随着燃烧热量的进一步蓄积，一直受到火焰辐射和热烟气冲击的火源正上方木构件首先达到着火条件，并在较短时间内蔓延至其他构件（360～420s），构件燃烧产生的热量进一步加速了火势的蔓延，建筑内部可燃物全面燃烧，即进入所谓轰然阶段。然而，由于建筑内部活动火灾荷载较少，随着燃烧的进行，内部大量燃烧产物的积累导致一定程度的贫氧，导致建筑内部火势趋于减弱，而更倾向于木构件集中的建筑中上部。480s 以后，进入以屋面燃烧为主的阶段，建筑整体陷入火海，并进入较长时间的稳定燃烧，直至计算结束。此时，即使施加灭火，建筑也将遭受不可逆转的巨大损失。以时间为轴对以上火灾蔓延过程进行梳理，如图 3-7 所示。

建筑外部　　　　建筑内部

$t = 60\mathrm{s}$

$t = 180\mathrm{s}$

$t = 240\mathrm{s}$

图 3-6　各典型时刻下 TSD 基础工况火灾蔓延状态（一）

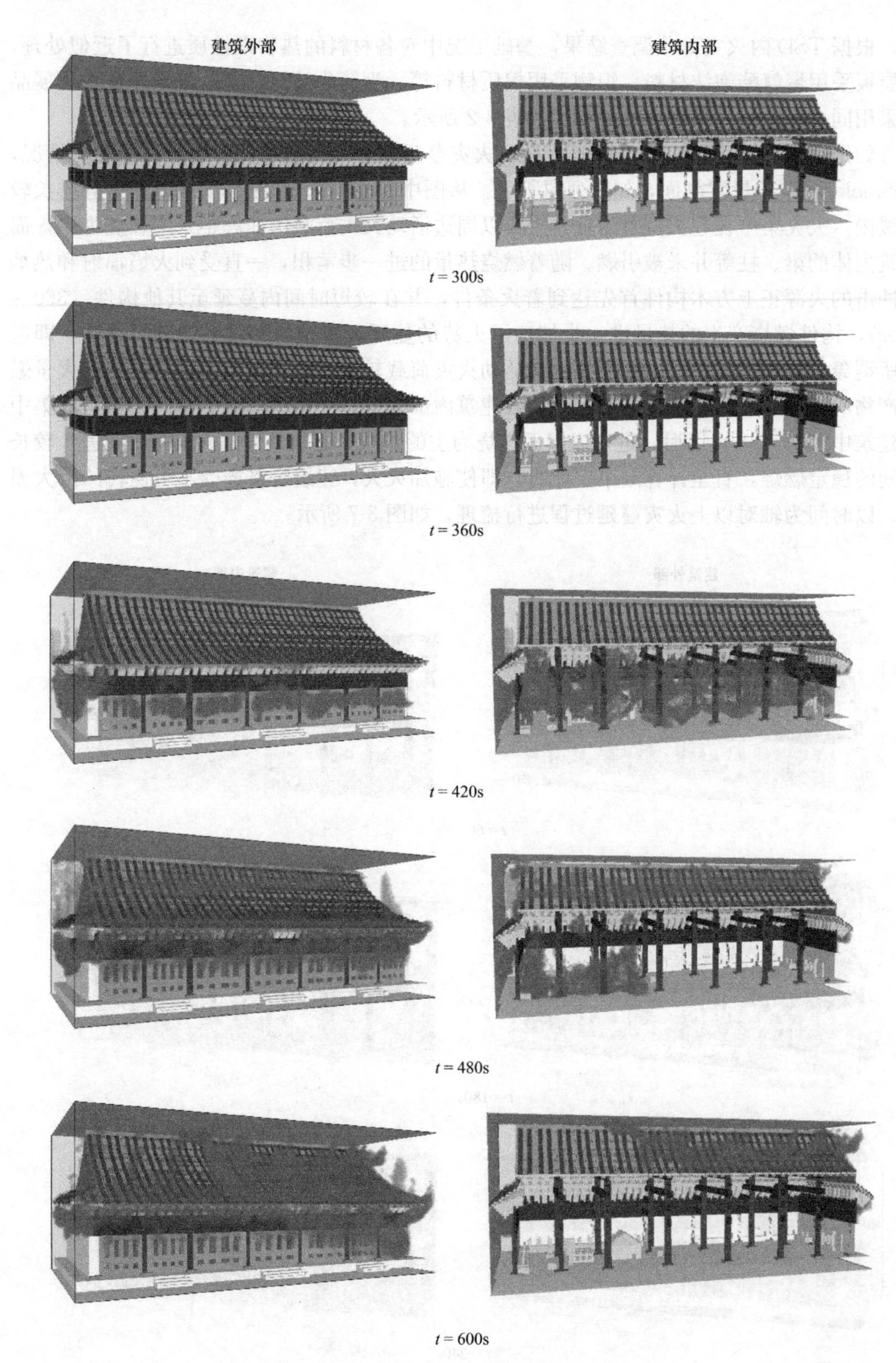

图 3-6　各典型时刻下 TSD 基础工况火灾蔓延状态（二）

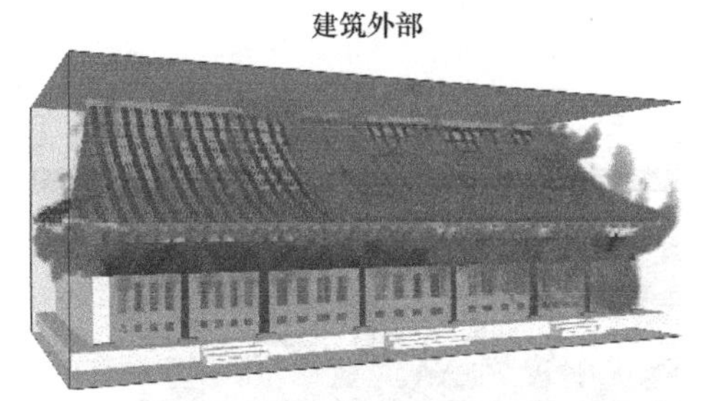

$t = 800s$

图 3-6　各典型时刻下 TSD 基础工况火灾蔓延状态（三）

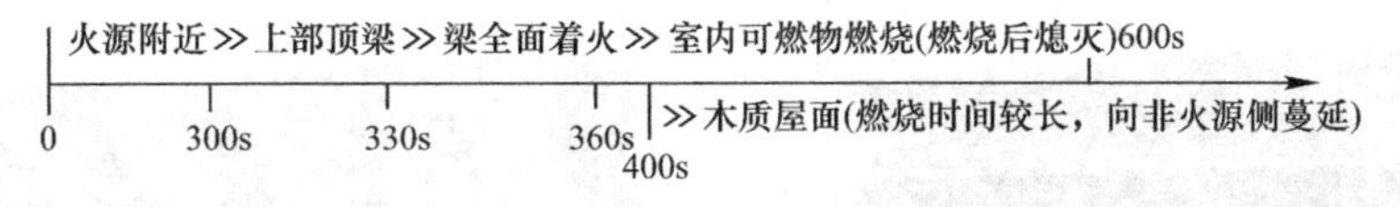

图 3-7　TSD 火灾蔓延基本过程示意图

图 3-8 分别给出了建筑内部火灾烟气蔓延过程及经过火源中心的切面温度分布。对比组图 3-6 中的火势变化趋势，可以发现尽管在轰燃发生之前（约 360s 前），火灾整体规模偏小，但此时烟气已相当程度地聚集、沉降。如果能在此阶段探测到火灾发生并采取有效手段将其扑灭，将大大有利于减轻文物建筑的损失。同时，由于该建筑内部空间较高大，提供了充足的蓄烟空间，也为组织人员疏散预留了一定的时间。建筑内部温度分布的变化趋势同样为上述分析提供了量化支撑。轰燃发生后，建筑内部由局部高温转变为全面高温。无论对于文物建筑本体还是未及疏散的人员，都将面临极为严峻的考验。

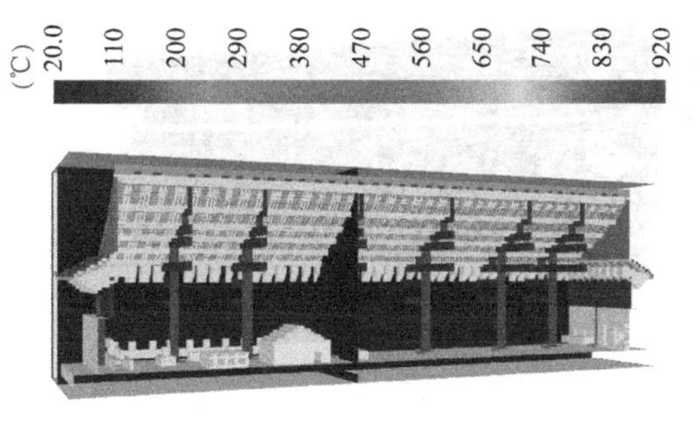

$t = 60s$

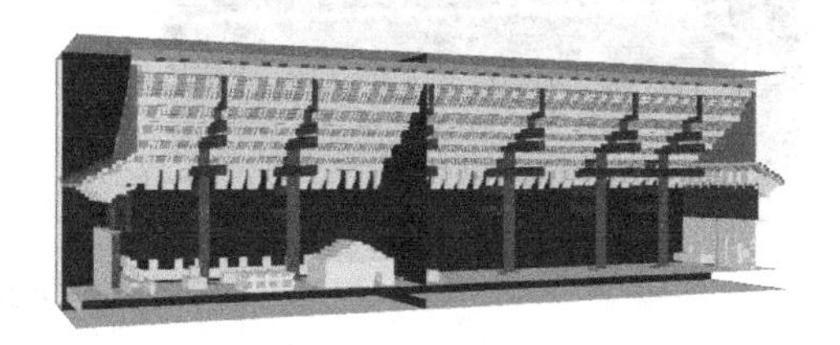

$t = 180s$

图 3-8　各典型时刻下 TSD 基础工况火灾烟气蔓延状态及建筑内部切面温度（一）

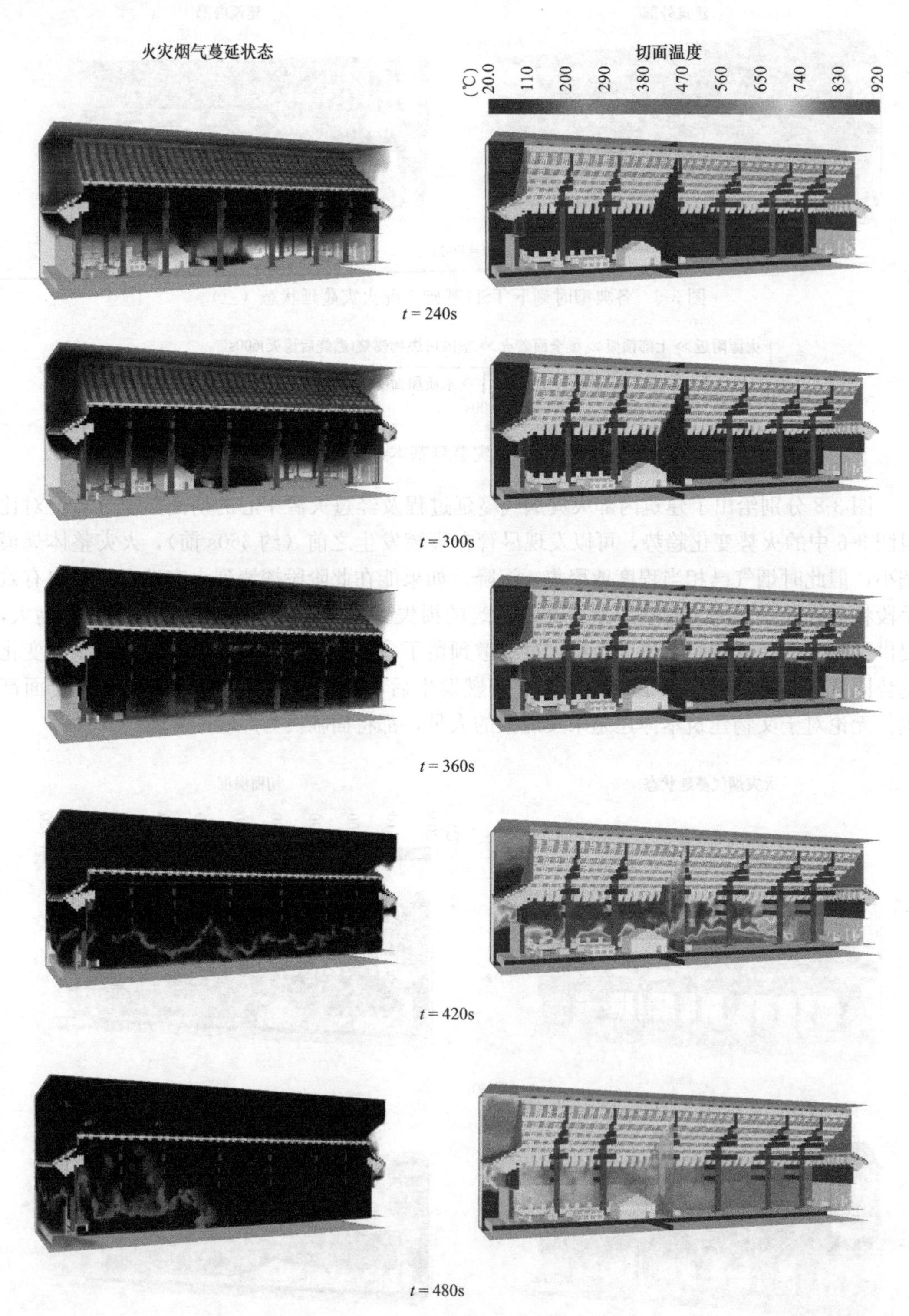

图 3-8 各典型时刻下 TSD 基础工况火灾烟气蔓延状态及建筑内部切面温度（二）

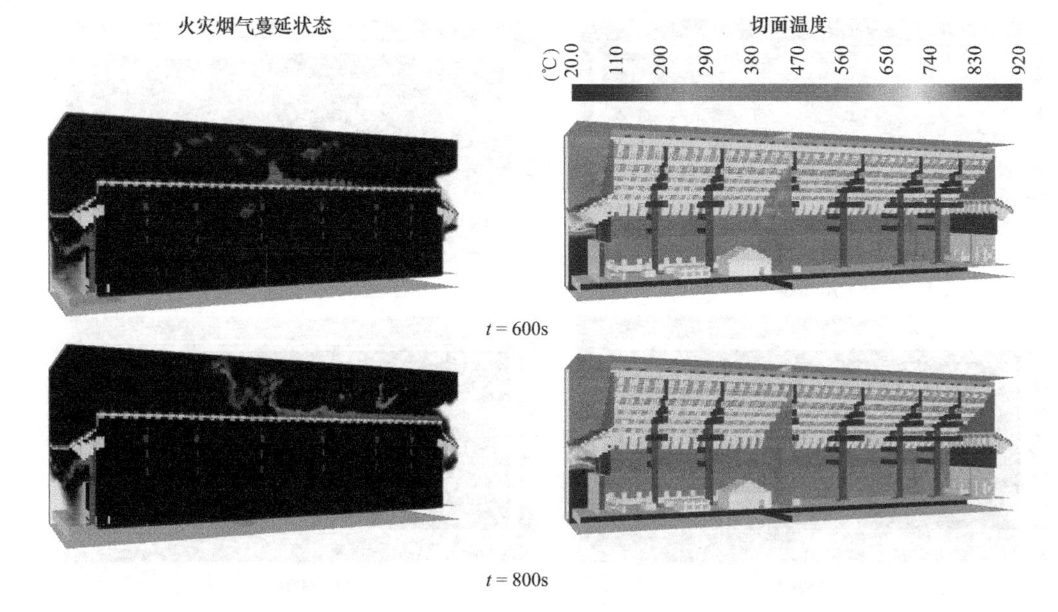

图 3-8　各典型时刻下 TSD 基础工况火灾烟气蔓延状态及建筑内部切面温度（三）

文物建筑一般层数不高，人员较少，发生火灾后疏散通常较为有利。然而，也不排除被改造为展览、办公或商品销售的文物建筑中，人员疏散存在一定的困难。能见度是人员疏散过程中最重要的参考指标之一。图 3-9 给出了各典型时刻 1.5m 高度（人眼高度）切面的能见度分布。可见在 300s 前，除火源局部区域外，整个平面的能见度较高，此时如能及时发现火情并组织疏散，几乎不会造成人员伤亡。然而，随着轰燃的来临，烟气产率大幅提高，空间能见度迅速衰减，并几乎降至 0m。综上，无论对于文物建筑本体还是其内部人员，在火灾扩大至轰燃前报警、疏散、灭火，可以基本确保安全。

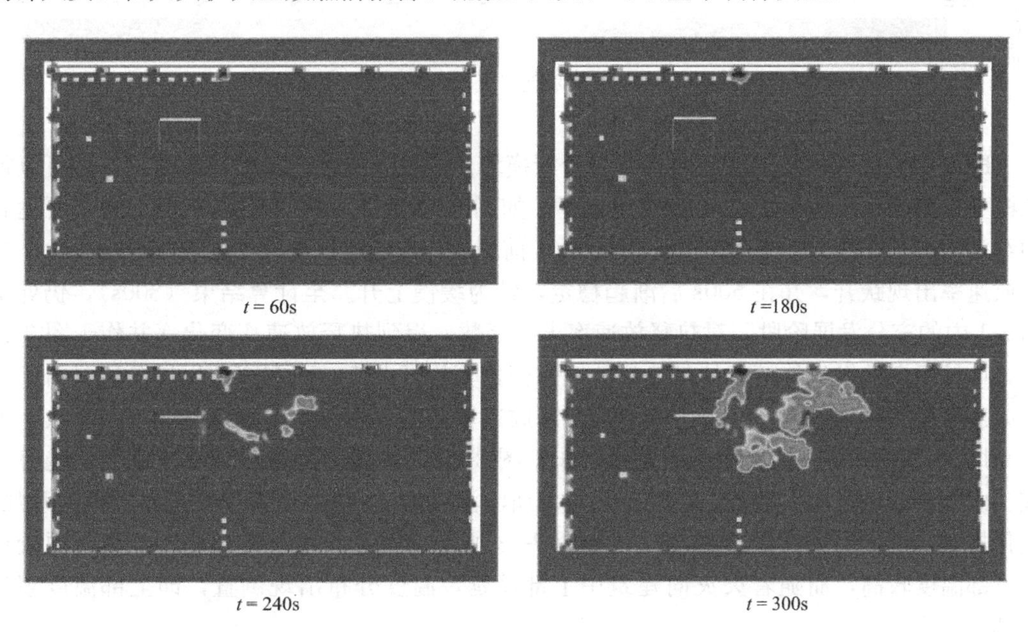

图 3-9　各典型时刻下 TSD 基础工况 1.5m 高度能见度分布（一）

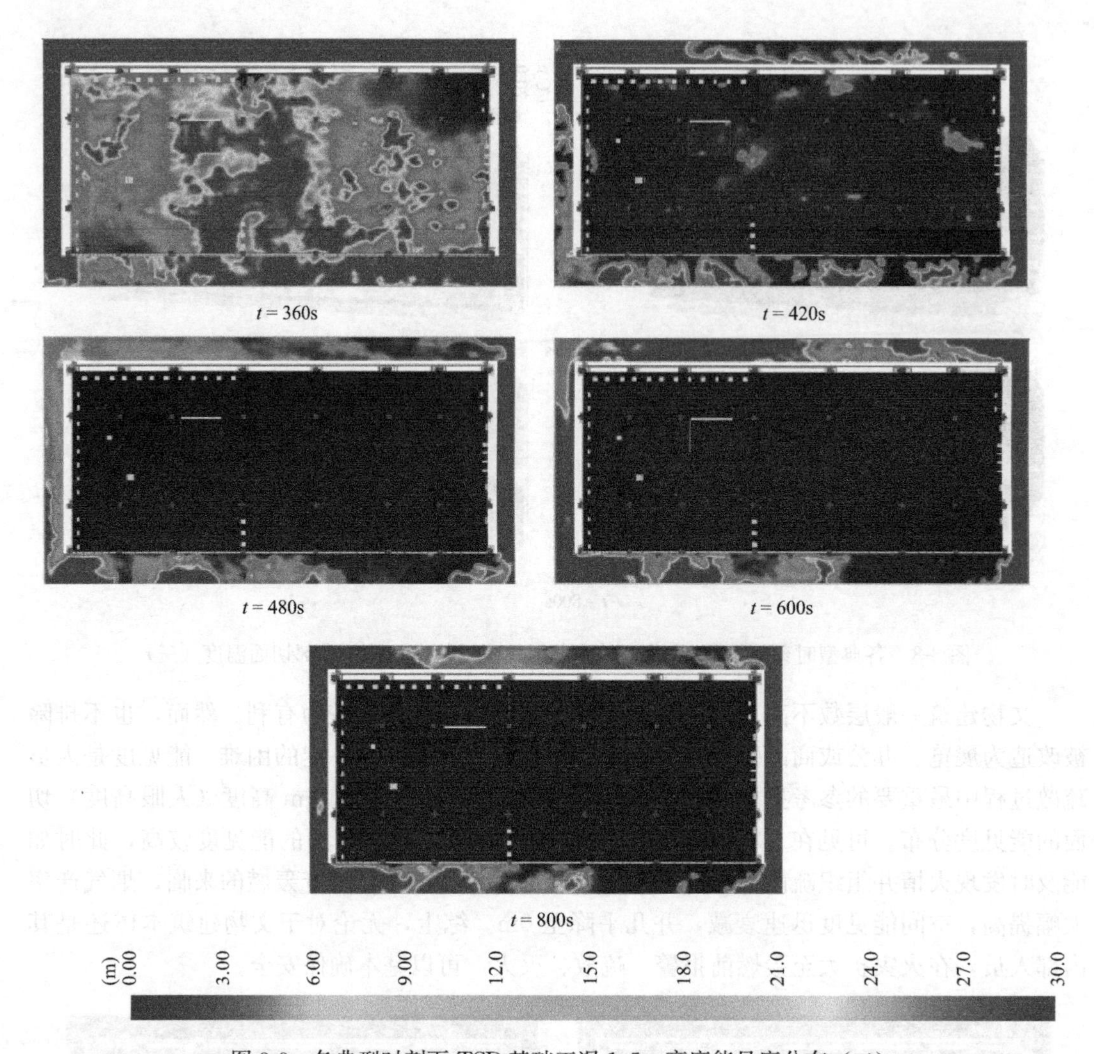

图 3-9 各典型时刻下 TSD 基础工况 1.5m 高度能见度分布（二）

FDS 中同样提供了丰富的数据统计分析模块。通过导出统计数据并作图，首先可以得到模型总体热释放速率随时间的变化规律，如图 3-10 所示。相比于后期稳定燃烧所达到的约 700MW 的热释放速率，引火源及 300s 前的放热几乎可以忽略。随着轰燃的发生，热释放速率出现跃升，并在 500s 后渐趋稳定，转为缓慢上升。至计算结束（800s），仍处于图 3-1 中的充分发展阶段。对热释放速率求导函数，得到热释放速率变化率并作于图 3-11 中，可见轰燃的发生伴随着的是热释放速率变化率的极大值。而在充分发展阶段，由于热释放速率具有较大的波动性，由此造成热释放速率变化率相应地出现高频脉冲。其次，可以利用 FDS 统计模型的质量损失速率，作于图 3-12 中，其趋势与热释放速率变化趋势一致。此外，通过对比火源正上方若干热电偶所测温度值，可见不同高度的温度具有相似的变化规律，即在轰燃过程达到峰值，如图 3-13 所示。而且，在火灾初期，距离火源较近的下部温度较高，而随着火灾向建筑中上部蔓延，温度分布出现倒置，即上部温度超过下部。

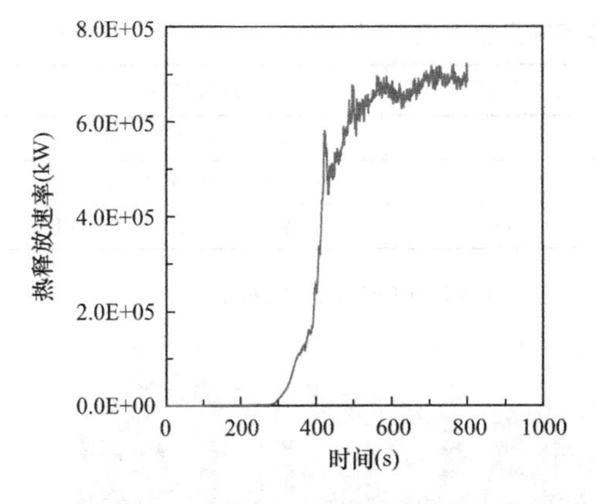

图 3-10　TSD 基础工况热释放速率随时间的变化

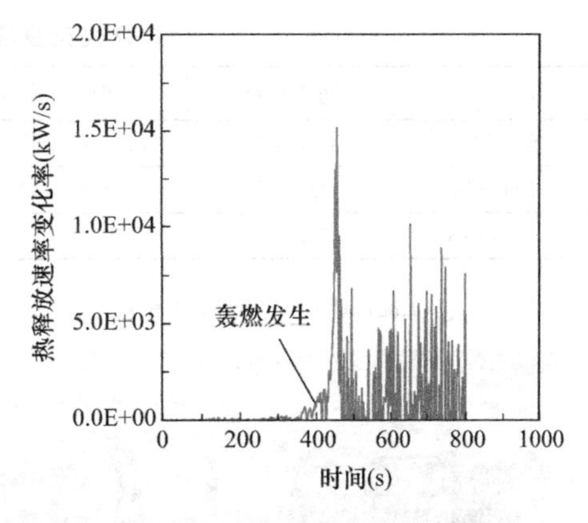

图 3-11　TSD 基础工况热释放速率变化率随时间的变化

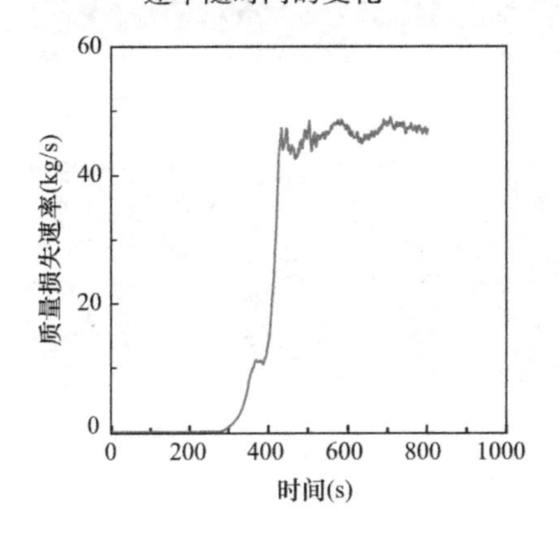

图 3-12　TSD 基础工况总质量损失率随时间的变化

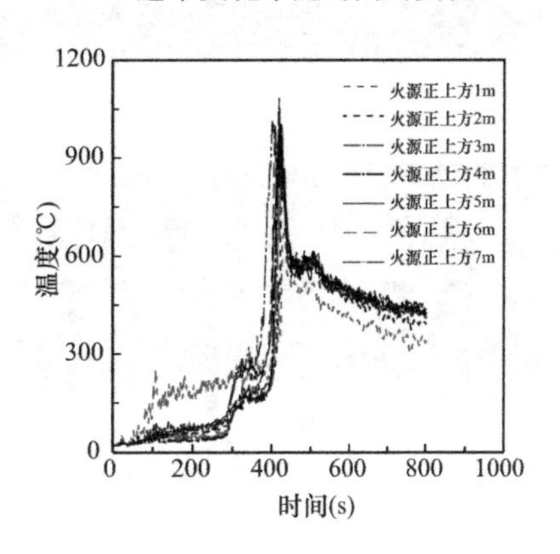

图 3-13　TSD 基础工况火源正上方不同高度的温度随时间的变化

第三节　文物建筑单体火灾蔓延影响因素研究

一、网格优化

划分网格是 FDS 模拟计算的先行条件。网格质量很大程度上影响了计算的精确程度，如果网格过于稀疏，将导致模型还原失真，一些建筑细节无法得到表达。然而，一旦网格过于精细，势必将造成计算量的成倍增加，导致计算资源的巨量消耗。因此，如何在确保网格质量和计算精度的前提下，尽可能降低网格数量，是 FDS 模拟计算中一项重要工作，亦称“网格无关性检验”。

本书建立了三套网格，网格数量、尺寸如表 3-3 所示，其他计算条件与表 3-2 中所列相同。随着网格数量的增加，计算时间显著延长，计算轰燃时间也有所提前，如图 3-14 所示。从图 3-15 所示的热释放速率随时间的变化可见，155.5 万网格和 253.0 万网格工况计算结果十分接近，因此当网格数量达到 155.5 万网格之后，继续增加网格数量将不会显著提高计算精度，即近似“网格无关”。因此，出于对计算精度和效率的平衡考量，后续对 TSD 的各计算工况均采用总量为 155.5 万的这套网格。

TSD 火灾蔓延模拟计算不同网格工况　　　　表 3-3

工况编号	网格数量	网格尺寸（m）	计算耗时（h）	现象描述
TSD-BASIC	155.5 万	0.27×0.27×0.27	~90	360s 前后发生轰燃
TSD-C-2	98.3 万	0.30×0.32×0.31	~50	轰燃时间延后至 450s 左右
TSD-C-3	253.0 万	0.23×0.23×0.23	~150	与工况 TSD-BASIC 基本相同

工况TSD-C-2（98.3万网格）　　　　工况TSD-C-3（253.0万网格）

$t = 300s$

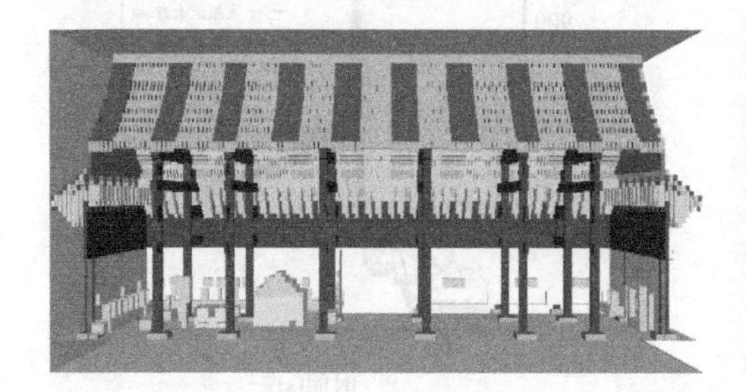

$t = 360s$

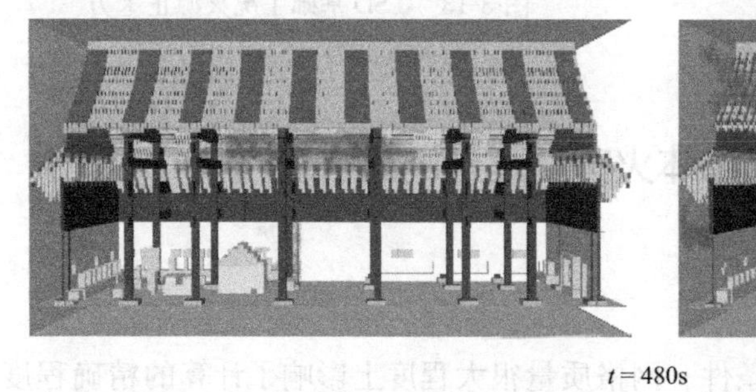

$t = 480s$

图 3-14　各典型时刻下 TSD 不同网格工况火灾蔓延状态

二、木材物性参数影响

TSD 的主要火灾荷载为由木质建筑构件贡献的固定火灾荷载，木材的燃烧特性很大程度上决定了整个建筑的火灾蔓延过程。因此，选取合适的木材物性参数作为输入变量，无疑是模拟计算的重中之重。除密度、热值等较易通过实验确定的参数外，影响木材燃烧速率（含热解）的反应动力学参数一直是相关研究的前沿热点。本部分首先介绍 FDS 软件中反应动力学理论和模型简化方法，引出“参考温度”的概念；然后介绍某位学者开展的木结构建筑实体试验及参考温度拟合结果，作为本书模拟计算的参数选取依据；最后查阅相关文献，选取若干木材反应动力学参数，通过比较优化选定该参数，并总结规律。

1. FDS 反应动力学理论

对于任一参与化学反应的材料组分，都应在 FDS 中指定反应动力学参数。当物质 i 参与一个或多个化学反应时，其基本的反应速率方程为

$$\frac{\mathrm{d}Y_{s,i}}{\mathrm{d}t}=-\sum_{j=1}^{N_{r,i}} r_{ij}+\sum_{i'=1}^{N_m}\sum_{j=1}^{N_{r,i'}} v_{s,i'j} r_{i'j} \quad (i' \neq i) \tag{3-7}$$

其中：

$$r_{ij}=A_{ij} Y_{s,i}^{n_{s,ij}} \exp\left(-\frac{E_{ij}}{RT_s}\right) X_{O_2}^{n_{O_2,ij}} ; Y_{s,i}=\left(\frac{\rho_{s,i}}{\rho_s(0)}\right) \tag{3-8}$$

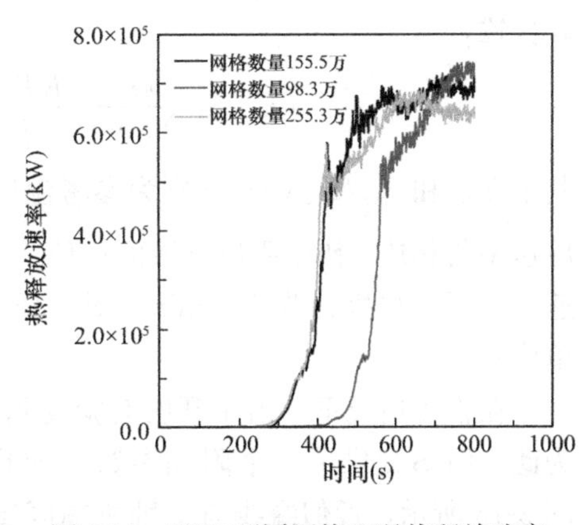

图 3-15　TSD 不同网格工况热释放速率随时间的变化

以上各式中，r_{ij} 表示第 i 种物质在其第 j 个反应、对应于温度 T_s 下的反应速率；式（3-7）中右边第二项表示由其他化学反应生成第 i 种物质的速率，$v_{s,i'j}$ 为其反应产率。$\rho_{s,i}$ 为第 i 种物质在材料层中的密度，其定义为第 i 种物质的质量除以材料层的总体积。ρ_s（0）则为材料层的初始密度。因此，式（3-8）中 $Y_{s,i}$ 将随着第 i 种物质的消耗而减小，或随其生成而增加。特别地，如果材料层中仅含有一种物质，那么 $Y_{s,i}$ 初始值为 1。$n_{s,ij}$ 为反应级数，如无特殊要求默认为 1，并证明其具有较好的适应性。A_{ij} 为该反应的指前因子，（s^{-1}）；E_{ij} 为该反应的活化能，（kJ/kmol）。式（3-8）中的第四项只在受局部氧气浓度影响的气固异相反应中起作用，因此在一般燃烧反应中其指数通常为 0，即该项不予考虑。

因此，为模拟材料燃烧等化学反应，须给定合理的 A 和 E 数值。该数值可以通过查取相关资料获取，但通常较为困难。FDS 提供了一种简化方法估算反应速率，在假设每一种材料只参与一个化学反应的基础上，引入“参考温度”（Reference Temperature）。为解释这一概念，考虑如图 3-16 所示的理想热天平（TGA）实验曲线，在此过程中单一材料通过单一燃烧反应由固体变为气体。通过以 5K/min 的低速升温，其归一化的质量分数 Y_s 随之不断下降（由 1 最终降至 0，图中蓝线），同时亦可得到质量分数变化变化速率（$-\mathrm{d}Y_s/\mathrm{d}t$）随时间的变化关系（图中绿线），那么，绿线峰值所对应的温度即为 FDS 中的“参考温度”。

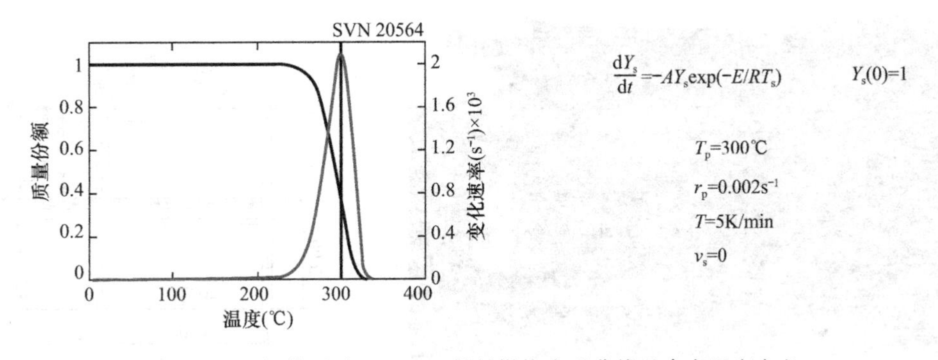

图 3-16　理想热天平（TGA）材料燃烧失重曲线及参考温度定义

应特别注意的是，参考温度并不等同于着火温度，其仅仅是在某一特定实验条件下材料燃烧反应的特性参数。那么，在某一多组分固体中，物质 i 的反应动力学参数可以用下

式计算：

$$E_{i,1}=\frac{er_{p,i}}{Y_{s,i}(0)}\frac{RT_{p,i}^{2}}{\dot{T}};\quad A_{i,1}=\frac{er_{p,i}}{Y_{s,i}(0)}\exp\left(\frac{E}{RT_{p,i}}\right) \tag{3-9}$$

其中 $T_{p,1}$ 和 $r_{p,i}/Y_{s,i}(0)$ 分别为参考温度和单位参考反应速率，后者即为参考温度下的反应速率与物质 i 初始质量分数的比值（对于单一组分材料 $Y_{s,i}(0)=1$）；$\dot{T}$ 为 TGA 的升温速率，FDS 中默认为 5K/min。图 3-16 中绿色曲线下的面积即等于该升温速率（以 K/s 为单位）。

在很多情况下，由于开展实验受到限制，参考反应速率相较于参考温度更难于获取。为此，FDS 提供了一个附加参数，即热解温度范围 ΔT，以估计反应速率曲线形状。如图 3-15 所示，近似绿线与 x 轴所围区域为三角形，其底边长即为 ΔT，该值默认为 80K。那么，利用以上各给定参数，参考反应速率、活化能、指前因子等均可以求出，特别地，单位参考反应速率满足以下关系式

$$\frac{r_{p,i}}{Y_{s,i}(0)}=\frac{2\dot{T}}{\Delta T}(1-v_{s,i}) \tag{3-10}$$

其中 $v_{s,i}$ 为生成物质 i 的固体产率，通常情况下为 0。

综上，参考温度 $T_{p,i}$ 是 FDS 简化反应动力学模型中的核心参数，在升温速率 $\dot{T}$ 和热解温度范围 ΔT 取默认值时，FDS 将通过给定参考温度由式（3-9）自动计算出相应的反应动力学参数。

2. 木结构建筑火灾试验与参考温度拟合

高先占等在云南丽江一所木结构民居中进行了实体火灾试验，建筑外观及基本尺寸如图 3-17（*a*）（*b*）（*c*）所示。引火源为 0.6m×0.6m×0.6m 木垛（共 16 层，每层 9 根），置于一层房间中间。点火 1min 后，油盆中汽油燃尽，木材燃烧自持，约 4min 后火焰高度接近楼板，上部楼板发生燃烧，火焰沿楼板在水平方向蔓延。6min 时楼板进入全面燃烧状态，如图 3-17（*b*）所示，此时侧面隔墙也发生燃烧。不到 1min 后室内发生明显轰燃，燃烧剧烈，并从门洞上部喷出火焰，将门廊顶部的木材点燃，火势沿门廊迅速蔓延。8min 后出动消防车将火灾扑灭。

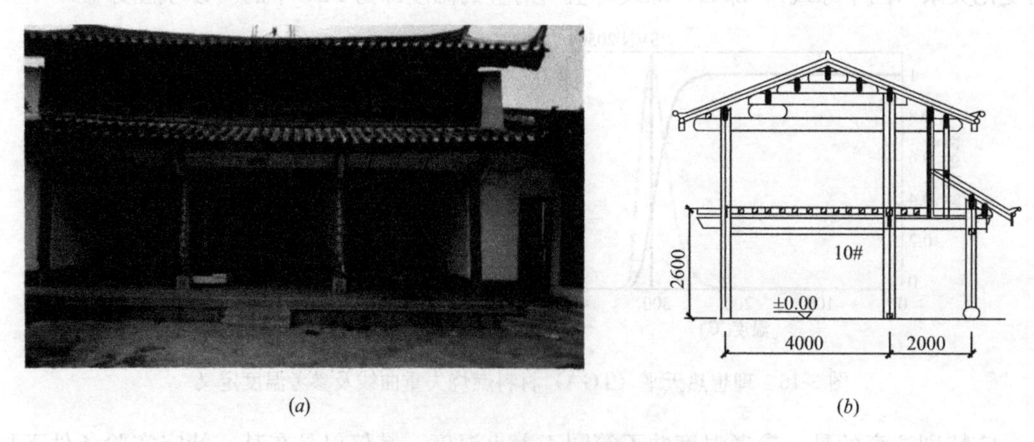

图 3-17　某木结构建筑实体火灾试验现象及模型尺寸（一）
（*a*）试验建筑外观；（*b*）侧视剖面图

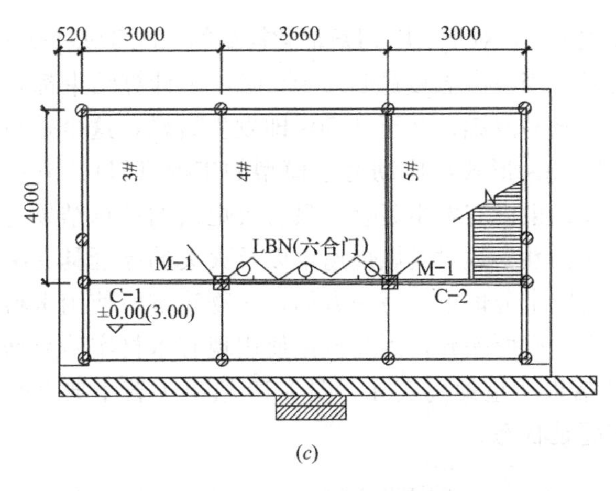

图 3-17　某木结构建筑实体火灾试验现象及模型尺寸（二）
（c）俯视剖面图；（d）室内火情（楼板着火）

该学者同样利用 FDS 对该实体火灾试验进行了模拟，比较了 100℃、150℃、200℃三种工况，并以门口处（距离木垛约 3m）的热辐射通量为指标，将计算结果与试验数据进行对比。如图 3-18 所示，可见参考温度选取为 150℃时，二者匹配最佳。因此，该学者推荐 150℃为常用木材的参考温度，本书基础工况及其他大部分工况也选用该值。

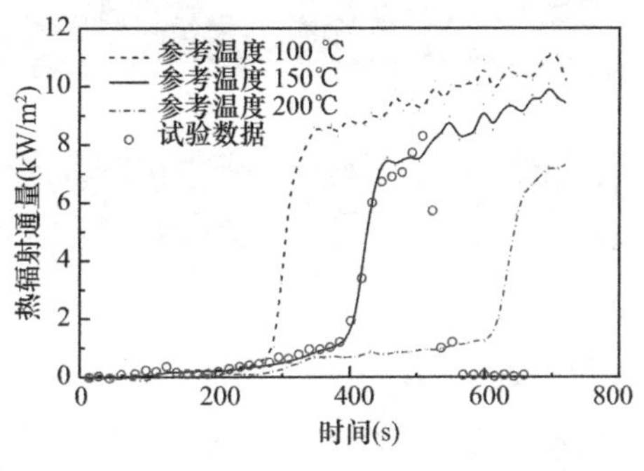

图 3-18　不同 FDS 参考温度下热辐射通量模拟与试验结果对比

3. 木材燃烧反应动力学参数比较

FDS 不仅提供了以参考温度为主要指标的简化反应动力学模型接口，也保留了常规 Arrhenius 形式的模型接口。已有学者利用 TGA 等实验条件获取了一些木材的反应动力学参数，本书选取其中数种，其指前因子和活化能如表 3-4 所示。

TSD 火灾蔓延模拟计算不同木材燃烧反应动力学参数工况　　表 3-4

工况编号	木材品名	参考温度（℃）	指前因子（s^{-1}）	活化能（kJ/kmol）	现象描述
TSD-BASIC	木材	150	—	—	360s 左右发生轰燃
TSD-P-2	木材	100	—	—	50s 左右即发生轰燃
TSD-P-3	木材	125	—	—	220s 左右发生轰燃
TSD-P-4	木材	200	—	—	750s 左右火焰蔓延至顶梁
TSD-P-5	木材	250	—	—	火焰局限于火源附近，未发生轰燃
TSD-P-6	长白落叶松	—	3.28×10^8	101850	火焰局限于火源附近，未发生轰燃
TSD-P-7	马尾松	—	2.05×10^8	98580	火焰局限于火源附近，未发生轰燃
TSD-P-8	火炬松	—	1.18×10^8	85540	450s 左右发生轰燃
TSD-P-9	兰考泡桐	—	1.07×10^8	91230	750s 左右发生轰燃
TSD-P-10	中林一号杨	—	3.62×10^8	98340	780s 左右火焰蔓延至顶梁
TSD-P-11	花梨木	—	1.72×10^6	100900	火焰局限于火源附近，未发生轰燃
TSD-P-12	水曲柳	—	2.04×10^6	101800	火焰局限于火源附近，未发生轰燃
TSD-P-13	杉木	—	3.04×10^6	104800	火焰局限于火源附近，未发生轰燃

从表 3-3 中对模拟计算结果的简要描述可知，对于采用 FDS 简化模型的工况 TSD-P-2～5，随着参考温度的升高，轰燃时间逐渐延迟，当参考温度超过 250℃时，至计算结束都未发生轰燃。而当参考温度过低时，木材变得极易点燃，甚至在 50s 即发生轰燃，这也是与实际情况严重不符的。对于采用常规 Arrhenius 形式反应动力学模型的工况 TSD-P-6～13，可见整体偏于惰性，超过半数工况至计算结束没有发生轰燃，只有火炬松的计算结果与基础工况较为接近。这一方面说明木材的热物性参数对其燃烧速率以及火灾的蔓延具有决定性的影响，在模拟计算中应对该参数的选取十分慎重；另一方面，文物建筑所使用木料经过风干、日晒、雨淋，其性质与新木材必然有所差异，因此直接使用现有木材实验数据必然会带来一定误差，甚至可能导致计算结果严重偏离实际。图 3-19 给出了若干典型时刻下，四组有代表性工况的建筑内部火灾蔓延状态。

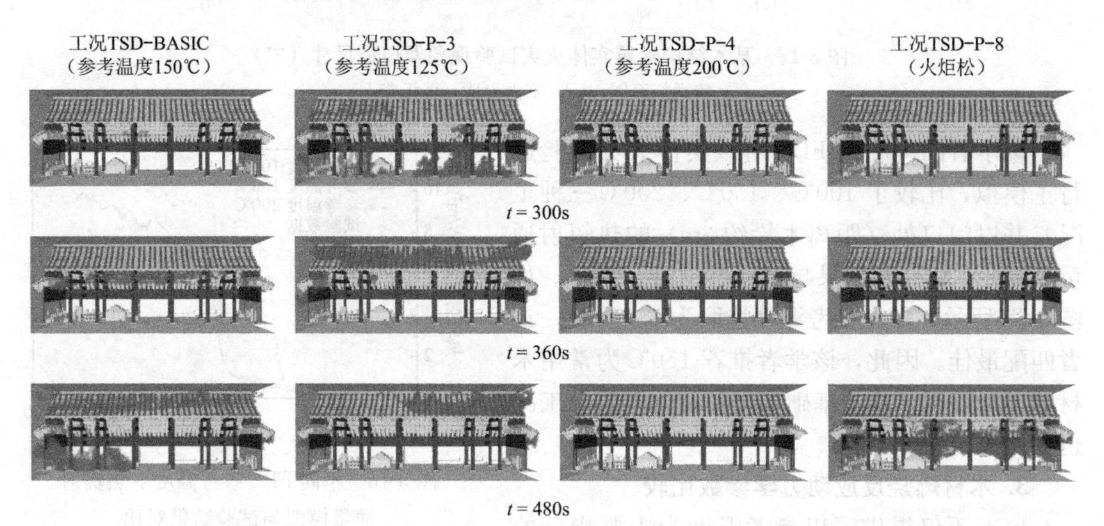

图 3-19 各典型时刻下 TSD 不同木材燃烧反应动力学参数工况火灾蔓延状

三、起火位置影响

火灾的发生具有偶然性，起火位置对火灾的发展进程也具有一定的影响。尽管文物建筑主体的火灾荷载为固定火灾荷载，但其最初的引火源往往来源于活动火灾荷载。例如，建筑内引入的照明设备所引起的电气火灾，香客、游客用火不慎所造成的织物起火等。本书选取了 12 处典型起火位置，如表 3-5 所示，并标注于图 3-20 中。工况 TSD-I-2～9 模拟展柜和展品起火，工况 TSD-I-10～12 模拟梁上的照明灯具起火。

TSD 火灾蔓延模拟计算不同起火位置工况 **表 3-5**

工况编号	起火位置	火源中心坐标	现象描述
TSD-BASIC	中、内侧展柜[1]	(8.3, 4.6, 0.9334)	360s 左右发生轰燃
TSD-I-2	左一展品[2]	(2.8, 10.5, 0.9334)	火焰局限于火源附近，无蔓延
TSD-I-3	左二展品[3]	(0.5, 14.8, 0.9334)	火焰局限于火源附近，无蔓延
TSD-I-4	左、内侧展柜[4]	(8.3, 15.0, 0.9334)	火焰局限于火源附近，有一定水平蔓延
TSD-I-5	左、内角落展柜[5]	(8.3, 22.3, 0.9334)	火焰局限于火源附近，有一定水平蔓延

续表

工况编号	起火位置	火源中心坐标	现象描述
TSD-I-6	左边墙展柜[6]	(−1.3，22.3，0.9334)	火焰局限于火源附近，有一定水平蔓延
TSD-I-7	左、外侧展柜[7]	(−10.0，22.3，0.9334)	650s左右引燃顶梁，700s左右发生轰燃
TSD-I-8	右、内侧展柜[8]	(6.8，−22.3，0.9334)	火焰局限于火源附近，无蔓延
TSD-I-9	右边墙展柜[9]	(−1.2，−22.7，0.9334)	火焰局限于火源附近，无蔓延
TSD-I-10	中部梁中间[10]	(−1.5，4.2，10.1406)	火焰局限于火源附近，无蔓延
TSD-I-11	中部梁内侧[11]	(6.1，4.2，10.1406)	180s左右引燃屋顶，330s左右发生轰燃
TSD-I-12	左侧梁中间[12]	(−1.5，17.8，10.1406)	火焰局限于火源附近，无蔓延

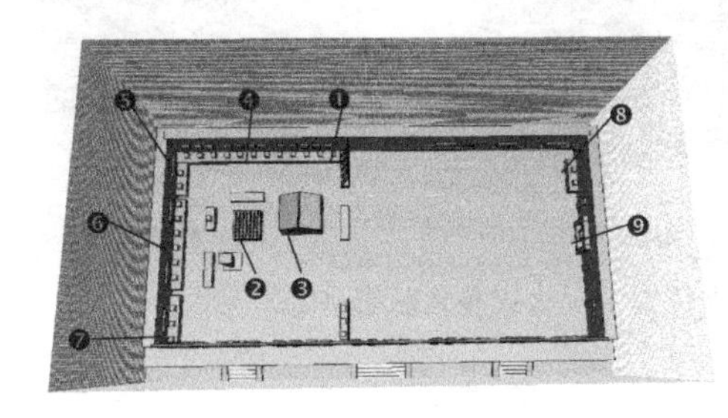

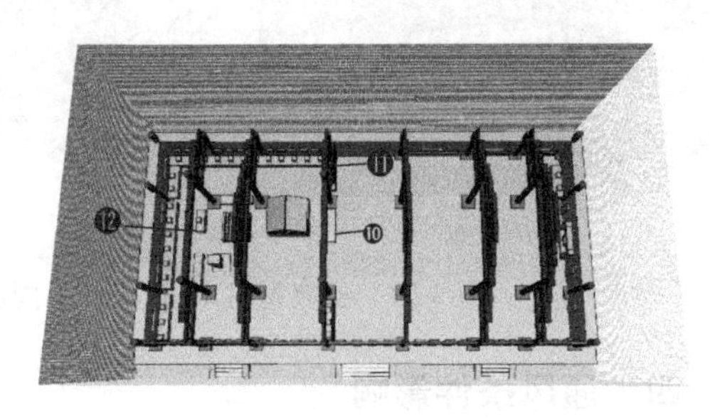

图 3-20 TSD不同起火位置示意图

从表3-5中总结的各工况基本现象来看，并非所有起火位置均能引发火灾的大范围蔓延。诸如工况TSD-I-2、3、8、9，展品处于较为孤立的位置，即使该展品发生燃烧，产生的热量也不足以引燃建筑内的其他可燃物，最终导致自熄。工况TSD-I-4、5、6的起火位置处于可燃物较为集中的区域，但由于紧邻不燃的砖墙，火灾受到抑制，因此仅产生一定的水平蔓延，至计算结束（800s）时未发生轰燃。相较而言，工况TSD-I-7由于与木质门窗的接触概率较大，火灾蔓延相较而言更为严重。对于在梁上起火的情况，位于梁中间起火的工况TSD-I-10、12均未发生火灾蔓延，而位于内侧的工况TSD-I-11则在短时间内就发生了轰燃。这说明直接点燃大尺寸木构件是比较困难的，而通过小型木构件燃烧热量的累积，可以导致火灾的进一步扩大。图3-21给出了若干典型时刻下，三组有代表性工况的建筑内部火灾蔓延状态。

工况TSD-I-7（左、外侧展柜起火）

$t = 360$s

工况TSD-I-11（中部梁内侧起火）

$t = 180$s

工况TSD-I-12（左侧梁中间起火）

$t = 180$s

图 3-21 各典型时刻下TSD不同起火位置工况火灾蔓延状态（一）

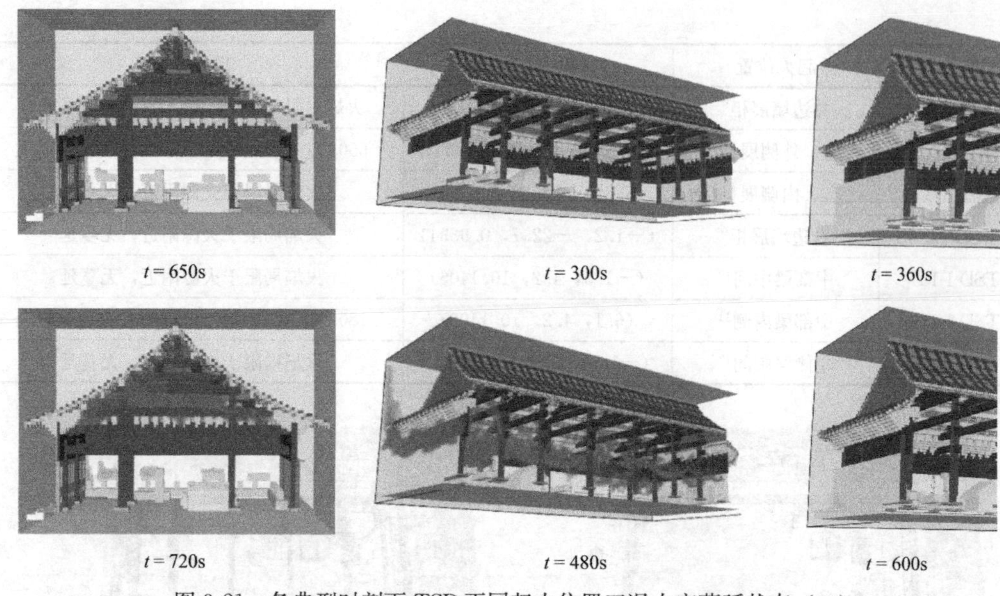

图 3-21　各典型时刻下 TSD 不同起火位置工况火灾蔓延状态（二）

四、通风条件影响

根据文献调研，通常文物建筑室内所引发的火灾处于通风控制区。这也就意味着，通风越顺畅，对火势的助燃效果越显著。本书设置了 6 组通风工况，以模拟不同通风条件下的火灾蔓延状态，如表 3-6 所示。鉴于基础工况所有门窗均处于打开状态，其他 5 组工况选择性地关闭部分门窗，以人为制造通风阻碍。部分模型外观如图 3-22 所示。

TSD 火灾蔓延模拟计算不同起火位置工况　　**表 3-6**

工况编号	门窗条件	现象描述
TSD-BASIC	打开全部门窗	360s 左右发生轰燃
TSD-V-2	关闭全部门窗	450s 左右发生轰燃，内部燃烧时间缩短
TSD-V-3	关闭左半侧门窗	430s 左右发生轰燃，内部燃烧时间缩短
TSD-V-4	关闭右半侧门窗	轰燃时间与 TSD-BASIC 基本相同，内部燃烧时间缩短
TSD-V-5	关闭上半部门窗	450s 左右发生轰燃，内部燃烧时间缩短
TSD-V-6	关闭下半部门窗	380s 左右发生轰燃，内部燃烧时间缩短

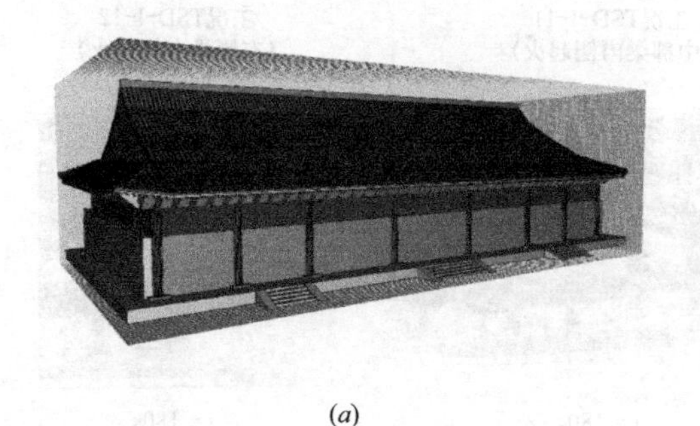

(*a*)

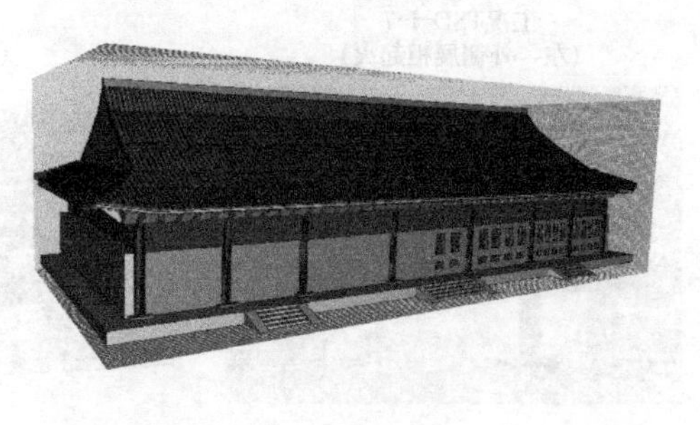

(*b*)

图 3-22　TSD 不同通风条件模型外观（一）

(*a*) 关闭全部门窗；(*b*) 关闭左半侧门窗

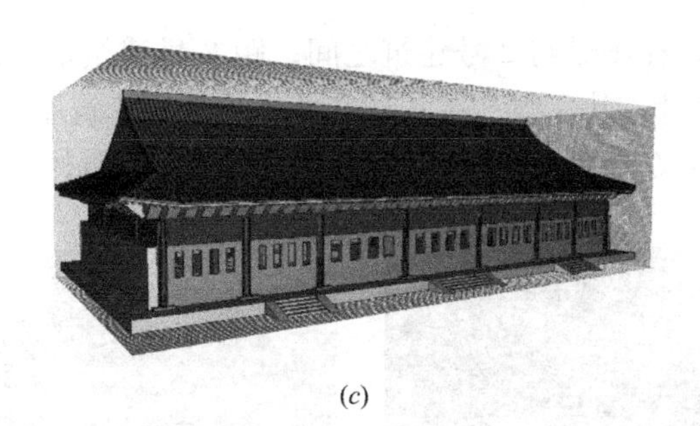

(c)

图 3-22　TSD不同通风条件模型外观（二）
(c) 关闭下部门窗

由于各工况火灾蔓延过程基本相同，仅具体时间上存在差异，为节省篇幅不在此展示。综合来看，关闭门窗后由于通风条件变差，火灾发展受到一定抑制，导致轰燃时间有所延迟，且轰燃时间的延迟与关闭门窗数量基本呈正相关关系。同时，轰燃发生后，建筑内部燃烧时间由于贫氧的加剧也有所减少，火灾转而蔓延向屋面等直接接触外界的部分。特别需要指出的是工况 TSD-V-4，由于引火源偏向于左侧，因此只关闭右侧门窗对初始阶段火灾发展影响不明显。

以上计算结果表明：相比于现代建筑，文物建筑通常密闭性较差，一些大殿、亭榭更是几乎全开放的形式，因此一旦发生火灾，新鲜空气的补入将加剧火灾的发展蔓延，从而造成更为严重的损失。

第四节　某文物建筑群火灾蔓延特性模拟计算

一、建筑群概况

DJS 位于海淀区阳台山麓，始建于辽代咸雍四年（1068 年），金代时为金章宗西山八大水院之一。本节模拟计算的对象选取为 DJS 中的 WLS 建筑群，属于典型院落的布置形式，包括两座正殿及一座配殿，其外观如图 3-23 所示。

正殿一位于 WLS 建筑群北侧，对侧的正殿二面积约 255m^2，通面阔 27.40m，进深 9.30m，砖木结构，两侧山墙起围护作用。正殿一内布置有三尊金漆木质佛像，并存在木质家具、织物等若干可燃物。

正殿二位于 WLS 建筑群南侧，与正殿一正对，占地面积约 340m^2，通面阔 27.50m，进深 12.40m。该建筑与正殿一存在 2m 高差，屋檐最短距离约为 12m，同为砖木结构，可燃物形式也与正殿一相近。

配殿位于正殿一和正殿二东侧，面积约 191m^2，与正殿一和正殿二相距约 4.5m，未对外开放，室内亦无其他可燃物。

为便于说明，将正殿一命为 1 号建筑，正殿二命为 2 号建筑，配殿命为 3 号建筑，其相对位置关系如图 3-24 所示。

二、模型建立

WLS 建筑群的计算机模型分别如图 3-23、图 3-24 所示。为监测火灾蔓延过程中空间的热辐射通量分布状况，在1号与2号建筑之间、距2号建筑地坪高度每隔2m处均匀布置1组（7个）辐射热流计，共5组；在各高度处，沿1号建筑屋檐布置均匀1组（10个）辐射热流计，共5组。定义前者为纵向，后者为横向，热流计具体布置如图3-25所示。

(*a*)　(*b*)　(*c*)

图3-23　WLS建筑群中各建筑外观

（*a*）正殿一（1号）；（*b*）正殿二（2号）；（*c*）配殿（3号）

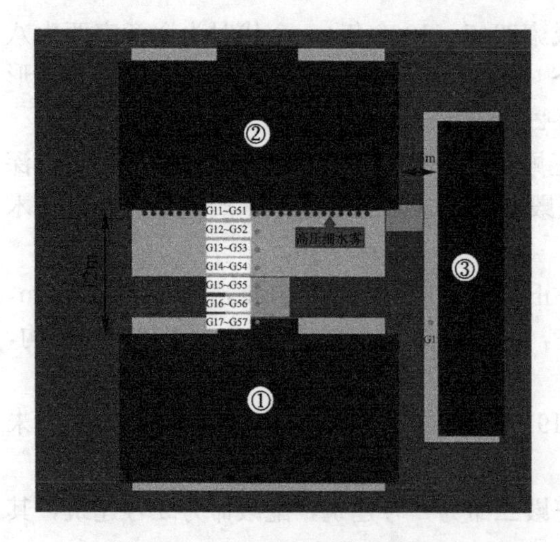

图3-24　WLS建筑群模型俯视图

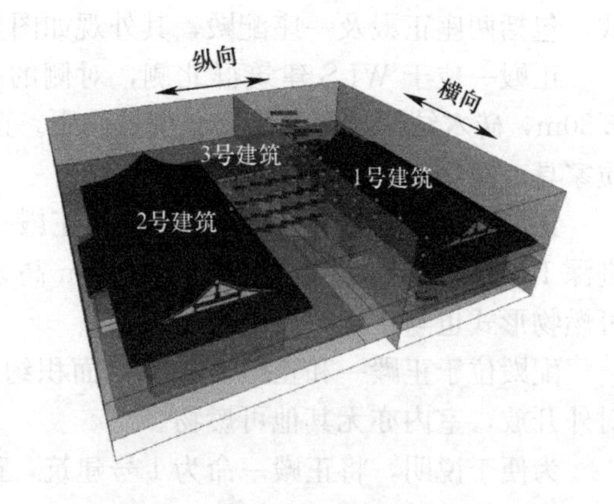

图3-25　WLS建筑群热流计测点布置方位（图中黄色点位）

将2号建筑设为初始起火建筑，起火位置为佛龛供桌下方，如图3-26所示。

图 3-26 WLS 建筑群火灾蔓延模拟计算初始起火位置

三、基础工况及计算结果

与文物建筑单体类似，同样首先设置基础工况，作为与其他工况对比的参照。基础工况的参数设置如表 3-7 所示。

WLS 建筑群火灾蔓延模拟计算基础工况条件 **表 3-7**

项目			设置条件
工况编号			WLS-BASIC
网格		数量	78.0 万
		尺寸	0.35m×0.35m×0.35m
可燃物性质	木材	类型	Pine
		密度	640kg/m^3
		热值	18.0MJ/kg
		热解参考温度	150℃
		热解升温速率	5K/min
		热解温度范围	80℃
		体现形式	Layered，构件整体为木质
	泡沫	类型	Foam
	织物	类型	Fabric
火源		位置	2 号建筑佛龛前
		功率	80kW
		增长时间	100s
灭火情况			无
监测切面			温度和能见度，过火源中心及建筑对称轴，以及距地若干不同高度
计算时长			1500s

各典型时刻 WLS 建筑群火灾蔓延状态如组图 3-27 所示。为全面了解火情，分别从两个视角观察，并给出显示和隐藏烟气两种模式。火灾自发生开始，起初在佛龛周边蔓延，点燃织物、蒲团、供桌等物品，产生较多烟气（一部分从门窗溢出），并不断积蓄热量。燃烧至 440s 前后，2 号建筑发生轰燃，所有木质结构几乎均发生着火，火焰透过门窗向外

蔓延。而此时，对侧（1号）和贴邻（3号）文物建筑尚未被引燃。至610s前后，1号建筑正对2号建筑的门楣起火，进而向该建筑的两侧蔓延。至850s前后，被引燃建筑背向初始起火建筑的一侧开始着火，该建筑整体陷入火海。由于各建筑顶面覆盖瓦片，因此屋顶燃烧受到一定限制。此时，2号建筑的火势仍没有减弱迹象。值得注意的是，3号建筑尽管与初始起火的2号建筑相距较近，但由于山墙保护，且二者错列排布，正对面积较小，因此导致其接受的辐射热量较少，被引燃时间反而晚于较远的1号建筑（约1000s）。

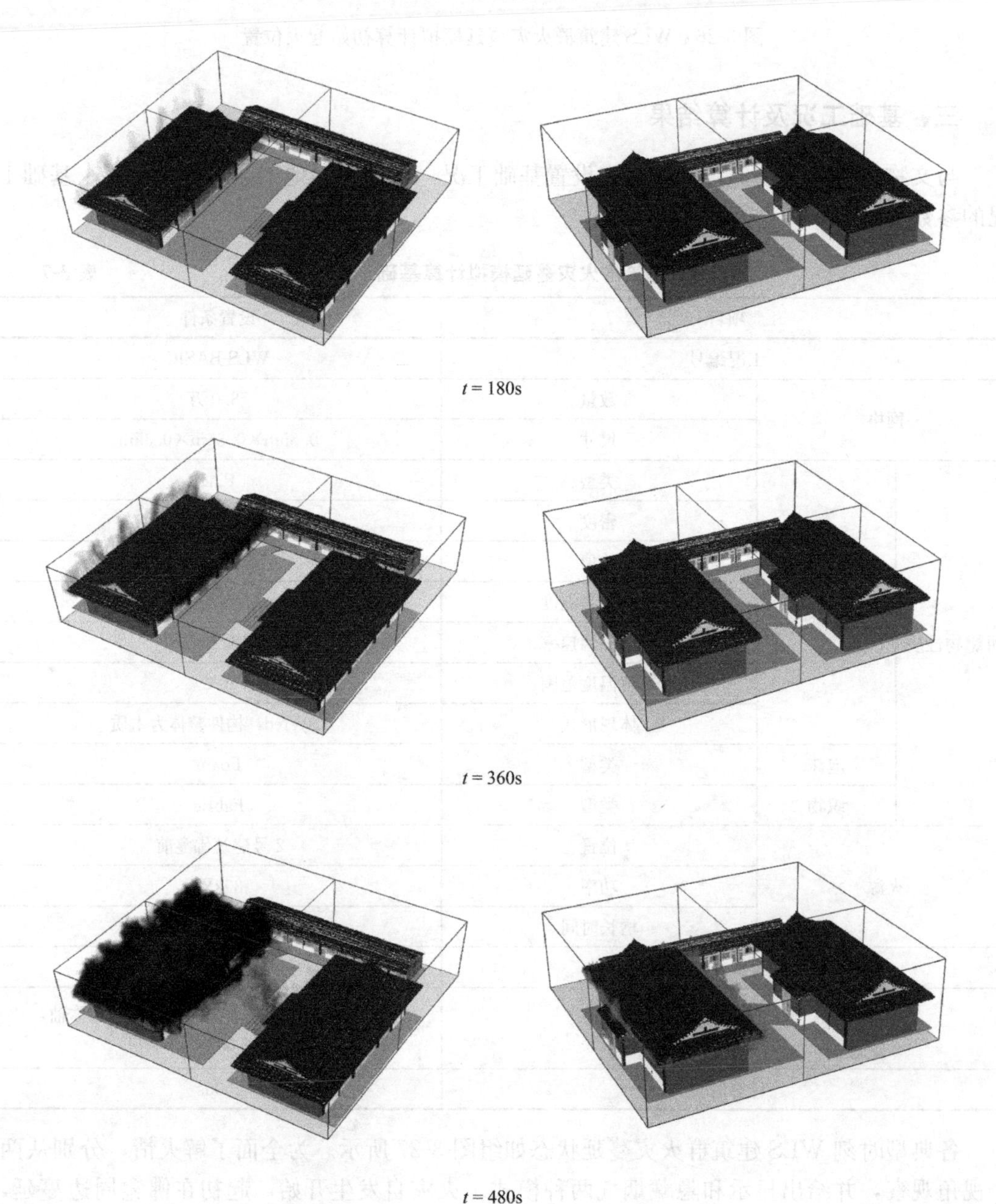

图3-27 各典型时刻WLS建筑群基础工况火灾蔓延状态（一）

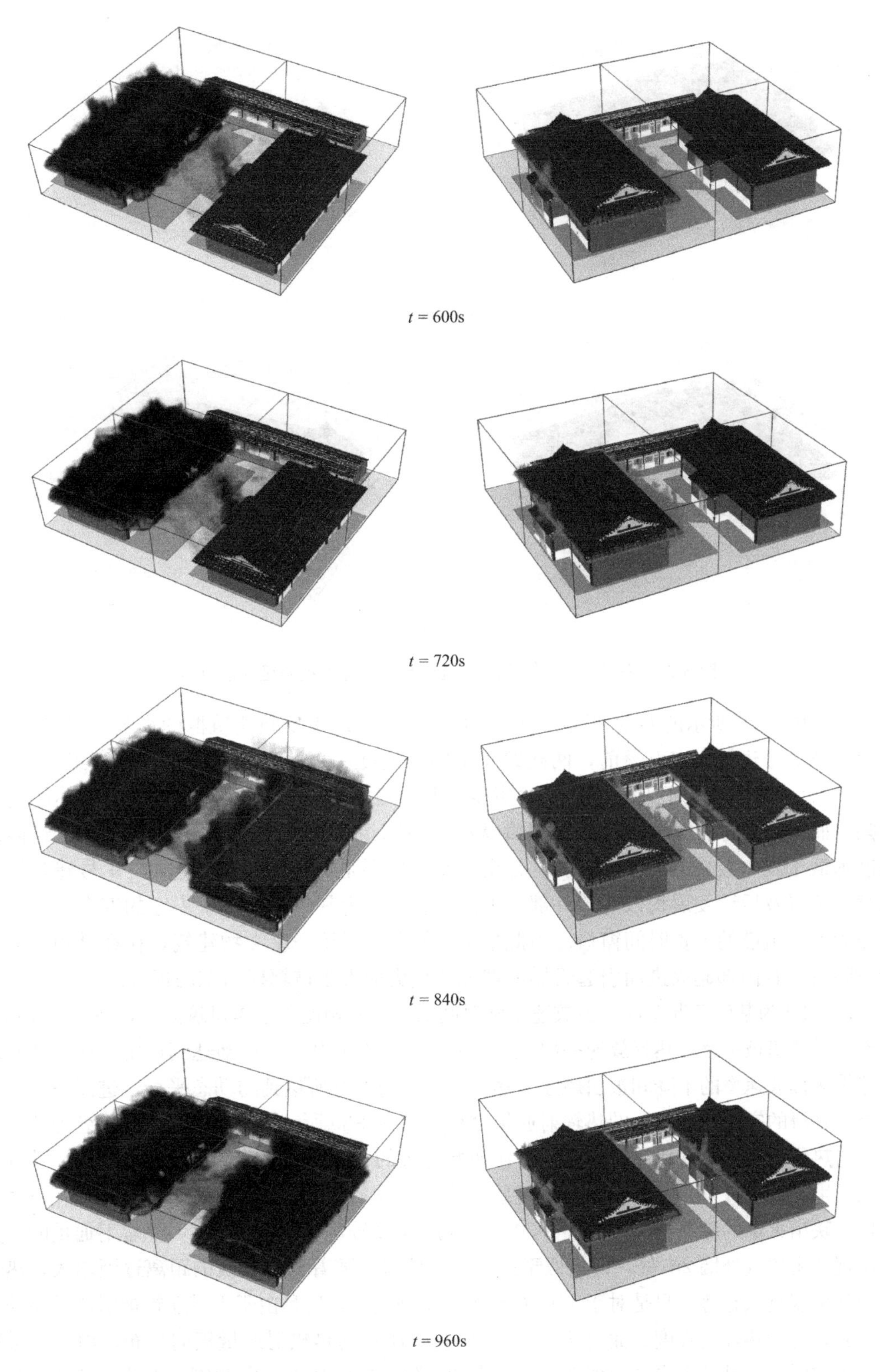

图 3-27　各典型时刻 WLS 建筑群基础工况火灾蔓延状态（二）

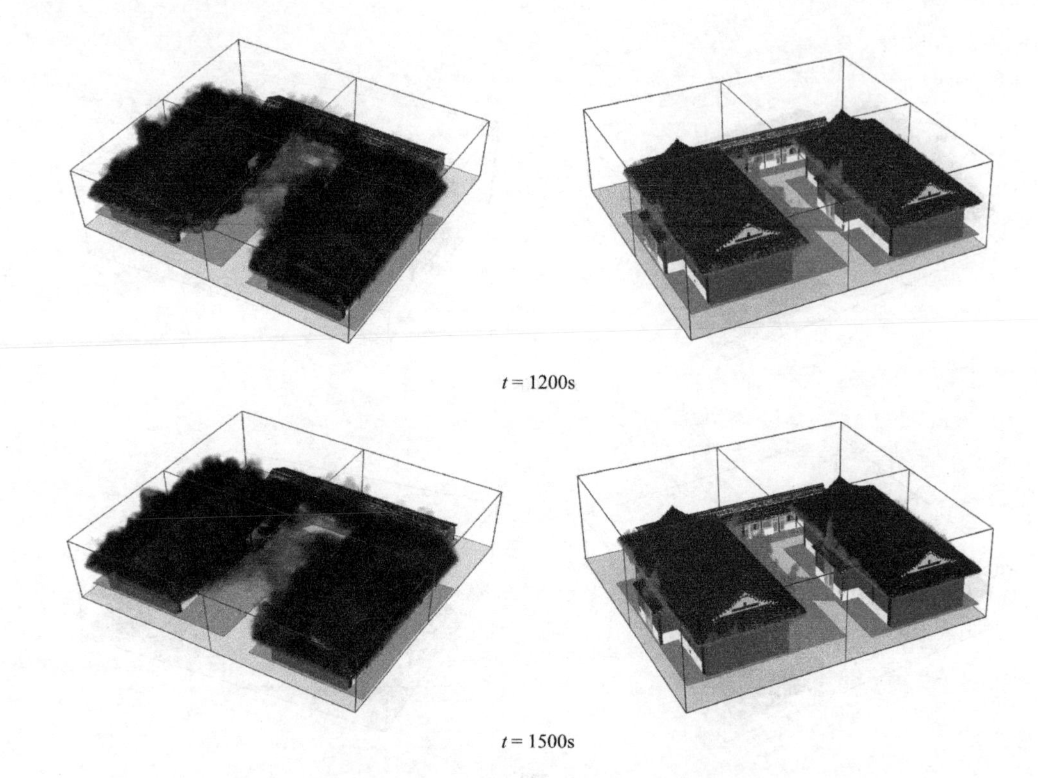

图 3-27 各典型时刻 WLS 建筑群基础工况火灾蔓延状态（三）

从组图 3-28 所示的温度切面云图上也可以一定程度上反映建筑群的火灾蔓延过程。1 号建筑被 2 号建筑火灾引燃前，两建筑正中间的温度一直处于较低水平（左列组图），直至 600s 后，该切面处于火焰区，温度明显上升，最高区域接近 60℃，已超过人体的耐受极限。而对于两栋着火建筑内部的温度状况（右列组图），可见在被引燃的 1 号建筑内部温度远低于发生轰燃的 2 号建筑。这是由于热量主要是通过热辐射传递的，1 号建筑的初始起火位置及后续发展均以建筑外部、上部为主，而为其内部留存了一定的安全空间，这将作为人员疏散的宝贵时间窗口。由此也可以推断，对于一座文物建筑，在经过相近的燃烧时间后，其内部起火进而引起轰燃所造成的损失应大于被辐射引燃的损失。

图 3-29 为基础工况总体热释放速率随时间的变化。相比于单体建筑火灾，在 600s 前后，随着 1 号建筑被引燃，热释放速率出现一个明显的二次上升，并逐渐达到稳定。这是初始起火建筑热释放速率的下降和被引燃建筑热释放速率的上升所达到的动态平衡。进而考察通过热流计测得的空间不同位置的热辐射通量分布，如图 3-30 所示。整体而言，空间各处热辐射通量与热释放速率的变化趋势接近，即在初始起火的 2 号建筑发生轰燃前近似为 0，随着轰燃的发生迅速上升，并随着引燃对侧建筑而出现二次峰值。同时，该变量的波动幅值较大，间接反映出火焰的脉动特性。从图 3-30（*a*）可见，2 号建筑发生轰燃后，热辐射通量的最大值出现在距离其外墙 2m 处，即近似于火焰锋面位置。随着与该建筑的距离逐渐增大，热辐射通量呈现衰减趋势，只是对于 14m 距离测点出现例外，这是由于 1 号建筑被引燃后显著增大了其附近的热辐射强度。而对于如图 3-30（*b*）所示的热辐射通量横向分布，由于 1 号建筑首先被引燃的是其中央的门楣部分，火灾的蔓延方向为从中间向两侧，因此在该建筑被引燃后，各位置热辐射通量的差异逐渐显现，而又随着火灾向四周的蔓延而逐渐缩小。

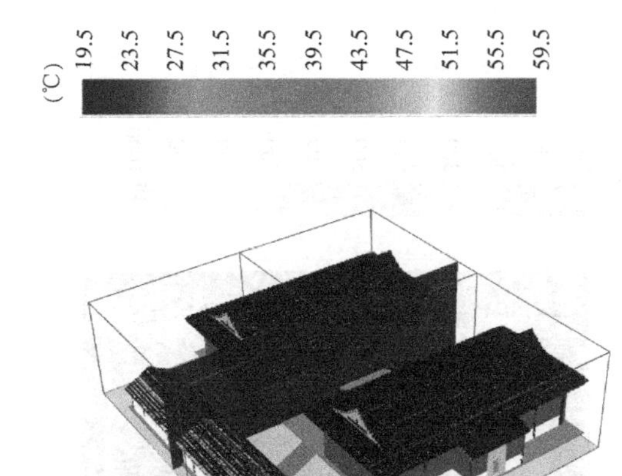

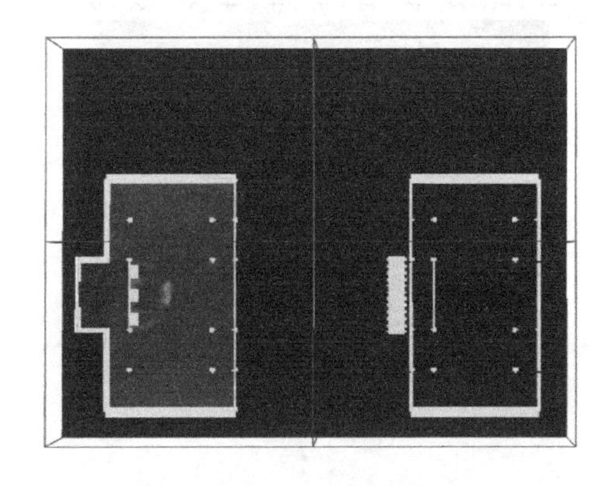

$t=180$s

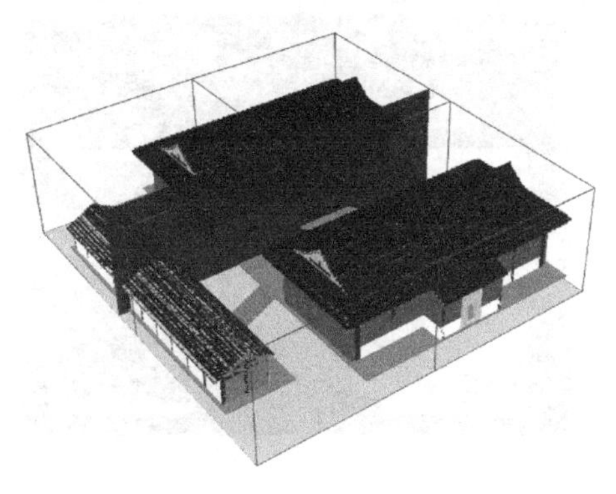

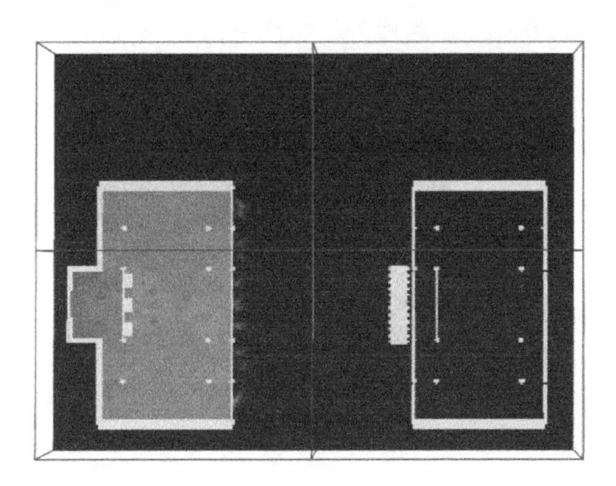

$t=360$s

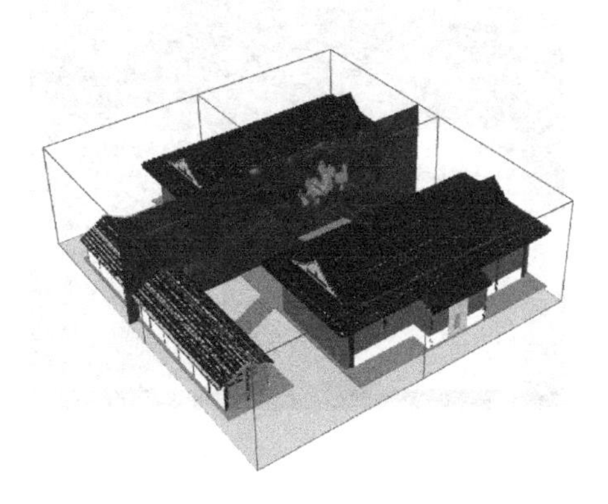

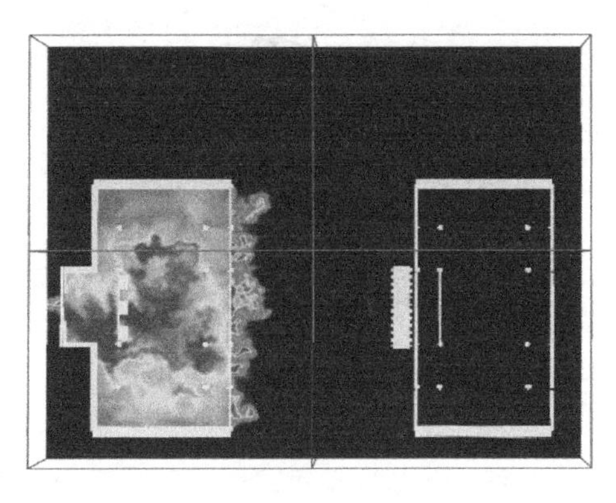

$t=480$s

图 3-28　各典型时刻下 WLS 建筑群基础工况切面温度（一）

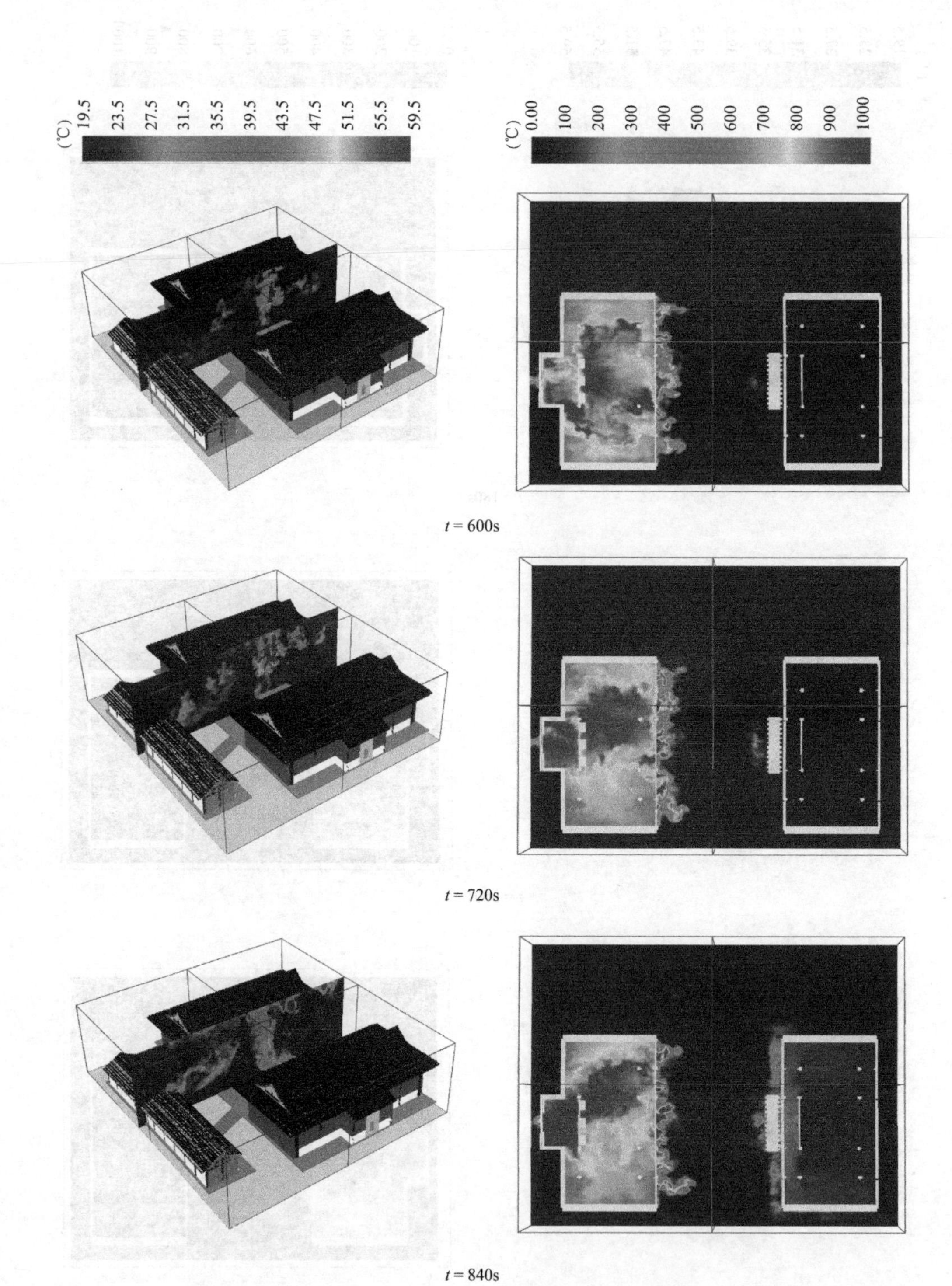

图 3-28　各典型时刻下 WLS 建筑群基础工况切面温度（二）

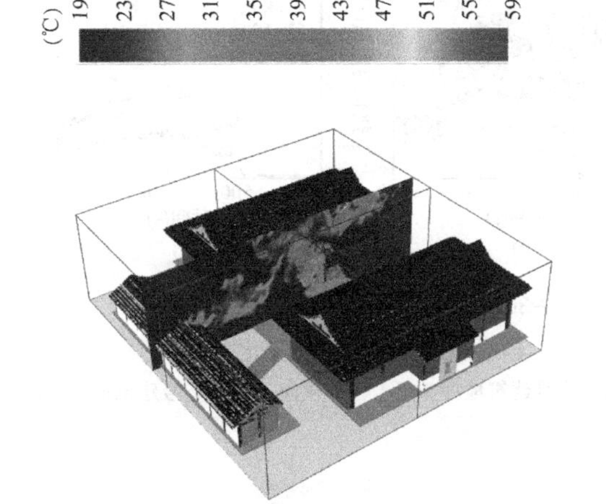

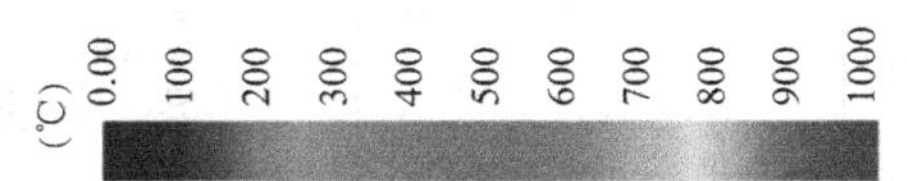

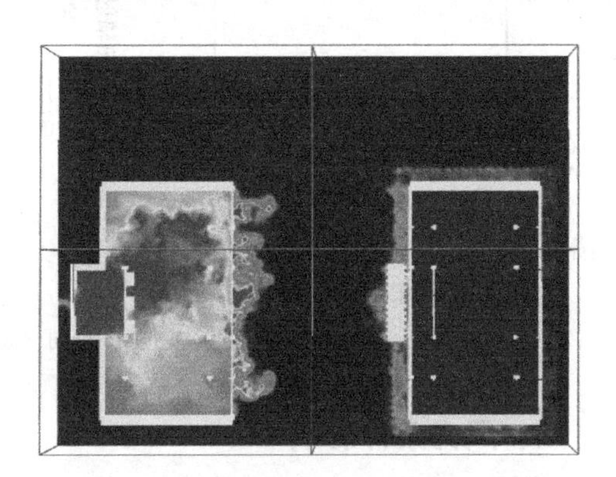

$t = 960\text{s}$

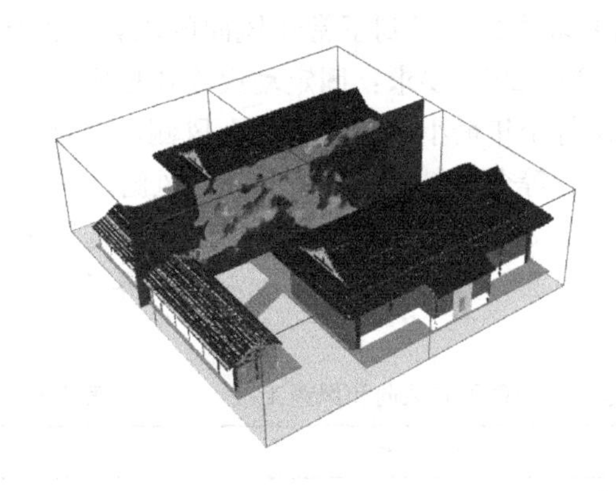

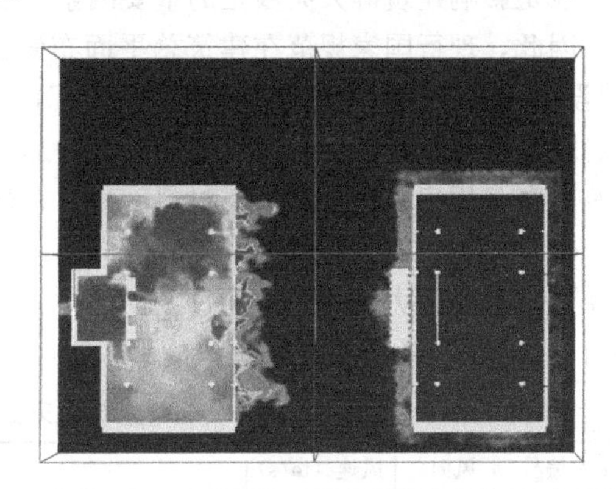

$t = 1200\text{s}$

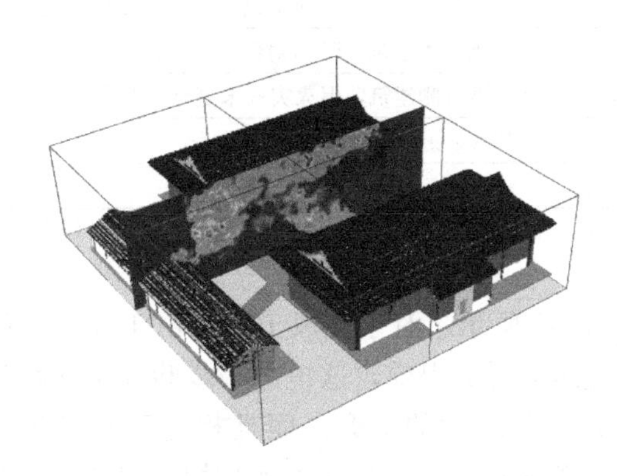

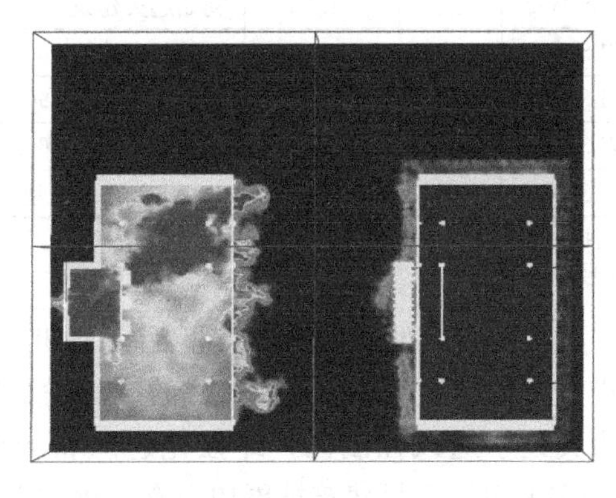

$t = 1500\text{s}$

(*a*) 1号和2号建筑正中间切面　　　　(*b*) 高于2号建筑地坪4m切面

图 3-28　各典型时刻下 WLS 建筑群基础工况切面温度（三）

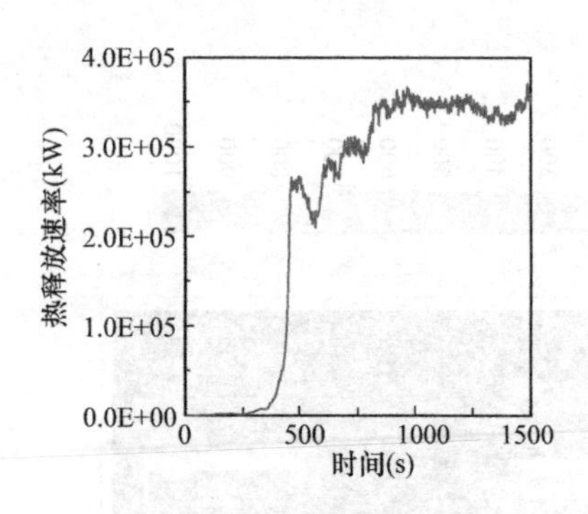

图 3-29 WLS 建筑群基础工况热释放速率随时间的变化

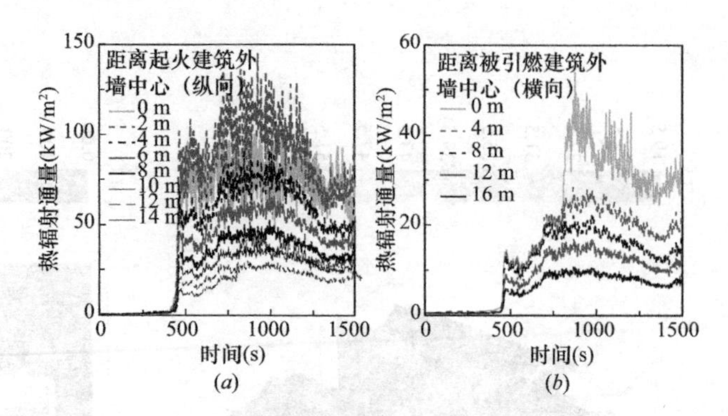

图 3-30 WLS 建筑群基础工况空间辐射热通量随时间的变化

(*a*) 纵向（高于 2 号建筑地坪 4m）；(*b*) 横向（高于 2 号建筑地坪 4m）

四、风力条件影响

风是影响建筑群火灾蔓延的重要因素。显而易见，有风的条件下火灾更易向下风向蔓延。因此，现行国家规范在建筑总平面布置的要求中也考虑到了常年风向的因素。例如，《建设工程施工现场消防安全技术规范》GB 50720—2011 要求：固定动火作业场应布置在可燃材料堆场及其加工场、易燃易爆危险品库房等全年最小频率风向的上风侧，并宜布置在临时办公用房、宿舍、可燃材料库房、在建工程等全年最小频率风向的上风侧。

本书设置了 5 组有风工况，其风向、风速条件如表 3-8 所示。风向和风速的选取参考北京地区常年风力玫瑰图。通过在模型中设置“风面”，作为“Air Supply”边界条件替代原有“OPEN”边界，以实现风的引入。

大觉寺无量寿佛殿建筑群火灾蔓延模拟计算不同风向和风速工况　　表 3-8

工况编号	风向*	风速（m/s）	现象描述
WLS-BASIC	—	—	见上节
WLS-W-2	北	1.5	初始起火建筑 280s 轰燃，350s 引燃对侧建筑，660s 对侧建筑背面屋檐起火
WLS-W-3	北	3.5	初始起火建筑 260s 轰燃，300s 引燃对侧建筑，590s 对侧建筑背面屋檐起火
WLS-W-4	南	1.5	初始起火建筑 290s 轰燃，405s 引燃对侧建筑，但火灾并未蔓延至其背面屋檐
WLS-W-5	南	3.5	初始起火建筑 260s 轰燃，并未引燃对侧建筑
WLS-W-6	西	2.5	与 WLS-BASIC 基本相同

注：北风为从 2 号建筑（初始起火建筑）吹向 1 号建筑（被引燃建筑），南风相反。西风为从 1 号、2 号建筑侧吹向 3 号建筑。

各工况在典型时刻的火灾蔓延状态如组图 3-31 所示。对于北风工况，由于风通过门窗进入 2 号建筑室内，首先造成的影响是 2 号建筑轰燃的提前，这也进一步验证了文物建筑火灾处于通风控制区，即强化通风将导致火灾危险性的上升。而且相比于基础工况 WLS-BASIC，1 号建筑被更快引燃，火灾在各建筑内的蔓延速度也有所加快。对比两组北风工况，风速的增加将进一步强化以上效应。对于南风工况，其同样具有加快初始起火建筑轰燃的作用，然而其对于保护 1 号建筑是有利的。甚至当南风风速达到 3.5m/s 时，将不会导致 1 号建筑的引燃。而对于侧向的西风工况，其现象则与无风的基础工况类似，说明侧向风的影响并不明显。对于实际情况，应将来风按照建筑群火灾蔓延的垂直和水平方

向加以分解，进而分析其对于火灾蔓延的促进或抑制作用。

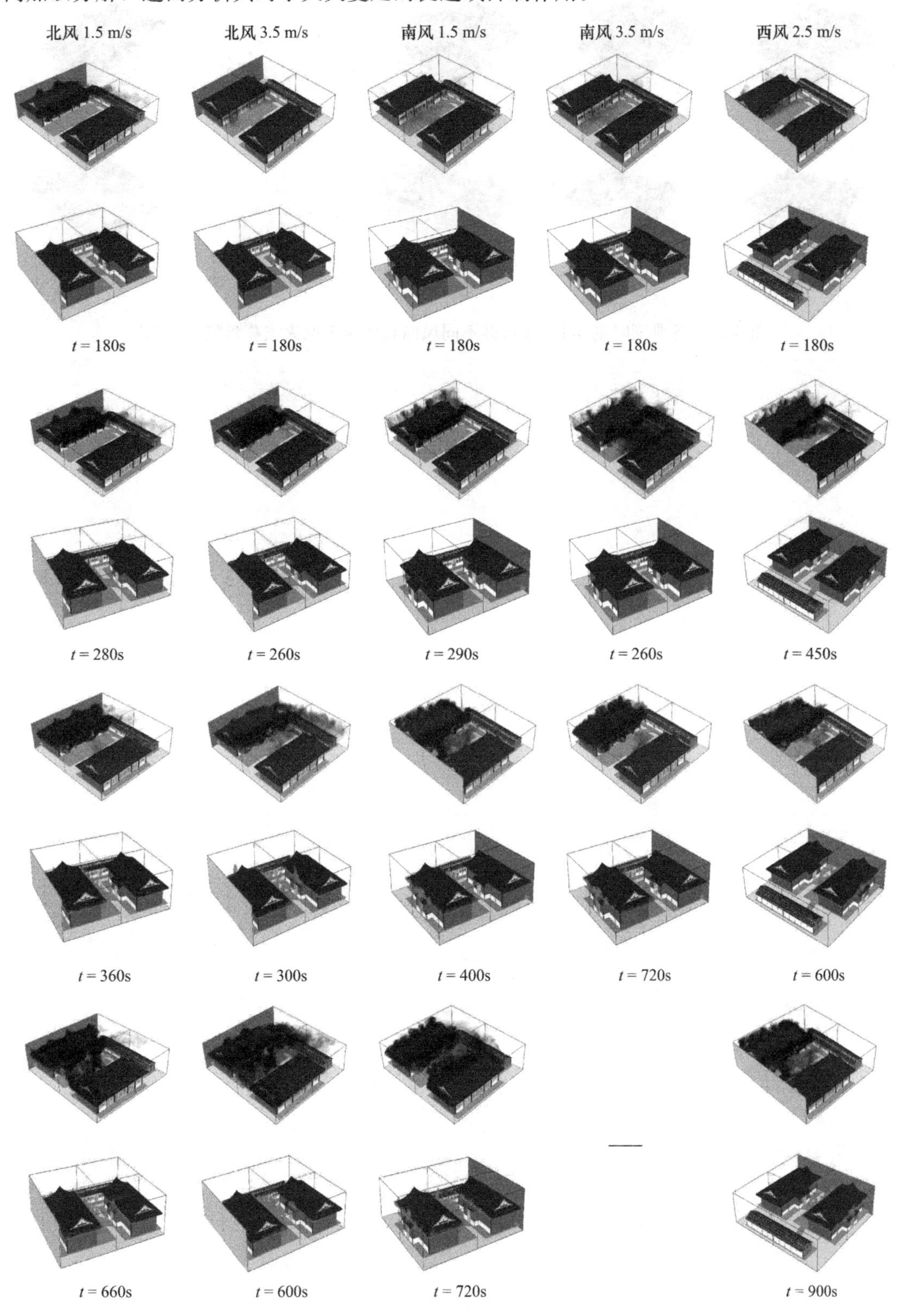

图 3-31　各典型时刻 WLS 建筑群不同风向和风速工况火灾蔓延状态（一）

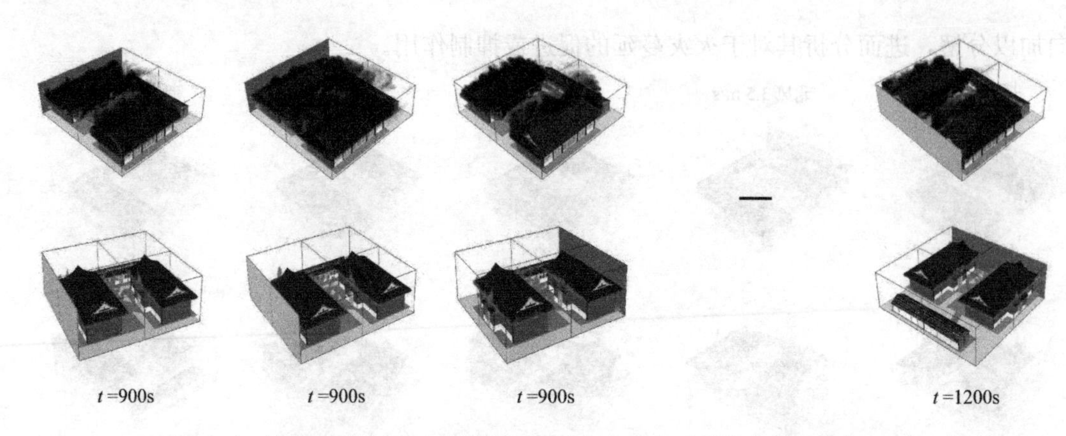

图 3-31　各典型时刻 WLS 建筑群不同风向和风速工况火灾蔓延状态（二）

第四章　文物建筑电气防火

第一节　文物建筑电气火灾

一、文物建筑电气火灾案例

近年来，国内外由于电气原因引发的文物建筑火灾呈逐年上升趋势。

2014 年 3 月 31 日，一场大火将距今千年的唐代古刹圆智寺千佛殿的屋顶几近烧毁，殿内壁画也有些许脱落，大火燃烧 1 个多小时才被当地消防部门熄灭。据山西省晋中市太谷县文物旅游局负责人介绍，起火原因系监控线路老化引起短路导致火灾发生。

2015 年 1 月 3 日凌晨 2 时，云南省巍山县省级文物保护单位拱辰楼发生火灾，拱辰楼建筑城台上的木构建筑基本烧毁，受损面积为 765.62m^2。火灾直接原因为电气线路一次短路所致。

2017 年 3 月 6 日，浙江省金华市兰溪市，“诸葛、长乐村民居”之长乐村望云楼（第四批全国重点文物保护单位）起火，火灾致使占地 380m^2 的望云楼全部烧毁，毗邻文物建筑——象贤厅和滋树堂（均为国保组成部分）的部分山墙受到损伤，火灾原因为民居内电气线路故障。

2017 年 5 月 31 日，四川省遂宁市蓬溪县高峰山古建筑群（第七批全国重点文物保护单位）发生火灾，烧毁建筑 728.9m^2，其中现代建筑 389.2m^2、古建筑 339.7m^2，火灾原因为主庙山门北侧厢房二楼电工房内西北侧上部电气线路短路，引燃可燃物。

2017 年 11 月 18 日，河北省张家口市堡中营署旧址（第七批全国重点文物保护单位）发生火灾，约 130m^2 建筑受损，火灾原因为居民使用大功率电器不当。

2004 年 9 月 2 日晚，创建于 1691 年的德国魏玛“世遗”—安娜·阿玛利亚公爵夫人图书馆因电路原因发生大火，全毁珍本古籍逾 5 万册，6.2 万册古籍遭到不同程度的损坏，损坏图书的修复费用高达 6 千万欧元。

二、文物建筑电气火灾成因

文物建筑电气火灾成因主要包括电气线路故障和用电设备故障两类。电气线路故障是指由于电气线路选型用材不标准、敷设不规范、老化破损及私拉乱接等原因，导致配电线路出现漏电、短路、过负荷、接线部位接触电阻过大等电气故障，将电能转变为热能，高温引燃周围可燃物，从而引发火灾。其中，漏电是由于老化、潮湿、高温、碰压、划破、摩擦、腐蚀等原因，配电线路绝缘护套的绝缘能力下降，导致电流泄漏，局部发热高温，或者在漏电点产生的电火花，引燃附近可燃物。短路是由于裸导线或绝缘导线的绝缘体破损后，相线与中性线，或相线与 PE 线，在某一点碰在一起。在短路点易产生强烈的火花和电弧，不仅能使绝缘层迅速燃烧，而且能使金属熔化，引燃附近可燃物。过负荷是由于电气设备、导线的通过电流超过额定值，或称过载。当发生严重过负荷时，导线的温度会不断升高，甚至会引起导线的绝缘护套发生燃烧，引燃附近可燃物。接触电阻过大是由于配电线路间的导体接头、配电线与用电设备、电气保护设备之间的接线端子的连接工艺不符合要求，导致连接部位接触不良，造成接触部位的局部电阻过大，产生大量的热，高温使金属变色甚至熔化，引起导线的绝缘层发生燃烧，并引燃附近可燃物。

用电设备故障是指由于用电设备选型、设置及使用不当等原因，导致用电设备故障，产生的高温引燃附近可燃物，引发火灾。主要包括三种情况，一是使用安全性能较差的电热器具、电取暖设备等用电设备。如：在文物建筑中使用“热得快”等电热器具、“小太阳”等电取暖设备，或者其他“三无”电气产品等，由于自身工作机理的不安全或者产品质量问题，其产生的高温引燃周围可燃物。二是用电设备的安装设置不当。如：文物建筑内使用的白炽灯、卤素灯等高热光源的灯具，在安装时与可燃物未保持一定的安全距离。冰箱、空调主机等用电设备的散热功能故障，或者散热部位被遮挡无法有效散热，产生局部高温引燃可燃物。三是用电设备使用不当。如：在文物建筑中使用电热毯、电暖器等取暖设备，由于持续通电导致加热体过热引燃附近可燃物；电动车辆充电器工作时未与可燃物保持有效的安全距离，产生的高温引燃周围可燃物等。

电气火灾的发生和发展具有以下几个特点：

（1）隐蔽性。由于通常漏电与短路都发生在电气设备及穿线管的内部，因此在一般情况下电气起火的最初部位是看不到的，只有当火灾已经形成并发展成大火后才能看到，但此时火势已大，再扑救已经很困难。

（2）燃烧快。电线着火时，火焰沿着电线燃烧得非常迅速，原因是处于短路或过流时的局部温度特别高。

（3）扑救难。电线或电气设备着火时一般是在其内部，看不到起火点，且不能用水来扑救，所以电气火灾一旦发展不易扑救。

第二节　电气火灾监控系统

电气火灾监控系统是指：当被保护线路中的被探测参数超过报警设定值时，能发出报警信号、控制信号并能指示报警部位的系统。

由于电气火灾一般发生于配电系统或线缆井内部，当火已蔓延到表面时，形成较大火势且烟雾弥漫时传统感烟火灾探测器才能报警，但此时火势往往已不能控制，扑灭电气火灾的最好时机已经错过了，因此预防电气火灾，只能通过早期预警方式，电气火灾监控系统属于预警系统。安装电气火灾监控系统可以实时对被保护线路进行监控，并针对可能发生电气火灾的故障隐患及时发出报警，进而避免火灾的发生。通过对被保护线路中的电流及温度等参数数值变化进行检测，当这些设备状态及参数数值显示正常时，便可有效避免电气火灾事故的发展；而当系统监测到设备异常或者参数数值超出设定范围时，系统便针对这些异常现象发出报警提示，并显示故障点所在，提前对电气火灾发出预警，在火灾发生前提醒工作人员对故障进行排查和排除，消除电气火灾隐患。

一、电气火灾监控系统工作原理、主要功能及应用范围

1. 电气火灾监控系统的工作原理

发生电气故障时，电气火灾监控探测器将保护线路中的剩余电流、温度、故障电弧等电气故障参数信息转变为电信号，经数据处理后，探测器作出报警判断，将报警信息传输到电气火灾监控设备。电气火灾监控器在接收到探测器的报警信息后，经报警确认判断，显示电气故障报警探测器的部位信息，记录探测器报警的时间，警示人员采取相应的处置措施，排除电气故障、消除电气火灾隐患，防止电气火灾的发生。电气火灾监控系统的工作原理如图 4-1 所示。

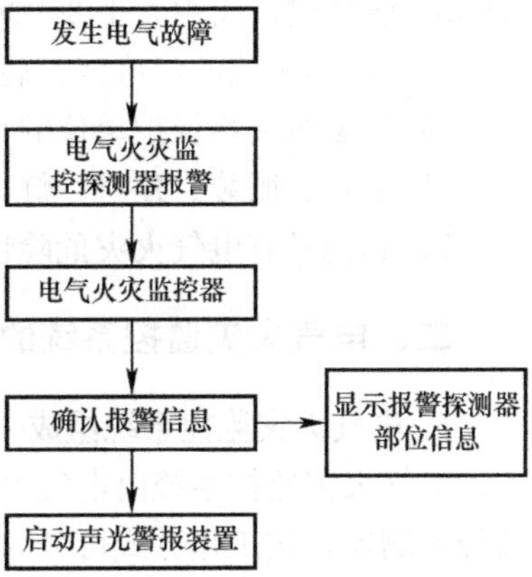

发生电气故障
电气火灾监控探测器报警
电气火灾监控器
确认报警信息
显示报警探测器部位信息
启动声光警报装置

图 4-1 电气火灾监系统原理图

2. 电气火灾监控系统主要功能

（1）电气火灾监控系统具有监测供电线路中由于工作电流异常持续增大，导致线缆过热引起的电气火灾隐患。当被监测的配电系统中发生了线路短路、过电流、温度异常升高、相线绝缘破损造成对地局部短路、连接点发生接触不良式的电弧等危险情况时，由各种敏感传感器探测到并发送到系统监控主机。

（2）电气火灾监控系统属于早期预警、报警产品，报警时并没有发生火灾，只是有发生电气火灾的隐患，一旦条件（电弧或电火花、可燃物、氧气）具备就会发生电气火灾。

（3）电气火灾监控系统能够检测日常巡检不到的地方如天花板内、强电竖井内、电缆沟内等，所以可以通过剩余电流检测、过电流检测、温度检测、热解粒子检测、故障电弧检测 24h 不间断探测用电线路状态，充分保障人民生命、财产安全。

3. 电气火灾监控系统应用范围

（1）系统设计基本要求

1）应根据建筑物的性质及电气火灾危险性、保护对象等级及特点选用设置电气火灾监控系统；

2）应根据电气线路敷设和用电设备的具体情况，确定电气火灾监控探测器的形式与安装位置；

3）在无消防控制室且电气火灾监控探测器设置数量不超过 8 个时，可采用独立式电气火灾监控探测器；

4）非独立式电气火灾监控探测器不应接入被保护对象火灾报警系统中火灾报警控制器的探测器回路；

5）在设置消防控制室的场所，电气火灾监控器的报警信息和故障信息应在消防控制室图形显示装置或集中火灾报警控制器上显示，且该类信息与火灾报警信息的显示应有区别；

6）电气火灾监控系统保护区域内有联动和警报要求时，应由电气火灾监控器或消防联动控制器实现；

7）电气火灾监控系统的设置不应影响供电系统的正常工作，不宜自动切断供电电源。

(2) 设置场所

1) 有火灾自动报警系统保护的对象;

2) 观众厅、会议厅、多功能厅等人员密集场所;

3) 歌舞厅、卡拉OK厅(含具有卡拉OK功能的餐厅)、夜总会、录像厅、放映厅、桑拿浴室、游艺厅(含电子游艺厅)、网吧等歌舞娱乐放映游艺场所;

4) 超过5层或总建筑面积大于3000m² 的老年人建筑、任一楼层建筑面积大于1500m² 或总建筑面积大于3000m² 的旅馆建筑、疗养院的病房楼、儿童活动场所和大于等于200床位的医院的门诊楼、病房楼、手术部等;

5) 国家级文物保护单位的重点砖木或木结构的古建筑;

6) 家具、服装、建材、灯具、电器等经营场所;

7) 其他具有电气火灾危险性的场所。

二、电气火灾监控系统的组成及设置

1. 电气火灾监控系统组成

电气火灾监控系统由电气火灾监控设备和电气火灾监控探测器组成。其中,电气火灾监控探测器,按工作方式可分为:

(1) 独立式电气火灾监控探测器,即可以自成系统,不需要配接电气火灾监控设备,独立探测保护对象电气火灾参数变化,并能发出声、光报警信号的探测器。

(2) 非独立式电气火灾监控探测器,即自身不具有报警功能,需要配接电气火灾监控设备组成系统。

按工作原理可分为:

(1) 测温式(过热保护式)电气火灾监控探测器,即当被保护线路的温度高于预定数值时,发出报警信号的电气火灾监控探测器。

(2) 剩余电流式电气火灾监控探测器,即当被保护线路的相线直接或通过非预期负载对大地接通,而产生近似正弦波形且其有效值呈缓慢变化的剩余电流,当该电流大于预定数值时,发出报警信号的电气火灾监控探测器。

(3) 故障电弧式电气火灾监控探测器,即当被保护线路上发生故障电弧时,发出报警信号的电气火灾监控探测器。

(4) 热解粒子式电气火灾监控探测器,监测被保护区域中电线电缆、绝缘材料和开关插座由于异常温度升高而产生的热解粒子浓度变化的探测器,一般由热解粒子传感器和信号处理单元组成。见图4-2。

2. 电气火灾监控设备的设置

电气火灾监控设备用于向所连接的电气火灾监控探测器供电,能接收来自电气火灾监控探测器的报警信号,发出声、光报警信号和控制信号,指示报警部位,记录并保存报警信息。当电气设备中的电流、温度等参数发生异常或突变时,终端探测头(如剩余电流互感器、温度传感器等)利用电磁场感应原理、温度效应的变化对该信息进行采集,并输送到监控探测器里,经放大、A/D转换、CPU对变化的幅值进行分析、判断,并与报警设定值进行比较,一旦超出设定值则发出报警信号,同时也输送到监控设备中,再经监控设备进一步识别、判定,当确认可能发生电气火灾时,监控主机发出火灾报警信号,点亮报警指示灯，发出报警音响，同时在液晶显示屏上显示火灾报警等信息。值班人员则根据以上显示的信息，迅速到现场进行检查处理。

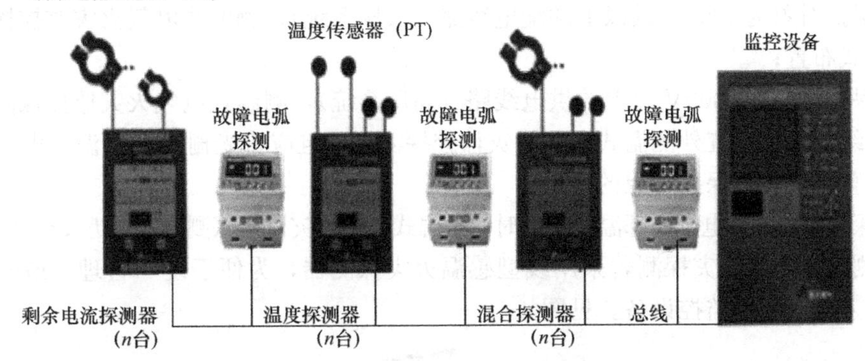

图 4-2　电气火灾监控系统组成

电气火灾监控设备一般应设置在有人值班的场所，并符合下列要求：

（1）在有消防控制室的场所，一般情况应将该设备设置在消防控制室，若现场条件不允许，可设置在保护区域附近，但必须将其报警信息和故障信息传入消防控制室；

（2）在无消防控制室的场所，电气火灾监控设备应设置在有人值班的场所；

（3）在消防控制室内，电气火灾监控器发出的报警信息和故障信息应与火灾报警信息和可燃气体报警信息有明显区别，可以通过集中型火灾报警控制器或消防控制室图形显示装置进行管理；

（4）电气火灾监控器的安装设置应参照火灾报警控制器的设置要求。见图 4-3。

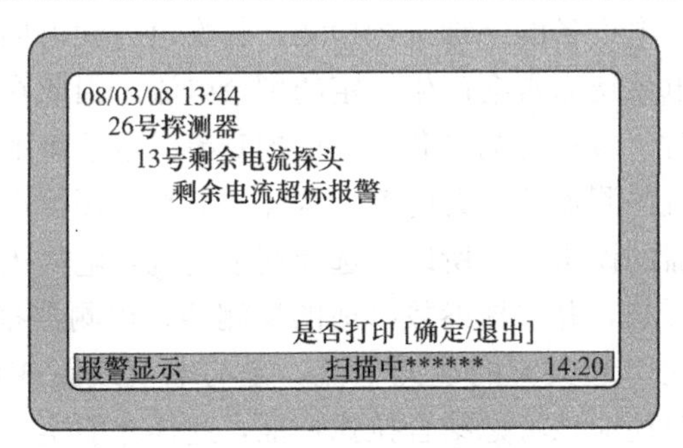

图 4-3　电气火灾监控设备报警信息

3. 电气火灾监控探测器的设置

电气火灾监控探测器是指安装在被保护线路中的可以辨识电气火灾参数的探测器，目前，常见的探测器设备主要包括测温式、剩余电流式、故障电弧式及热解粒子式探测器。

（1）测温式电气火灾监控探测器

测温式电气火灾探测器主要针对过热故障进行防控，其设置应以探测电气系统异常时发热为基本原则，宜设置在电缆接头、电缆本体、开关触点等发热部位。探测对象为低压供电系统时，宜采用接触式布置的测温式电气火灾监控探测器。在被探测对象为绝缘体时，宜将探测器的温度传感器直接设置在被探测对象的表面，采用接触式布置，探测对象为配电柜内部温度变化时，可采用非接触式布置，但宜靠近发热部件设置。

测温式电气火灾监控探测器一般应符合下列设置要求：

1）测温式电气火灾监控探测器应接触或贴近保护对象的电缆接头、端子、重点发热部件等部位设置；

2）保护对象为1000V及以下的配电线路（低压系统），测温式电气火灾监控探测器应采用接触式布置；

3）保护对象为1000V以上的供电线路（高压系统），测温式电气火灾监控探测器宜选择光栅光纤测温式或红外测温式电气火灾监控探测器，且应将光栅光纤测温式电气火灾监控探测器直接设置在保护对象的表面；

4）探测对象为配电柜内部温度变化时，测温式电气火灾监控探测器宜靠近发热部件设置；

5）测温式电气火灾探测若采用线型感温火灾探测器，为便于统一管理，最好将其报警信号接入电气火灾监控设备。见图4-4。

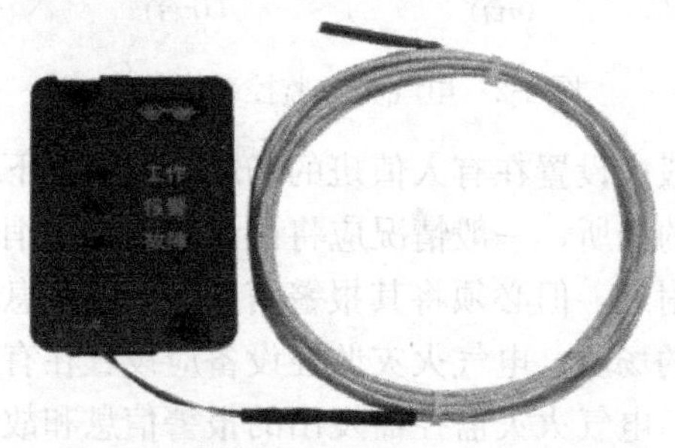

图4-4　测温式电气火灾监控探测器

（2）剩余电流式电气火灾监控探测器

剩余电流式电气火灾探测器通过检测配电回路的剩余电流来预防配电回路的接地性故障，同时对配电线路和用电设备的绝缘进行检测，其次也为配电回路判断正常漏电电流提供参考依据。正常的供电系统通常会产生一定的剩余电流，因此在设置剩余电流式电气火灾监控探测器的报警值时，应首先测量和计算保护对象供电系统的正常泄漏电流，在考虑该剩余电流的基础上设置探测器的报警电流，这样才能真正探测可能引起电气火灾的泄漏电流，也能够减少探测器的误报率。所以，选择剩余电流式电气火灾监控探测器时，应考虑供电系统自然漏流的影响，并选择参数合适的探测器，探测器报警值宜在300～500mA范围内。应指出，真正能引起火灾的泄漏电流，是与电气线路或设备的拉弧特征分不开的，因此探测剩余电流时还应该考虑结合拉弧特征，这样才能实现准确判断。

此外，剩余电流式电气火灾监控探测器一旦报警，表示其监视的保护对象的剩余电流突然升高，产生了一定的电气火灾隐患，容易发生电气火灾，但是并不能表示已经发生了火灾。因此，剩余电流式电气火灾监控探测器报警后，没有必要自动切断保护对象的供电电源，只要提醒维护人员尽快查看电气线路和设备，排除电气火灾隐患即可。总之，剩余电流式电气火灾监控探测器宜用于报警，不宜用于自动切断保护对象的供电电源。

剩余电流式电气火灾探测器可以对整个配电回路的泄漏电流进行检测，通常以设置在低压配电系统首端为基本原则，宜设置在一级配电柜（箱）的出线端。在供电线路泄漏电流大于500mA时，宜在其下一级配电柜（箱）设置。剩余电流式电气火灾监控探测器不宜设置在IT系统的配电线路和消防配电线路中。

剩余电流式电气火灾监控探测器的具体设置部位如表4-1所示。

剩余电流式电气火灾监控探测器设置部位　　表 4-1

电气火灾监控系统设置场所	剩余电流式电气火灾监控探测器设置部位
建筑高度超过 100m 的超高层建筑	照明线路二级配电箱进线处
1. 一类高层民用建筑 2. 建筑高度不超过 24m 的民用建筑及建筑高度超过 24m 的单层公共建筑中的下列建筑： (1) 200 床位及以上的病房楼，每层建筑面积超过 1000m² 及以上的门诊楼； (2) 每层建筑面积超过 3000m² 的百货楼、商场、展览楼、高级旅馆、财贸金融楼、电信楼、高级办公楼； (3) 藏书超过 100 万册的图书馆、书库； (4) 超过 3000 座位的体育馆； (5) 重要的科研楼、资料档案楼； (6) 省级（含计划单列市）的邮政楼、广播电视楼、电力调度楼、防灾指挥调度楼； (7) 重点文物保护场所； (8) 大型以上的影剧院、会堂、礼堂 3. 工业建筑中的下列建筑： (1) 甲乙类生产厂房； (2) 甲乙类物品库房； (3) 占地面积或总建筑面积超过 1000m² 丙类物品库房； (4) 总建筑面积超过 1000m² 的地下丙、丁类生产车间及物品库房 4. 地下建筑中的下列建筑： (1) 地下铁道、车站； (2) 地下电影院、礼堂； (3) 地下民用建筑中使用面积超过 1000m² 的地下商场、医院、旅馆、展览厅及其他商业或公共活动场所； (4) 地下民用建筑中重要的实验室，图书、资料、档案库	照明线路一级配电箱（地下车库除外）进线处
1. 二类高层民用建筑 2. 建筑高度不超过 24m 的民用建筑及建筑高度超过 24m 的单层公共建筑中的下列建筑： (1) 设有空气调节系统的或每层建筑面积超过 2000m² 但不超过 3000m² 的商业楼、财贸金融楼、电信楼、展览楼、旅馆、办公楼、车站、海河客运站、航空港等公共建筑及其他商业或公共活动场所； (2) 市县级的邮政楼、广播电视楼、电力调度楼、防灾指挥调度楼； (3) 中型以下的影剧院； (4) 高级住宅； (5) 图书馆、书库、档案楼 3. 工业建筑中的下列建筑： (1) 丙类生产厂房； (2) 建筑面积大于 50m²，但不超过 1000m² 丙类物品库房； (3) 总建筑面积大于 50m²，但不超过 1000m² 的地下丙、丁类生产车间及地下物品库房 4. 地下建筑中的下列建筑： (1) 长度超过 500m 的城市隧道； (2) 使用面积不超过 1000m² 的地下商场、医院、旅馆、展览厅及其他商业或公共活动场所	配电室低压出线处
(1) 观众厅、会议厅、多功能厅等人员密集场所； (2) 歌舞厅、卡拉 OK 厅（含具有卡拉 OK 功能的餐厅）、夜总会、录像厅、放映厅、桑拿浴室、游艺厅（含电子游艺厅）、网吧等歌舞娱乐放映游艺场所； (3) 家具、服装、建材、灯具、电器等经营场所	最末一级配电箱进线处
超过 5 层或总建筑面积大于 3000m² 的老年人建筑、任一楼层建筑面积大于 1500m² 或总建筑面积大于 3000m² 的旅馆建筑、疗养院的病房楼、儿童活动场所和大于等于 200 床位的医院的门诊楼、病房楼、手术部等	总配电箱出线处
国家级文物保护单位的重点砖木或木结构的古建筑	电力和照明线路配电箱进线处

剩余电流式电气火灾监控探测器可以监测用户单位的总剩余电流及分支线路剩余电流。

1）监测用户单位的总剩余电流

当电气火灾监控系统用于监测用户总剩余电流时，其安装使用方式如图 4-5 所示。剩余电流式电气火灾监控探测器的电流互感器（见图 4-6）安装于变压器接地线上，对于低压配电系统接地型式为 TN-C 系统的，必须将其改造为 TN-C-S、局部 TT 系统后，才可以使用剩余电流式电气火灾监控探测器及其监控装置。

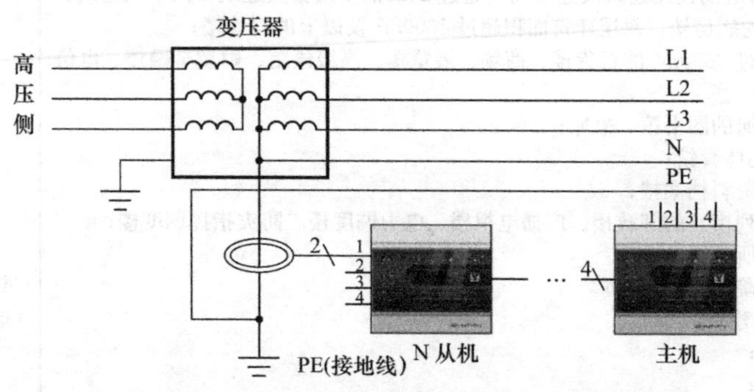

图 4-5　监测用户单位的总剩余电流

图 4-6　剩余电流互感器

2）监测用户单位的总剩余电流及分支线路的剩余电流

当电气火灾监控系统用于监测用户单位的总剩余电流及分支线路的剩余电流时，其安装使用方式如图 4-7 所示。剩余电流式电气火灾监控探测器的电流互感器安装于变压器接地线及配电箱出线处。

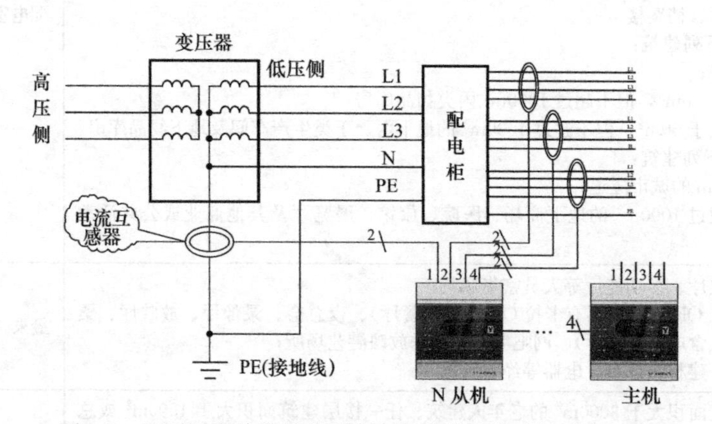

图 4-7　监测用户单位的总剩余电流及分支线路的剩余电流

3）监测 AC220V 或 AC380V 分支线路的剩余电流

当电气火灾监控系统用于检测 AC220V 或 AC380V 分支线路剩余电流时，其安装使

用方式如图 4-8 所示，剩余电流式电气火灾监控探测器的电流互感器安装于被保护电气线路上。对于 AC220V 配电线路，剩余电流式电气火灾监控探测器的电流互感器只要套住两根电源线即可，要求电流互感器安装处以后的 N 线不得再重复接地，如图 4-9 所示。对于 AC380V 配电线路，剩余电流式电气火灾监控探测器的电流互感器必须同时套住 L1、L2、L3、N 线，PE 线不得穿过电流互感器，要求电流互感器安装处以后的 N 线不得再重复接地，如图 4-10 所示。

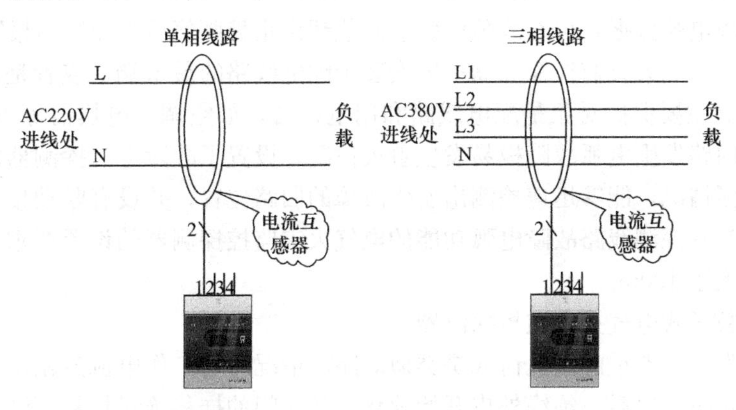

图 4-8　分支线路剩余电流监测

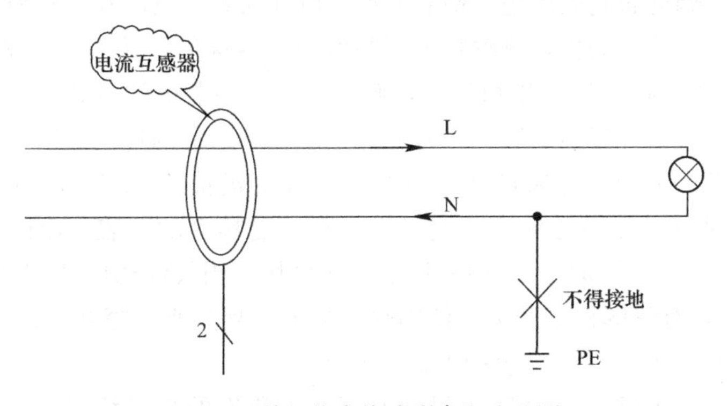

图 4-9　单相分支线路剩余电流监测

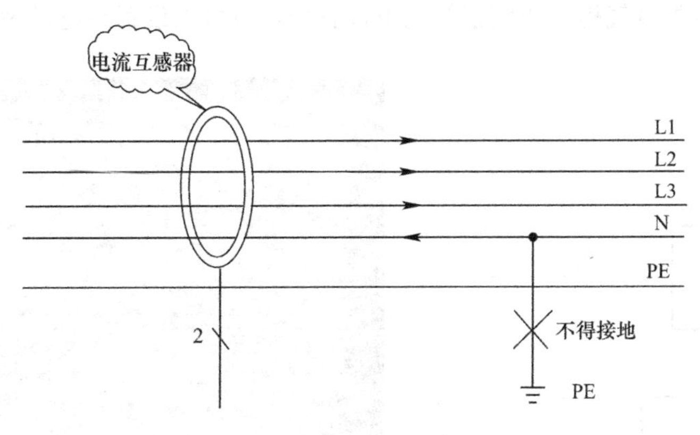

图 4-10　三相分支线路剩余电流监测

(3) 故障电弧式电气火灾监控探测器

短路和接触不良也是产生电气火灾的主要原因，一部分短路性故障表现为短路产生故障电弧。现阶段的配电系统还存在一定的盲区，不能对此类故障进行有效的监测与防护，主要原因是短路接触面或产生故障电弧的线路阻抗限制了短路电流的大小，常使断路器达不到动作条件。这种故障危害性非常大，致使配电线路的绝缘物质迅速碳化起火，或由于局部高温引燃故障点周围的易燃物质从而产生电气火灾。故障电弧式电气火灾监控探测器是一种能够识别故障电弧的电气火灾探测装置，其基本探测原理是通过监测电气回路中电流和电压特征点的方法来区分故障电弧和正常电弧，能实时监测被监控线路或设备的电压、电流及故障电弧数据，可在故障电弧监测值超出报警阈值后立即发出报警信号。

故障电弧式电气火灾监控探测器一般安装于配电线路的最末端，或者是用电设备的供电端见图 4-11。主要保护对象是配电线路和用电设备，如空调、电热器等多种用电设备，一旦这些设备回路发生电弧故障极易发生着火情况，设置了故障电弧探测器能够检测每个回路的故障电弧情况，能够迅速检测出发生故障的回路位置，并设有联动接口以供断路使用。应指出，具有探测线路故障电弧功能的电气火灾监控探测器的设置要求是，其保护线路的长度不宜大于 100m。

(4) 热解粒子式电气火灾监控探测器

当电路中发生了严重的过负荷或是类似短路的情况时，工作电流急剧增大，金属导线发热，经过一定时间以后，绝缘外皮开始软化，随时间的推移绝缘材料逐渐呈熔化态，而后会产生大量的浓烟进而起火燃烧，最后发展为电气火灾。热解粒子探测器主要用于监控被保护区域中的热解粒子变化，热解粒子探测器的传感器在聚氯乙烯（或橡胶）导线绝缘外皮刚刚发热时（大约 100℃）即可感知热解粒子，探测器中的微处理器开始计算其浓度和热解粒子增加的速率，当温度进一步升高且热解粒子增加的速度超过一定数值时，热解粒子探测器即刻发出报警，并通过通信总线向监控主机报警，实现电气火灾的极早期监控。图 4-13 为一张关于聚氯乙烯（线缆绝缘材料）受热后的图表，由图中可以看出，电线电缆工作于 100℃或以下时，在（1）区是安全区域；当线缆温度达到 200℃或逐渐上升时，在（2）区域，有热解粒子产生，使用热解粒子探测器即可探测到；当温度继续升高，达到 300℃时，在（3）区域，烟感探测器才开始起作用。

图 4-12 为北京海博智恒电气防火科技有限公司研发的热解粒子探测器。该类型探测器既可以设置在各类电气柜、通信柜等用电设备内，也可以设置在电缆廊道内。

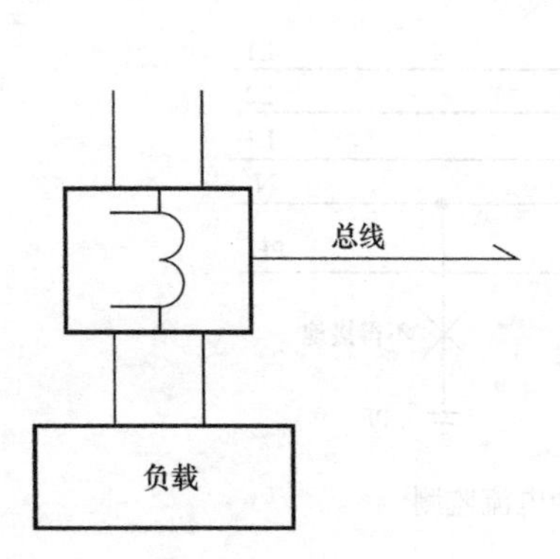

图 4-11　故障电弧式电气火灾监控探测器安装位置

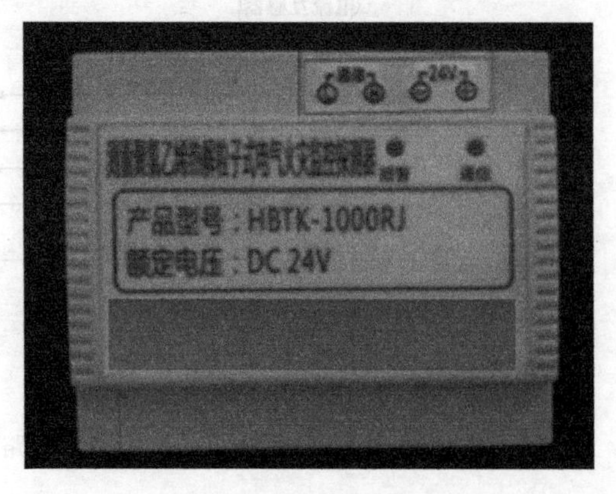

图 4-12　热解粒子式电气火灾监控探测器

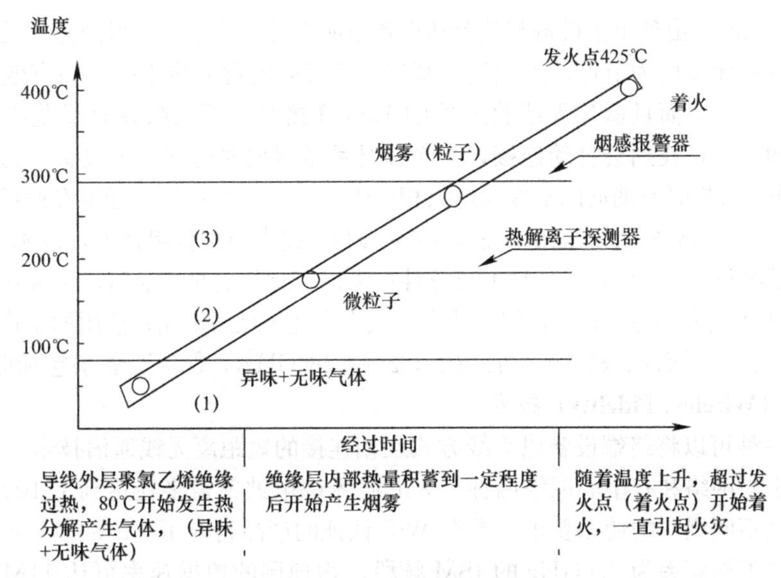

图 4-13　聚氯乙烯（线缆绝缘材料）受热分析图

（5）独立式电气火灾监控探测器

剩余电流式、测温式或故障电弧式电气火灾监控探测器均做成独立工作结构，独立完成探测和报警功能，因此独立式电气火灾监控探测器的设置应符合上述不同机理探测器的相关规定。

在独立式电气火灾监控探测器应用工程中，设有火灾自动报警系统时，独立式电气火灾监控探测器的报警信息和故障信息应在消防控制室图形显示装置或集中火灾报警控制器上显示，且该类信息与火灾报警信息的显示应有区别。未设火灾自动报警系统时，独立式电气火灾监控探测器应将报警信号传至有人值班的场所。

第三节　基于无线通信技术的电气火灾监控系统

一、常用无线通信技术分析

目前无线通信主要使用的技术有蓝牙、Wifi、Zigbee、433MHz 技术。低功耗广域网技术包括 NB-loT、LoRa。比较上述几种技术的主要技术特点如表 4-2 所示。

几种常见无线通信技术的比较　　表 4-2

模式	传输距离	最高传输速率	工作功耗	工作频段
蓝牙 2.0	2～10m	1Mbit/s	100mW	2.4G
Wifi	1～50m	54Mbit/s	500mW	2.4G
Zigbee	10～100m	10～250kbit/s	150mW	2.4G
433（FSK/GFSK/MSK/ASK）	500m	100bit/s～500kbit/s	500mW	315～433MHz
NB-IoT	1～20km	0.3～50kbit/s	100mW	150～1GHz
LoRa	5km	0.3～37.5kbit/s	100mW	137～1GHz

1. 蓝牙（Bluetooth Low Energy）技术

蓝牙技术是支持设备间短距离（一般为 10m 内）通信的无线通信系统。蓝牙最基本的组网方式是微微网，由独个主设备与独个从设备组成点对点的连接，组网方式见图 4-14。蓝牙系统网络以蓝牙模块为节点，无须建立基站，就可以进行无线连接，在有效通信范围内所有设备地位平等。而且蓝牙无线收发器的 10m 连接距离不局限在直线范围内，可穿透一般的障碍物，一旦找到会自动连接，一个蓝牙系统可同时连接 7 个设备，构成一个微微网。蓝牙工作或待机时所消耗的电能大约只相当于手机的 3%～5%，能够在通信量减少或通信结束时转入到低功耗模式。采用了高速跳频（FH）技术与短分组技术，以确保链路稳定，减少了信号干扰和衰弱，保证了传输的可靠性；采用了时分全双工通信，传输速率最高可达 1Mbit/s，采用了前向纠错（FEC）编码技术，减少了随机噪声影响；使用的工作频段是不必授权的 ISM（工业、医疗、科学）频段（2.402～2.480GHz），保证了全球范围的通用性。

2. Wifi（Wireless Fidelity）技术

Wifi 是一种可以将终端设备以无线方式互相连接的短距离无线通信技术。Wifi 的体系架构包括无中心网络和有中心网络两种。Wifi 技术的电波覆盖半径达到了 100m 左右，可以有效地满足不同用户的使用要求。具有 Wifi 认证的产品符合 IEEE 802.11b 无线网络规范，该标准的工作频率为 2.4GHz 的 ISM 频段，物理层的数据速率可达 11Mbit/s，采用直接序列扩频和补码键控（CCK）调制方式，速率可动态调整，带宽的自动调整，有效地保障了网络的稳定性和可靠性。Wifi 最明显的优势在于不需要布线，不受布线条件限制，大大降低了投入成本。一般架设无线网络的基本设备就是无线网卡及一台 AP，架设费用和复杂程度远远低于传统网络，组网方式见图 4-15。另外，IEEE 802.11 规定的发射功率不可超过 100mW，实际发射功率为 60～70mW。

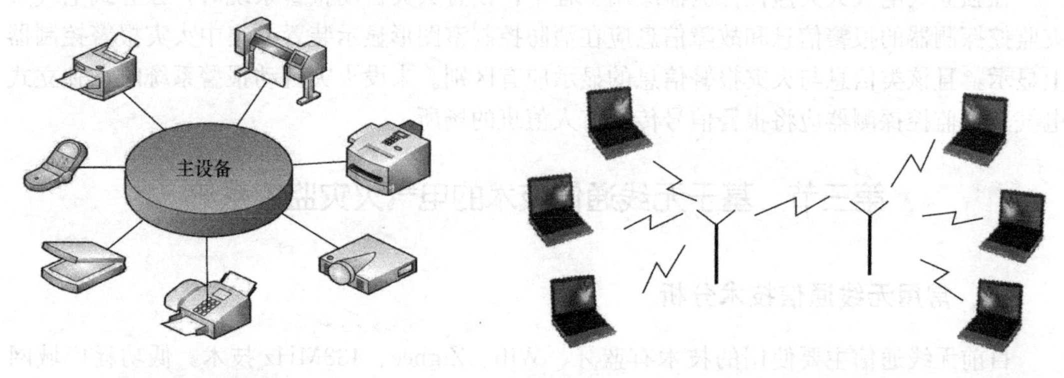

图 4-14　蓝牙组网方式　　　　图 4-15　Wifi 组网方式

3. Zigbee 技术

Zigbee 技术是一种短距离、低复杂度、低功耗、低速率、低成本的双向无线通信技术，Zigbee 网络节点既可与工业监控对象连接实现数据采集和监控，又可中转其他网络节点的数据。Zigbee 技术建立在 IEEE 802.15.4 的无线通信协议标准之上，其考虑的核心问题是低功耗和低价格的设计。由于 Zigbee 网络节点设备工作周期短，数据传输速率小，只有 10～250kbit/s，且使用休眠模式，所以 ZigBee 模块整体功耗非常低，大大降低了网络维护负担。同时数据传输速率低和协议简单免专利费的特点也大大降低了研发和生产成本。Zigbee 技术的通信时延和从休眠状态激活的时延都很短，休眠激活的时延仅为 15ms，理论上可以组成 65535 个节点的大网，一个区域最多可同时存在 100 个独立且互相重叠覆盖的 ZigBee 网络。采取了碰撞避免策略，同时为需要固定带宽的通信业务预留了专用时

隙，避开了发送数据的竞争和冲突，提高了系统兼容性。物理层采用了直接序列扩频技术（DSSS）和频率捷变技术（FA），将一个信号分为多个信号，经编码后传送，以避免同频干扰。媒体访问控制层（MAC）采用了完全确认的数据传输模式，每个发送的数据包都必须等待接收方的确认信息，提高了系统的可靠性。

Zigbee 技术在网络层和媒体接入控制层都加入了安全保密机制，通过访问控制、使用高级 128 位对称加密算法对资料加密、帧完整地保护数据、拒绝连续刷新的数据帧等方式来进一步提高网络的安全性。一个 Zigbee 网络可根据应用需要灵活的选用星形，树形或网形结构，Zigbee 网络既可能组成星状网，也可组成对等的网格状网络，组网方式见图 4-16～图 4-18；既可实现单跳组网，也可通过路由实现多跳的数据传输。使用的频段分别为 2.400～2.408GHz、868.0～868.6MHz（欧洲）及 902～928MHz（美国），均为免执照频段。网络节点之间的通信距离一般在 10～100m 之间，增加发射功率时，可达 1～3000m。

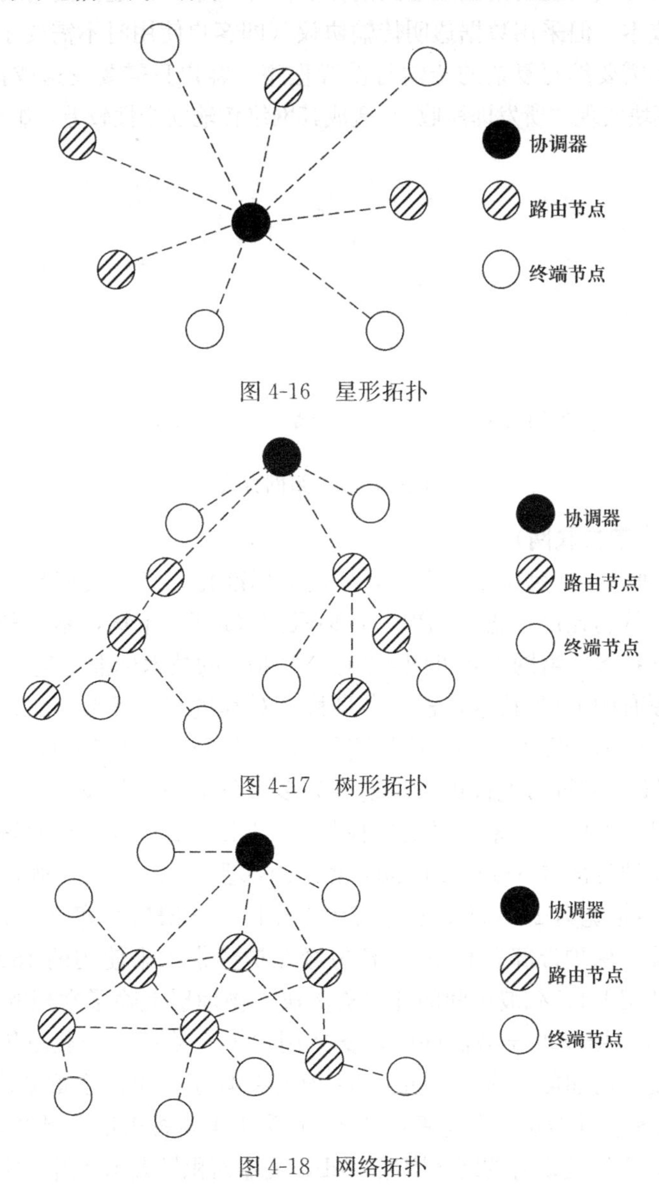

图 4-16　星形拓扑

图 4-17　树形拓扑

图 4-18　网络拓扑

4. 433MHz 技术

433MHz 无线技术工作于 433MHz 频段，避开了拥挤的 2.4GHz，433MHz 国内属于无须许可认证、免费的专用收发的频段，减少了通信信道相互之间的干扰。接收机带宽窄噪声小的特点也使其有较高的接收灵敏度，在相对复杂的环境中绕射性能好。间隙工作即在不工作时处于休眠状态，一旦采集数据即时发送以减少功耗，且每次发送数据所需时间很短。433MHz 无线技术的信号强，采用 FSK/GFSK 的方式调制，支持 OOK/ASK/MSK 调制，提高了信号的抗干扰能力以便于无线传输。提供了多频段多信道以及网络 ID 来降低传输过程中的干扰以提高传输性能，使传输过程的衰减进一步减小，同时，穿透力强的特点也便于信号传输距离的进一步提高。受带宽和调制方式的限制，传输速率低，只适用于传输数据量较小的场合，实现主从模式的通信系统，仅支持星型网络的拓扑结构，能够通过多基站的方式实现网络覆盖空间的拓展，体积小，组建网络时无须布线的特点也使其具有较低的成本。但采用数据透明传输协议（即客户使用时不需要了解底层无线通信原理或协议，也不需要编写复杂的传输与设置程序。客户只需要发送或接收对应的数据，透明传输的无线模块实现“所发即所收”）造成其网络传输安全性较差，组网方式见图 4-19。

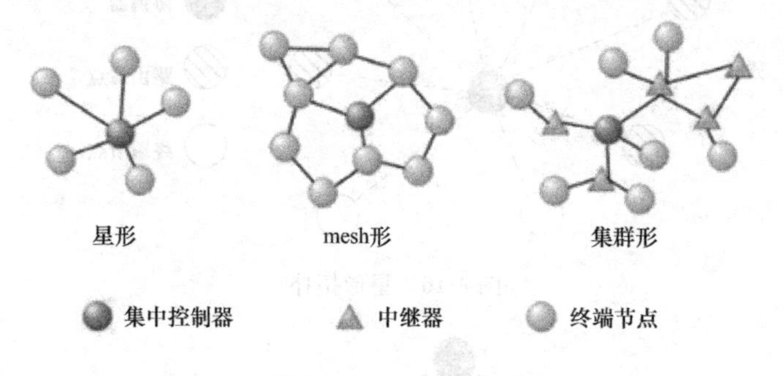

图 4-19　433 组网方式

5. NB-IoT（窄带物联网）

NB-IoT 是一种基于蜂窝网络，由 3GPP 负责标准化，采用授权频段的窄带物联网通信技术，它聚焦于低功耗广覆盖（LPWA）物联网（IoT）市场，是一种可以在全球范围内广泛应用的新兴技术，组网方式见图 4-20。NB-IoT 的技术标准是基于 LTE 的基础上发展起来的。基于原有的 LTE 技术，根据自身特点对其进行了标准简化以及技术改进。相对于传统的 LTE 网络，NB-IoT 的系统带宽仅为 200kHz。除去 10kHz 的保护带，实际传输带宽仅为 180kHz，系统带宽被进一步划分为多个更窄的子载波，一方面可以进一步提高功率谱密度，另一方面便于系统灵活选择频点。NB-IoT 分为三种部署方式：独立部署（Stand alone）、保护带部署（Guard band）和带内部署（In-band）。独立部署适用于 GSM 频段，GSM 的信道带宽为 200kHz，这刚好为 NB-IoT180kHz 带宽辟出空间，且两边还有 10kHz 的保护间隔。保护带部署利用 LTE 边缘保护频带中未使用的 180kHz 带宽的资源块。带内部署可利用 LTE 载波中间的任何资源块。物理层上除了常规的 15kHz 子载波间隔外，还增加了 3.75kHz 的子载波间隔，支持用户上行使用单子载波传输，以提升上行传输的功率谱密度，增加覆盖能力。同时 3GPP 在物理层上引入了重复传输机制，通过重复传输的分集增益和合并增益来提高解调门限，这为上下行覆盖增强提供了有力的支撑。在同样的频段下，NB-IoT 比现有的网络增加 20dB，覆盖面积扩大 100 倍，具有广覆盖的优点。

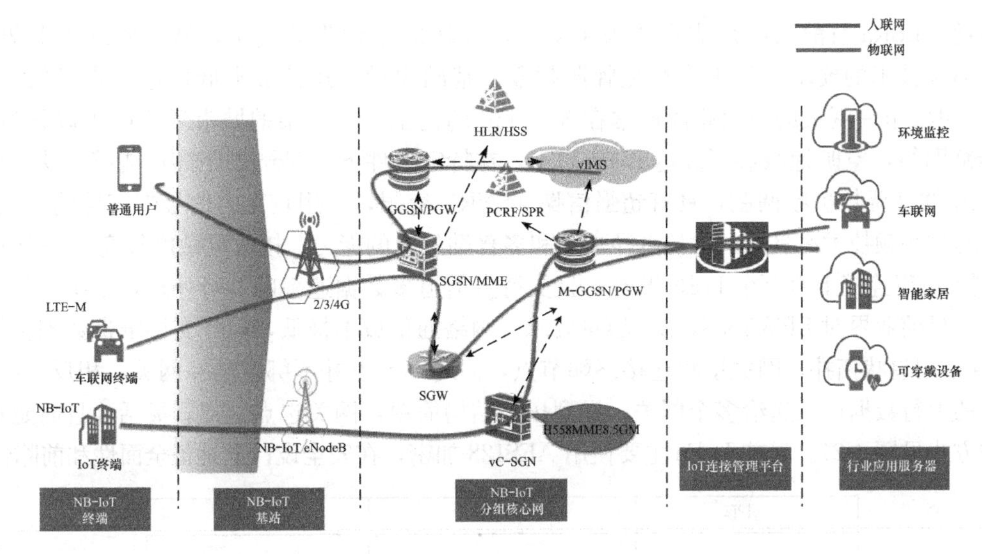

图 4-20　NB-IoT 组网方式

其次，通过减少协议栈处理开销和减少不必要的硬件来降低成本。大规模应用下成本将降至 1 美元，目前单个连接模块还停留在 5 美元。为降低终端功耗和减小终端处理复杂度，下行不支持空分复用等较复杂传输方式。除了通过降低芯片复杂度来减少耗电外，也采用非连续接收 DRX（Discontinuous Reception），eDRX 即扩展的不连续接收，延长终端在空闲模式下的睡眠周期，减少接收单元不必要的启动，终端处于深度睡眠，99%的时间终端的功耗只有 15mW。它的睡眠的时间比较长，能减少终端监听网络的频度。最后，NB-IoT 一个扇区能够支持 10 万个连接，可以实现海量介入。

对于 NB-IoT 这种窄带物联网技术，相比起移动通信技术，它的功耗更少，传输的数据量更多，在技术层面上能够实现一个区域所有的数据同时上传。但是，NB-IoT 还是通过运营商来维持通信的一项技术，虽然 NB-IoT 的通信模块价格很低，但是应用在消防设施上同时需要工厂加工处理，成品也是价格不菲，加上运营上需要收取通信费用，因此依旧会产生各项费用，也同时会面临信号的问题——没有自建的基站，信息永远无法传输。

三大运营商资费标准：中国电信、中国移动和中国联通自 2017 年后均推出了 NB-loT 资费套餐，套餐包月价格 20～40 元人民币不等。

6. LoRa 技术

LoRa 技术是超远距低功耗无线数据传输技术，是低功耗广域网技术的一种。最大特点就是在同样的功耗条件下比其他无线方式传播的距离更远，实现了低功耗和远距离的统一，它在同样的功耗下比传统的无线射频通信距离扩大 3～5 倍。LoRa 主要在全球免费频段运行（即非授权频段），包括 433、868、915MHz 等。它使用线性调频扩频调制技术，即保持了像 FSK（频移键控）调制相同的低功耗特性，又明显地增加了通信距离，同时提高了网络效率并消除了干扰，即不同扩频序列的终端即使使用相同的频率同时发送也不会相互干扰，因此在此基础上研发的集中器/网关（Concentrator/Gateway）能够并行接收并处理多个节点的数据，大大扩展了系统容量。

LoRa 具有良好的自相关性，降低了接收机设计的复杂程度，整体功耗降低；采用循环纠错码编码，通过冗余编码的方式降低误码率，减少发射端重发次数，从整体降低发射端功耗。LoRa目前的芯片成本约为1美金，模块成本约为5美金，基本实现了业界对LPWAN技术的要求，且工作在免牌照频段，基础建设与运营成本低也进一步降低了成本。LoRa单一网关的覆盖距离通常在3～5km的范围，在复杂的城市环境中可以超过传统蜂窝网络，空旷地域甚至高达15km以上，在特定条件下100km的距离也能够成功。LoRa采用线性调频扩频调制，具有超强信噪（SNR）容限，使用较宽的信号带宽传输无线信号，通过跳频技术有良好的对抗多径衰落和多普勒效应的能力，接收灵敏度较高。一个LoRa网关可以连接上百万个LoRa节点，且支持多信道多数据速率的并行处理，系统容量大，超出了目前业界对LPWAN技术的容量要求。网络通信成本极低，同时支持窄带数据传输。LoRa采用星状拓扑，网关星状连接终端节点，但终端节点并不绑定唯一网关，相反，终端节点的上行数据可发送给多个网关，星型拓扑结构简单，网关选点、部署灵活，且时延低，组网方式见图4-21。目前LoRa主要使用AES128加密，在安全设计上具备全面性和前瞻性。

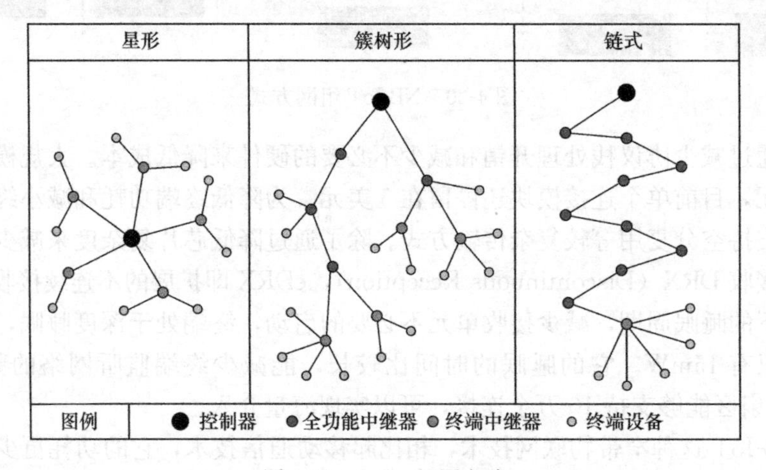

图4-21 LoRa组网方式

LoRa自组网系统由于不存在信号发射基站，因此适用于单独的个体场所。当应用无线信息传输的通信技术时，遵循数据传输中转次数尽可能少的原则。

对于LoRa这类局域网通信技术，它最大的优势就是完全解决了通信信号的问题，可以通过自建一个LoRawan的局域网网关，或者自组基站，将数据上传到云端的管理系统。同时，LoRa不是运营商管理的通信技术，不会造成大量的流量费用，因此，LoRa可以攻克网络信号和费用这两大难题。但是在城市建筑群中，因为伫立着高层甚至是超高层建筑，使用着大量的钢筋混凝土，而钢筋混凝土的厚度是对信号传输最大的影响因子，所以传输的效率大大降低。理论中能够传递1000m的数据，在这种建筑结构群中，最大可以削弱到50m，要想克服传输的问题，必须要找到穿透力极强的信号频率，应用到通信技术上。在研发这种信号频率的基础上，还要考虑人身安全的问题，因为高强度的辐射频率肯定对人体造成伤害。

二、无线电气火灾监控系统的应用实例

下面列举两处文物建筑中无线电气火灾监控系统的设置与应用。

1. 某寺庙建筑

(1) 建筑概况

某寺庙，位于北京市通州区旧城北部，始建于北齐（550～577），历经12个朝代，是

一座千年古佛道场。寺庙占地面积约 $4200m^2$，建筑面积约 $380m^2$，规模最大殿高 7.5m，全部为单层砖木结构，寺庙内现有大殿、天王殿、三圣殿、观音殿、燃灯宝殿等 5 间主殿，另有寮房 8 间，见图 4-22。

图 4-22　某文物建筑鸟瞰图

（2）系统选型

考虑到该寺庙属于文物建筑，电气火灾监控系统如果采用有线方式传输信号，对于保护文物本体有一定影响，如果安装不规范，就会造成为了安全而破坏文物的现象。相比于有线传输，无线系统省去了复杂的布线问题，具有施工工期短、配线故障率低、传输成本低廉、探测器易于安装、组网方便等优点。基于以上考虑，选择安装无线传输方式的电气火灾监控系统。

目前，基于短距离无线通信的技术比较多，包括红外线、蓝牙、Wifi、Zigbee 等。然而这些通信技术一旦应用于建筑物内进行布局联网时，由于受到墙体材质和建筑结构影响，其信号衰减程度不一，大多需要通过增加无线中继器来延长通信距离。由于增加无线中继器使得整个无线网络变得复杂，降低了无线网络的稳定性，也增加了系统的故障率。相比于上述几种短距离无线通信技术，低功耗广域网（LoRa）通信技术具有功耗低、连接数量大、时延低、网络覆盖广等特点，可以解决目前无线产品在距离、功耗方面的瓶颈。综合比较几种无线通信方式的特点，考虑到组网简单及通信稳定等优势，选择安装基于 LoRa 通信技术的无线电气火灾监控系统。

（3）系统组成

该建筑中安装由北京航天常兴科技发展股份有限公司开发的无线火灾电气监控系统，该系统由无线电气火灾监控主机、无线数传电台及组合式电气火灾监控探测器组成。

1）无线电气火灾监控主机

无线电气火灾监控主机可以实时监测无线网络中通信模块及各终端设备节点的工作状态，储存和打印报警信息。该监控主机可采用 4 输出通信回路，每个输出通信回路标准配接 63 台探测器，即一台监控设备可以连接 252 台探测器，并提供回路通信卡、CRT 串口通信等多种通信接口。监控主机内部连接无线数传电台后即组成为无线电气火灾监控主机。其主要技术参数见表 4-3。

无线电气火灾监控主机技术参数　　**表 4-3**

技术指标 \ 设备型号及名称	电气火灾监控主机
执行标准	GB 14287.1—2014 《电气火灾监控系统　第 1 部分：电气火灾监控设备》
系统监测通信回路	4 通信回路
每条监测通信回路测点容量	63 台探测器×8 测点/台＝504 测点
系统最大监控线路	504 测点/通信回路×4 通信回路＝2016 测点
液晶显示	8 寸屏
报警及故障控制输出	1 路公共报警无源输出及 1 路公共故障无源输出

续表

技术指标 \ 设备型号及名称		电气火灾监控主机
打印机		1
通信接口	回路通信卡	4
	CRT 联动卡	1
	控制输出卡	2
SD 卡		1 支持 FAT
电源	主电	AC220（187～242V）50Hz
	电池	12V/7.2Ah 电池（两节）
功率		100W
工作环境温度		0～45℃
工作环境湿度		≤93%RH（40±2℃）
壁挂式结构，尺寸（长×宽×高）		548mm×370mm×110mm

2）无线数传电台

无线数传电台具有无线数据收发功能，是监控主机与末端探测器的通信传输桥梁，也可作为网络节点便于组网进而增大通信距离，见图 4-23。该电台采用 LoRa 直序扩频技术，具有功率密度集中，抗干扰能力强和通信距离远的优势，且采用标准 RS232/RS485 接口，半双工，收发一体，可使用 8～28V 直流电源供电，便于现场的安装与调试。无线数传电台与监控主机连接后可作为主机内置无线通信模块使用。

3）组合式电气火灾监控探测器

剩余电流温度组合式探测器，前 4 通道监测剩余电流，后 4 通道监测温度，见图 4-24。该探测器用于在线检测 AC220V/380V 配电线路的剩余电流以及配电线路和配电箱体的温度，能同时监测多个部位的绝缘状态或温度，当任一处的剩余电流值大于剩余电流报警设定值或温度高于温度报警设定值时，仪器立即发出声光报警信号，并显示相应的漏电电流或温度值，指示问题方位。该探测器与无线数传电台相连接，组成无线电气火灾监控探测器，能够将漏电电流或温度值传输给监控主机。其主要技术参数见表 4-4。

图 4-23　无线数传电台

图 4-24　安装在配电箱内的组合式电气火灾监控探测器

电气火灾监控探测器技术参数 表 4-4

技术指标 \ 设备型号及名称		组合式电气火灾监控探测器
执行标准		GB 14287.2—2014《电气火灾监控系统 第 2 部分：剩余电流式电气火灾监控探测器》、GB 14287.3—2014《电气火灾监控系统 第 3 部分：测温式电气火灾监控探测器》
漏电检测	剩余电流报警值设定	100～700mA：50mA/步 700～1000mA：100mA/步
	剩余电流报警值	(95%～105%)×漏电报警设定值
	剩余电流探测范围	0mA～1.20A
	剩余电流精度	报警设定值的±5%
	配套电流互感器孔径	ϕ46mm
温度检测	温度报警值设定	50～120℃
	温度报警误差	（报警设定值—实际报警值）不大于±5%
	温度检测范围	0～255℃
	配套工业铂丝热电阻	Pt-1000
电源电压/消耗功率		$AC220V^{+10}_{-15}\%$，50Hz/<3W
使用环境		温度−10～+40℃，相对湿度 90%以下
外形尺寸		宽 102×高 130×厚 57（mm）

（4）系统安装

对寺庙院内 3 个动力配电箱各安装 1 套组合式电气火灾监控探测器，综合考虑院内值守情况，将电气火灾监控主机安装于寮房内，无线数传电台与监控主机及探测器配套安装，形成无线电气火灾监控系统安装清单见表 4-5。

无线电气火灾监控系统材料清单 表 4-5

设备名称		数量	安装位置	备注
电气火灾监控主机		1	寮房内	正语僧舍
组合式电气火灾监控探测器	电流互感器	3	内院东侧配电箱（AP-1）、外院北侧配电箱（AP-2）、外院东侧配电箱（AP-3）	每个配电箱安装 1 个
	温度传感器	12		每个配电箱进线端 A/B/C/N 线各安装 1 个
无线数传电台		4	寮房、内院东侧配电箱（AP-1）、外院北侧配电箱（AP-2）、外院东侧配电箱（AP-3）	监控主机内安装 1 台，每个配电箱内安装 1 台

2. 某名人故居

（1）建筑概况

某名人故居位于北京市东城区，是一座北京旧式小院，进门为一小院，只有两间南房，向西是一座三合院，约有房屋 20 间，建筑面积 400m²。1984 年被公布为北京市文物保护单位故居内景见图 4-26。

（2）系统组成

为了更好地保护该故居的完好性，防止在施工过程中损坏其原有风貌，在故居院内设

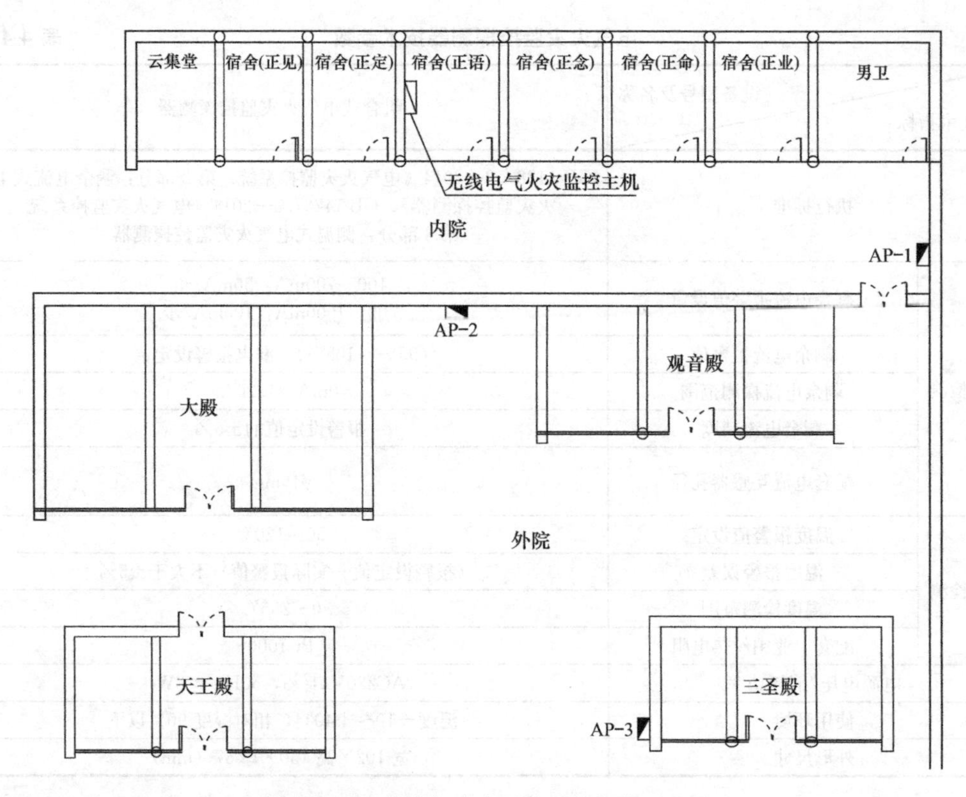

图 4-25　无线电气火灾监控系统安装平面图

图 4-26　故居院内景

置由北京航天常兴科技发展股份有限公司开发的基于 Zigbee 通信方式的无线电气火灾监控系统，系统由电气火灾监控设备、电气火灾监控探测器、Zigbee 无线通信模块组成，其中监控末端设置剩余电流互感器及温度传感器安装平面图见图 4-25，系统图见图 4-27。

1）无线电气火灾监控主机

无线电气火灾监控主机可以实时监测无线网络中通信模块及各终端设备节点的工作状态，储存和打印报警信息（图 4-28）。该监控主机可采用 4 输出通信回路，每个输出通信回路标准配接 63 台探测器，即一台监控设备可以连接 252 台探测器，并提供回路通信卡、CRT 串口通信等多种通信接口。监控主机内部连接无线数传电台后即组成为无线电气火灾监控主机。

2）无线通信模块

无线通信模块具有无线数据收发功能，是监控主机与末端探测器的通信传输桥梁，也可作为网络节点便于组网进而增大通信距离。该无线通信模块集成了符合 Zigbee 协议标准的射频收发器和微处理器，具有通信距离远、抗干扰能力强、组网灵活等优点和特性，可实现一点对多点及多点对多点之间的设备间数据的透明传输，可组成星型和 MESH 型的网状网络结构。

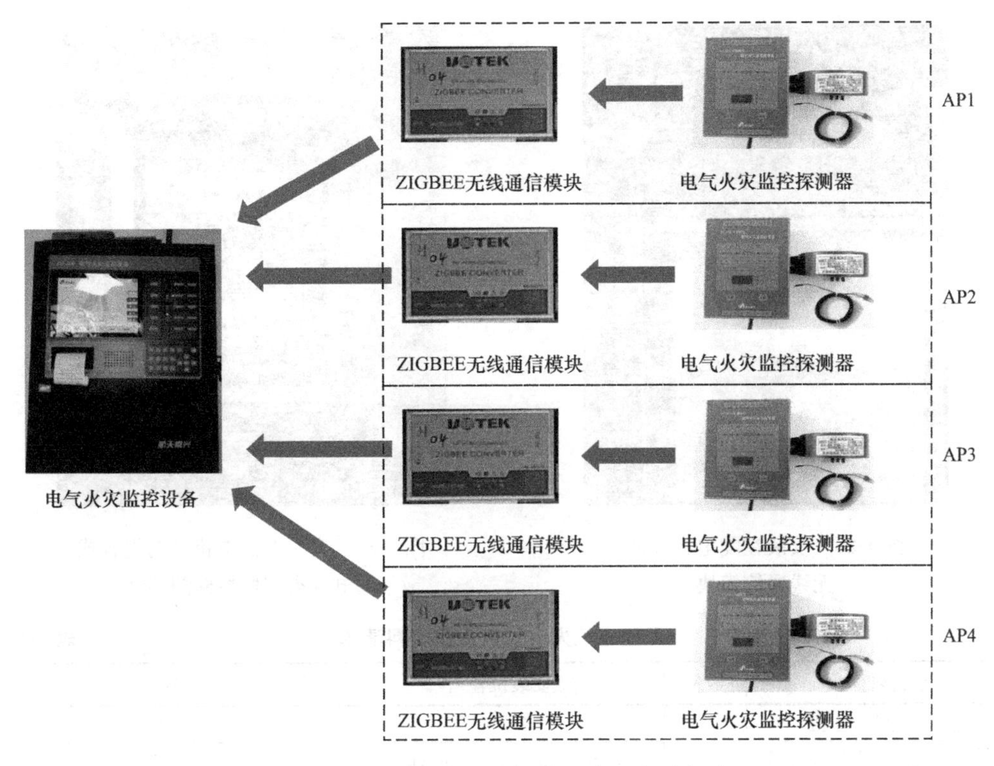

图 4-27　无线电气火灾监控系统组成示意图

该无线模块数据接口为 RS232/422/485 SMA 母头天线接口，载波频率 2.4GHz ISM 全球免费频段，频率区间 2400～2485M 之间。拥有无线信道 16 个，传输速率 1200～115.2kbit/s，发射功率为 25dBm，接收灵敏度－105dBm。见图 4-29。

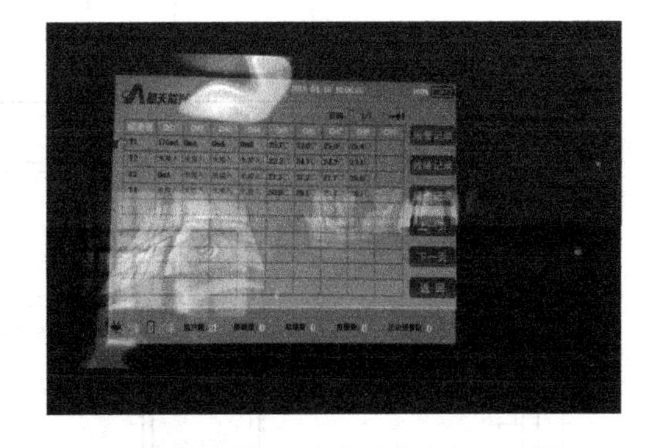

图 4-28　无线电气火灾监控主机显示界面

3）组合式电气火灾监控探测器

剩余电流温度组合式探测器，前 4 通道监测剩余电流，后 4 通道监测温度（图 4-30）。该探测器用于在线检测 AC220V/380V 配电线路的剩余电流以及配电线路和配电箱体的温度，能同时监测多个部位的绝缘状态或温度，当任一处的剩余电流值大于剩余电流报警设定值或温度高于温度报警设定值时，仪器立即发出声光报警信号，并显示相应的漏电电流或温度值，指示问题方位。该探测器与无线数传电台相连接，组成无线电气火灾监控探测器，能够将漏电电流或温度值传输给监控主机。其主要技术参数见表 4-4。

（3）系统安装

对该名人故居内共设置电气火灾监控设备 1 套、电气火灾监控探测器 4 套、Zigbee 无线通信模块 5 套、剩余电流互感器 4 套、温度传感器 12 个。其中，无线电气火灾监控设备设置中控室内。系统安装详情及材料清单见图 4-31 和表 4-6 所示。

图 4-29　安装在配电箱外的无线通信模块

图 4-30　安装在配电箱外的组合式电气火灾监控探测器

无线电气火灾监控系统材料清单　　表 4-6

设备名称		数量	安装位置	备注
电气火灾监控主机		1	中控室	24h 值守
组合式电气火灾监控探测器	电流互感器	4	外院配电箱（AP-1 和 AP2）内院配电箱（AP-3 和 AP4）	每个配电箱安装 1 个
	温度传感器	12		每个配电箱进线端 A/B/C 相线各安装 1 个
无线数传电台		5	中控室、外院配电箱（AP-1 和 AP2）、内院配电箱（AP-3 和 AP4）	监控主机内安装 1 台，每个配电箱处安装 1 台

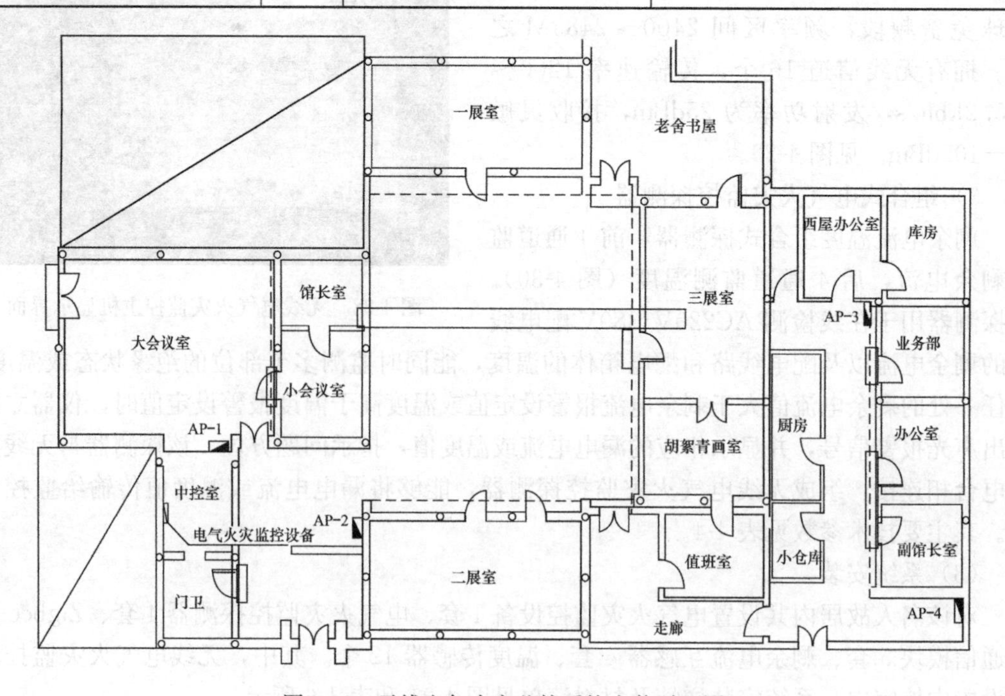

图 4-31　无线电气火灾监控系统安装平面图

第五章　文物建筑火灾报警

第一节　火灾报警系统

一、火灾自动报警系统

火灾自动报警系统能够在火灾的初期发出报警信号，以便人们安全疏散及尽早采取有效措施控制火灾。随着电子和通信等科学技术的发展，火灾自动报警系统的信号处理已经经历了从开关量到模拟量再到智能型的转变，传输方式也从多线制发展到总线制。

1. 火灾自动报警系统组成

火灾自动报警系统主要由火灾触发器件、火灾报警装置、火灾警报装置，联动控制装置以及电源等组成，各装置包含具有不同功能的设备，各种设备按规范要求分别安装在防火区域现场或消防控制室，通过敷设的数据线、电源线、信号线及网络通信线等线缆将现场分布的各种设备与消防控制室的火灾报警及联动控制器等火灾监控设备连接起来，形成一套具有探测火灾、按既定程序实施疏散及灭火联动功能的系统。图5-1为火灾自动报警系统组成示意图。

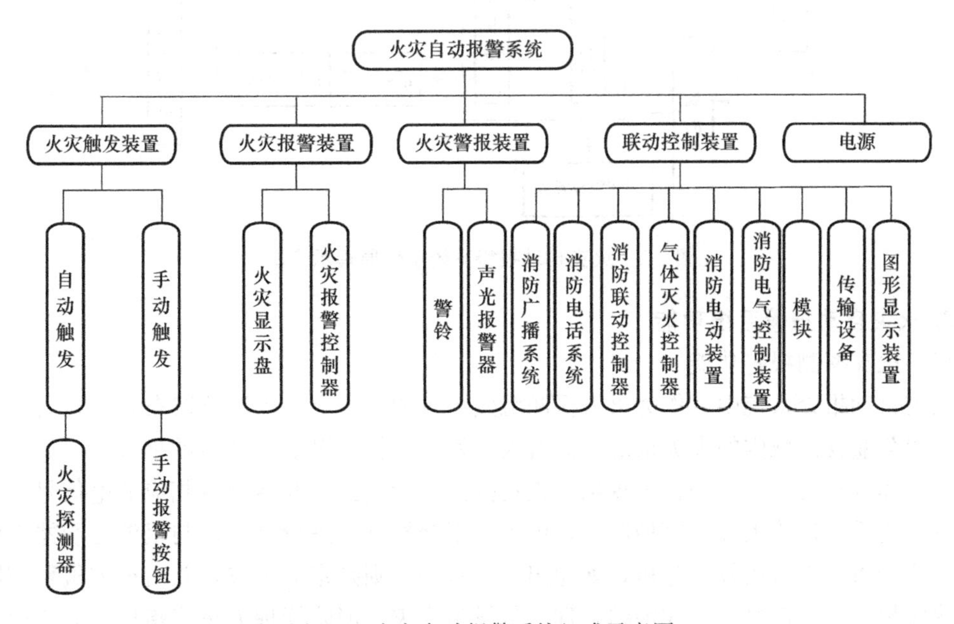

图5-1　火灾自动报警系统组成示意图

火灾自动报警系统从系统设备构成上主要包括三个层面内容：第一层面，分布于整个建筑的火灾报警触发器件、火灾警报部件等现场设备，如各类火灾探测器、手动报警按钮、声光报警器及各类模块等；第二层面，设置在消防控制室的火灾报警控制设备，如火灾报警控制器、消防联动控制器；第三层面，火灾报警系统的监控管理系统，如图文显示装置、综合管理平台等。

2. 火灾自动报警系统的工作原理

火灾自动报警系统是为早期发现火灾、通报火灾，并及时采取有效措施引导人员安全疏散、控制和扑灭火灾，而设置的一种火灾自动消防设施。如图 5-2 所示，火灾初期，安装在火灾现场的火灾探测器将燃烧产生的烟雾、热量、火焰等物理量转变成电信号，电信号通过线缆传输到火灾报警控制器，火灾报警控制器对接收到的数据进行计算、分析、比较和判断，确认火灾后一方面发出火灾报警信号，显示并记录火警地址和时间，使值班人员能够及时发现火灾。另一方面火灾报警控制器将火灾信号传送给消防联动控制器，由消防联动控制器联动火灾现场设置的如防排烟系统、应急照明系统、防火分隔系统、消防广播系统及电梯归首等各类消防设施。同时将火灾信号同步传输给各防火分区设置的火灾显示盘和设置在控制中心的图形显示装置，将火警信号在消防终端系统上通过图文形式直观地显示出来。便于值班及救援人员清楚掌握火灾现场状态信息，及时指挥救援，疏散人群、最大限度地减少因火灾造成的生命和财产的损失。

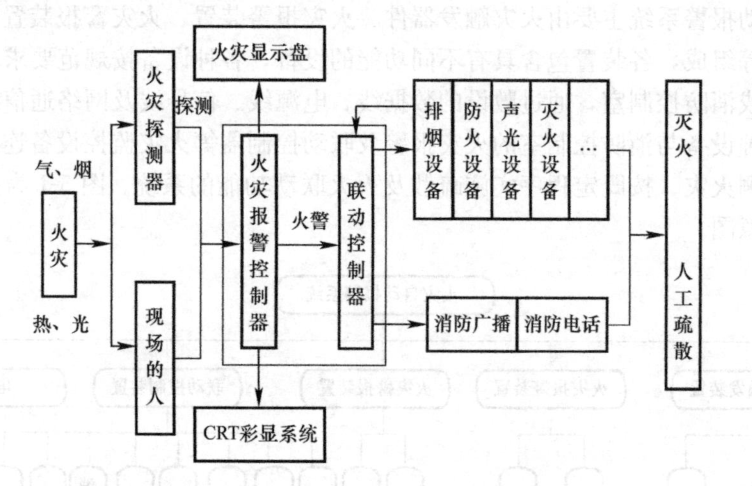

图 5-2　火灾自动报警系统工作原理示意图

3. 火灾自动报警系统功能

（1）火灾探测报警功能

火灾自动报警系统中，作为火灾探测触发装置的各类火灾探测器遍布安装在火灾隐患区域，时刻监视区域内的火灾情况，如有火灾发生，物质燃烧所产生的烟雾、火焰、高温及某些气体等火灾特有产物将被现场的火灾探测器检测到，并转换成相应的电信号，经初步处理分析后上传给火灾报警控制器，由火灾报警控制器进行计算，与报警控制器内储存的火灾模型参数进行比较、分析，如超出正常状态，则判定为火灾，并由火灾报警控制器发出火灾报警声光信号，通知消防管理人员发生火灾，消防管理人员将指挥灭火疏散等火灾救援。同时启动火灾区域现场的声光警报器，告诫现场人员紧急疏散。

（2）消防设备联动功能

火灾确认后，火灾报警控制器发出火警信号，消防联动控制器接收到火警信号后，按预定程序进行相关的消防联动控制，实现火灾报警系统的消防设备联动功能。

1）防火、控火设备的联动

在进行建筑消防设计时，通常要考虑一旦发生火灾，就要能够尽量将火灾控制在最小的范围内，使损失降低至最少。因此建筑中通常会采取设置防火隔断的措施来达到限制火灾范围的目的，目前工程中常用的防火隔断通常包括：防火卷帘门、防火门、防火阀等设备，这些设备在平时非火灾情况下开启，满足非火灾时的建筑使用功能，而一旦发生火灾，消防联动控制器将联动防火卷帘门、防火门、防火阀等设备由开启变成关闭状态，以便阻止火势蔓延，将火灾控制在一定范围内，为救援赢得时间。

2）防烟、控烟设施的联动

火灾对人生命的危害通常最严重的是烟雾，因此，一旦发生火灾就要尽量通过一些设施控制火灾的蔓延扩散，为人员疏散创造条件和赢得生存的时间。通常防排烟设施包括：挡烟垂壁、防烟防火阀、排烟口、正压送风口、排烟窗等。平时，这些设施处于停止或关闭的非火灾状态，满足建筑的使用功能；火灾时，消防联动控制器将发出联动启动信号，联动挡烟垂壁下降，隔断烟雾扩散；启动排烟口、排烟窗、排烟机排烟，启动正压送风口、正压风机送新风。防烟、控烟设施的联动，起到了防止烟雾扩散，获得新鲜空气的作用，便于人员的疏散。

3）灭火设备联动

火灾一旦发生，除尽可能防火、控火、防烟、控烟外，还要最终完成灭火，因此，建筑防护区域通常会按照相关消防规范设置相应的灭火系统，火灾发生并经确认后，由火灾报警控制器发送火警信息给消防联动控制器，消防联动控制器按预定的程序启动相关消防灭火系统，如自动喷水灭火系统、气体灭火系统、泡沫灭火系统、消防水炮系统等灭火系统，目的是释放灭火介质，通过灭火介质与火灾燃烧产物的物理、化学作用达到灭火的目的。

(3）人员疏散、救援指示功能

火灾自动报警系统的另一个重要功能是火灾发生时，为人员的疏散和救援提供指示功能，如：

1）消防电梯归首功能，火灾发生并经确认后，消防联动控制器向电梯控制装置发出归到首层的控制命令，待电梯归首后，除消防电梯外，其他电梯停止运行，而消防电梯继续运行，供消防救援人员使用。

2）安装于公共区域的楼层火灾显示盘上显示火灾区域的具体地址，并发出声光报警信号，便于消防救援人员迅速了解火灾位置，便于开展救援。

3）点亮各疏散出口的火灾指示灯，便于消防救援人员快速识别火灾楼层、区域。

4）火灾时，火灾自动报警系统将启动消防应急广播，对全楼进行消防广播，指挥人员向安全区域疏散；现场的消防救援人员可通过消防电话与消防控制中心取得联系，接受消防控制中心的指挥。

5）启动火灾区域的应急照明及疏散指示标志，便于现场人员迅速疏散。

二、无线火灾报警系统

1. 无线火灾报警系统特点

目前，大部分火灾报警系统都是采用有线通信，与基于无线通信的火灾报警系统相比，有线火灾报警系统存在布线复杂等缺点，不适宜在老旧建筑、城中村、九小场所、集贸市场、临时建筑等场所推广应用，对已完成装修的建筑物加装有线火灾报警系统甚至会导致二次装修。

无线火灾报警系统是利用无线通信技术，系统中的设备间均通过无线方式进行通信，无需布线。相较于传统的有线火灾自动报警系统，无线火灾报警系统由于其自身无须布线的特点具有以下优势：

（1）快速安装，节省成本；

（2）减少破坏，保护建筑；

（3）灵活性好，易于扩展；

（4）维护方便。

虽然无线火灾报警系统具有以上所述的优势，但相较于传统有线火灾报警系统采用硬线传输的方式，无线火灾自动报警技术的发展和推广还需要解决和突破许多技术难点，如：无线通信过程中信号的传输距离与穿透性；数据传输的稳定性与可靠性；无线火灾报警系统中为设备供电的独立电源或备用电源的使用寿命；无线火灾报警系统对其所应用环境中的其他无线信号的抗干扰性能等，这些问题也是国内现有无线火灾报警产品研发厂家以及无线通信技术提供商所需要解决的关键问题。

2. 无线火灾报警系统发展现状

国外很早就对无线火灾报警进行了研究，直到20世纪80年代才出现商用的无线火灾报警系统。其中最具代表性的为美国ITI公司（松柏公司）发明的无线报警系统，该系统采用温度探测器、光电感烟火灾探测器为节点，中央监控报警中组成的名为CS-4000的报警系统，在开放空间系统的通信距离为600m，工作频率为319.5MHz。当使用电源9V锂电池时，温度探测器的寿命是2年，当使用两个3V钮电池供电时，光电感烟火灾探测器的寿命是6.5年。这项技术是当时世界上最先进的无线报警技术，然而，由于成本较高，没有普及应用。

进入21世纪，国外火灾报警厂家设计出很多种类的无线火灾报警产品：如德国ESSER公司IQ8系列无线火灾报警系统（图5-3）；美国NotiFier公司AM-2020AFP-400和AFP-3200智能型无线火灾报警控制器；美国FCI公司FCI-7200智能型无线火灾报警控制器等等。

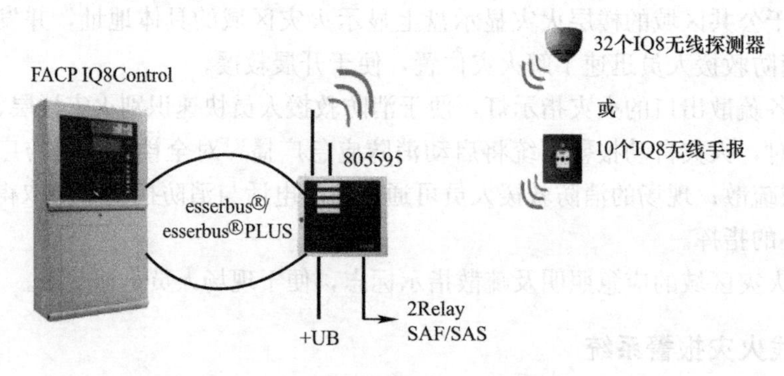

图5-3　IQ8系列无线火灾报警系统

国内有些厂商已在研制无线火灾报警系统，如深圳市赋安安全系统有限公司研制的基

于 GFSK 和 LoRa 通信技术的 FS 系列无线火灾报警系统（图 5-4）；河北正光报警设备有限公司研制的基于 LoRa 通信技术的无线火灾报警系统。

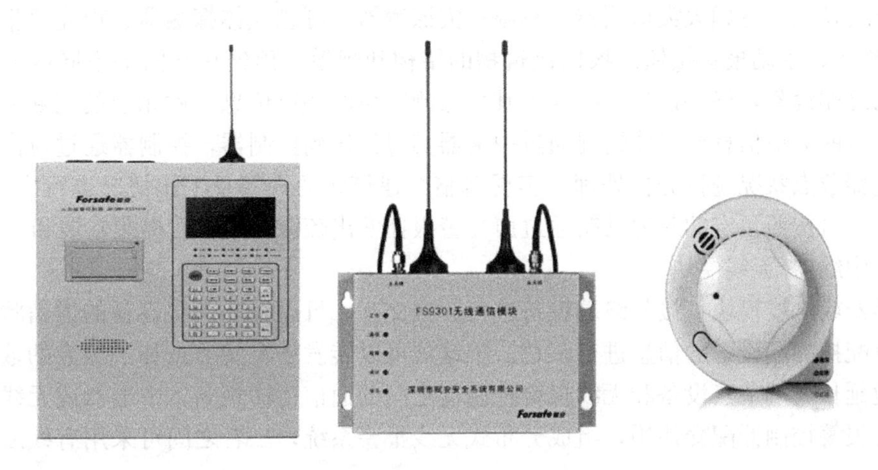

图 5-4　FS 系列无线火灾报警设备

3. 无线火灾报警系统组成

无线火灾报警系统一般由 3 类设备组成：无线火灾报警控制器、终端设备、无线中继器/无线模块。若火灾报警系统接入消防物联网，则还需要增加传输设备、云平台及移动终端。见图 5-5。

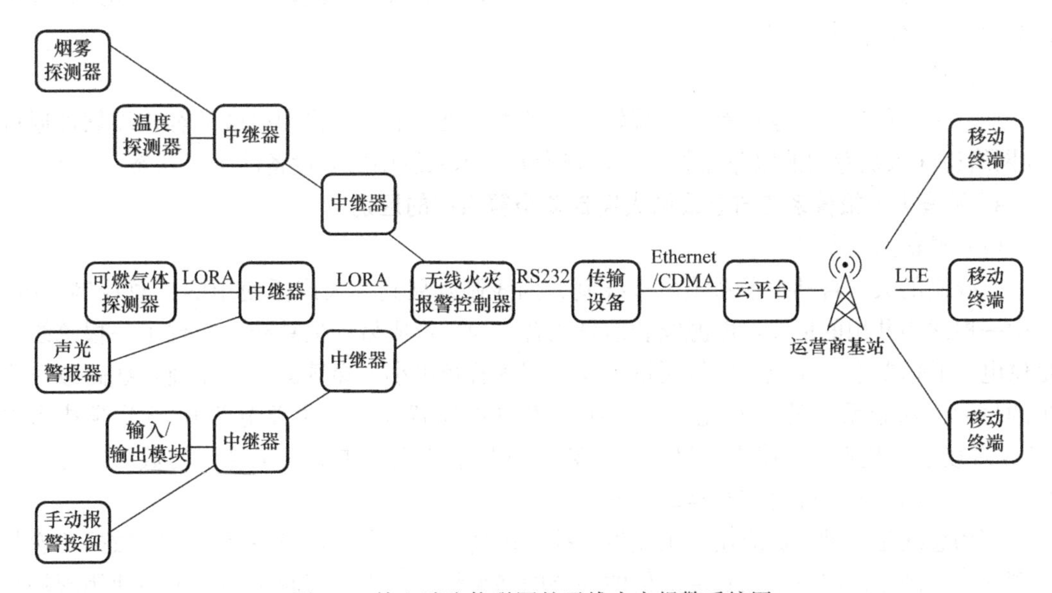

图 5-5　接入消防物联网的无线火灾报警系统图

（1）无线火灾报警控制器

可以实时地了解整个无线网络的探测器节点工作状态，并对无线网络中的设备实施消声、复位、启动等操作。当环境中的烟雾浓度达到报警的预定值或电池电量不足时，发出声、光报警信号，并通过无线信道将火警、低电压等信息通过无线网络传输至控制器。在预设有疏散关系的情况下，可根据接收到的火警信息通过火灾探测器和声光警报器以声响警报的方式指示逃生疏散的路径。

（2）终端设备

终端设备包括感烟火灾探测器、感温火灾探测器、可燃气体探测器、声光警报器、输入/输出模块、手动报警按钮。根据建筑物的结构和规模，预先在其内部不同区域布置合适数目的终端设备，终端设备实时采集其所监测区域的环境信息并做相应的判断处理，将其所在区域的火情信息或工作情况通过中继器实时传送到控制器，控制器通过对内部不同区域探测器节点状况进行分析处理，实现对整个建筑物的火警及工作情况进行完整监控，在发生火灾时按照预定的疏散策略通过声光警报器发出疏散警报音，提醒救援和逃生。

（3）中继器/无线模块

中继器或无线模块直接与终端设备进行数据交互，可以检测终端设备的通信状态，并将与自身配接终端设备的信息进行汇总。中继器可以转发来自父节点和子节点的数据，能够有效地延长终端节点设备和无线报警控制器之间的通信传输距离。中继器或无线模块与无线火灾报警控制器配套使用，组成分布式无线报警系统，二者之间可采用有线或无线方式连接。

（4）传输设备

传输设备与无线火灾报警控制器通过有线方式连接，将控制器输出的数据转换为TCP/IP的协议数据通过以太网或4G网络传输到云平台。

（5）云平台

云平台可以对收集到的前端各类数据进行汇总、分析、存储，通过不同的模式处理满足多方面、多层次的应用。

（6）移动终端

移动终端包括安装运行有客户端软件的各类手机或电脑。移动终端的客户端软件通过4G网络访问系统专用的服务器数据库，查询并显示系统中所有设备的工作状态。

4. 无线火灾报警系统与总线制火灾自动报警系统的区别

（1）通信路由不同

总线制的火灾自动报警系统由多线制、四线制发展到今天广泛使用的二总线制系统，其中一根线为共用的地线，电源线和信号线合二为一形成另一根总线，实现了一根总线满足供电与通信要求，完成了缆线用量更少，配管管径更小，穿管配线更便捷，线路故障更少的目标。随着系统的不断完善，总线技术也更加智能化，主要分为现场总线技术与CAN现场总线技术。无线火灾报警探测装置及其系统进一步减少了缆线的数量，更多的是通过无线的信号传输完成数据的传递。

现场总线是一种广泛应用于工业生产控制范畴，在各类测量设备之间进行数据传递与处理并能实现双向串行节点数字通信的底层网络系统。在火灾探测报警系统中使用现场总线技术具有环境适应性强，布线成本低，符合OSI通信模型要求，体系架构开放等特点，通过总线回路的双向数据传递，使得报警回路的通信功能极大地完善。

CAN总线技术是现场总线技术的一类范畴，又称作控制器局域网。CAN现场总线应用在火灾自动报警系统的报警回路时，探测器不需要拥有通信功能，探测器只需要负责完成信号采集的工作，装有相同通信控制芯片的探测器与报警控制器之间由CAN总线完成数据传输，我国在这一基础上还通过挂接iCAN模块的形式快速组建现场控制网络，组成

了实现联动控制的报警回路系统，如图 5-6 所示。

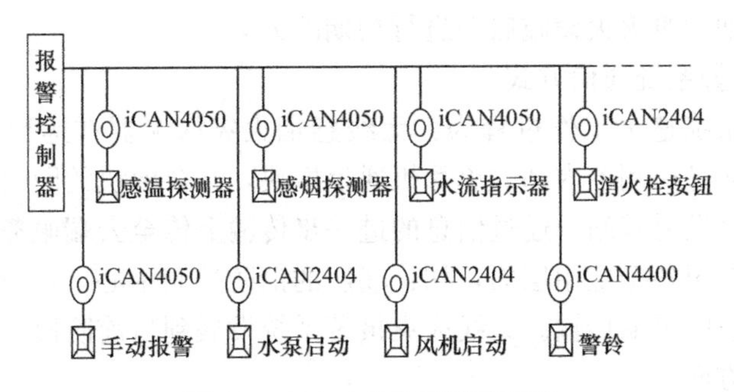

图 5-6　iCAN 总线报警回路图

由图 5-6 所示，每个 CAN 模块都有固定的编号，每种编号相同的 iCAN 模块对应着一种 CAN 控制器与接收器，其功能也对应着相关数字量、模拟量的输入与输出，通过第三方软件的开发，可以实现防排烟风机、消防水泵等设备与探测报警信号的联动控制功能。同时，CAN 总线技术处理的是模拟信号，比起传统的数字信号火灾报警系统更加稳定。

基站式的无线火灾自动报警系统的探测信号通过无线网络的方式传输至网关或者发射基站，因此在整个数据传输过程中，减少了总线制火灾自动报警系统的布线。整个系统的终端由无线光电感烟火灾探测器、无线手动报警装置、无线声光报警器以及无线智能网关组成，当需要数据二次传输时，还需要增加中继器或者协调器，如图 5-7 所示。

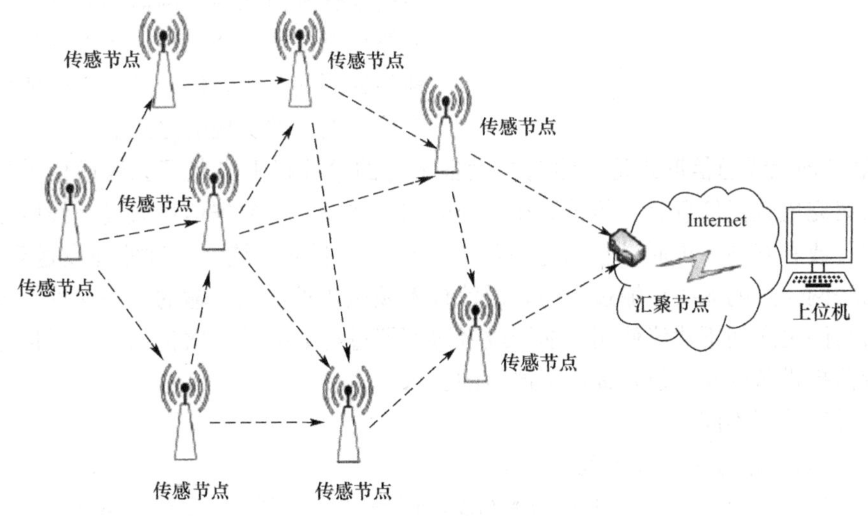

图 5-7　无线火灾报警系统布局图

（2）通信方式不同

火灾自动报警系统的通信方式取决于系统的线制关系，二总线制火灾自动报警系统的一根总线就是信号线，进行数据信号的传输；无线火灾报警探测装置及其系统通过通信模块，搭载局域网或者蜂窝网络将探测的数据信号进行无线传输至服务器。

1）总线制火灾自动报警系统通信方式

目前，火灾自动报警系统的工作过程为：在火灾发生的初期，探测器将采集的光、烟气、温度等信号以模拟量的形式连同环境的参数，通过二总线传输至火灾报警控制器，报警控制器通过报警设备的相关关系判断火灾的真实性，联动型的火灾报警控制器能够在判断火情的出现，联动建筑灭火设施启动进行初期的灭火。

2）无线火灾报警系统通信方式

无线火灾报警系统整个工作过程为：无线感烟火灾探测器在巡检状态下获取烟气信息，烟气的信息会通过探测器内部的单片机通信模块，结合模块的网络状态，将数据信息上传至网关或者信号发射基站，通过信息的进一步传输上传至云端服务器，服务器经过数据的处理将信息反馈至各个应用层面，如：场所的消防控制中心，住户的手机短信、APP应用程序，做到信息的早期传输。无线火灾报警系统发展到目前阶段，数据信息的传输方式主要有以下两个方面：

① 数据信息采集终端负责收集环境的火灾参数信息，在各种采集终端与网关或者信号发射基站之间加入协调器，实现数据初步的收集与处理。在终端与协调器之间实施星形拓扑的有线连接方式，将数据信号高效稳定地传输至协调器，协调器本身应用无线网络通信模块，在良好的网络状态下将数据信息通过无线网络的形式传输至网关或者基站，进一步将信息上传至云端服务器，如图5-8所示。这种通信的形式最大的特点就是拥有极大的系统灵活性，在建筑中部署大量的探测监控设备，通过无线的形式连接至协调器，只需要合理地选择协调器的安装位置，保证网络信息传输的通畅性，使得信息能够良好地传递到网关或者信号基站，就能保证信息的稳定上传并实现资源共享。

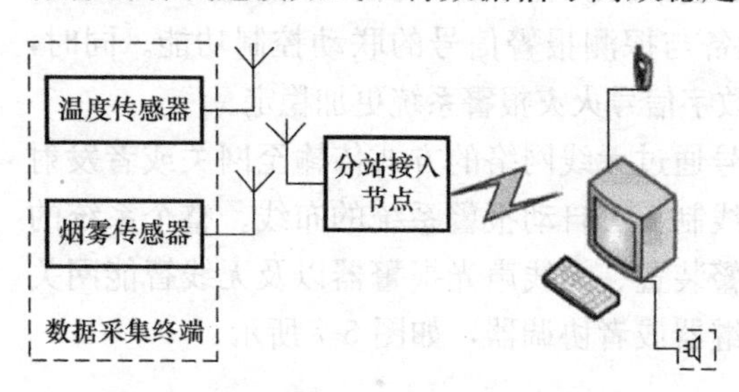

图5-8　分节点协调器应用的无线网络传输系统图

② 第二种无线通信形式是探测监控设备本身的单片机上搭载了无线通信模块，当探测设备采集完成数据信息后，传感器在所处的网络状态下将数据信息通过无线网络的形式传输至网关或者基站，再通过基站进一步上传至云端服务系统，经过处理发送到应用层。因为在物联网信息的无线传输过程中，通信技术领域要求信息传输的“一次性”原则，因此探测器与网关之间不建议使用中继器或者协调器进行数据的二次传输，这对信号发射基站与探测监控设备的相对位置提出了严格的要求。

(3) 适用范围不同

1）火灾自动报警系统适用范围

目前，根据《建筑设计防火规范》GB 50016—2014（2018年版）的8.4.1、8.4.2、8.4.3条，规定了需要安装火灾自动报警系统的场所。

规范规定火灾自动报警系统的适用场所普遍为公共建筑和工业建筑，在住宅方面只要求了高于100m的高层住宅建筑的设置，而对于多层住宅、火灾危险性很大的“九小场所”没有相关的规范要求。

2）无线火灾报警系统适用范围

由于没有相应的规范标准要求设置无线火灾报警探测装置及其系统的场所以及相关的设置要求，因此笔者按照无线传感通信技术的特点来划分相应的适用范围。

① 2G/4G/5G等移动通信网络适用在网络环境良好地段的城乡单多层住宅、“九小场

所”。尽管2G网络即将被淘汰，4G和5G流量费用巨大，但是移动通信网络凭借高宽带的特点，数据的时延性与丢包情况可以做到很低。

② Wifi和Zigbee作为短距离传输技术，受到建筑结构影响的程度最大，覆盖范围虽然只有10～100m，适用在乡镇的自建住宅、建筑面积较小的商铺中，搭配网关的使用能够将信息实时发送到手机APP上。Zigbee的可靠性和安全性相较于Wifi有明显的提高，基本没有被攻击的可能性。

③ NB-IoT在基站信号覆盖范围内依旧可以适用在住宅、“九小场所”，NB-IoT这种通信手段是4G向5G过渡的产物，它最大的特点是窄带传输，可以支持多数据同时上传云端服务器。作为电信商切入物联网领域的端口，若使用此网络必会面临高额的网络费用。

④ LoRa凭借自组网关和基站的特点，可以适用在运营商网络没有覆盖的地方，比如建筑的地下二层、三层。

LoRa技术十分适合文物建筑中，主要基于以下原因：(1) 其接收电流仅10mA，睡眠电流200nA，这大大延长了电池的使用寿命，避免了频繁更换电池；(2) 无需布线，芯片成本低，基础设施和运营成本低，工作于免费频段，同时接收机结构简单等特点也进一步降低了组网成本；(3) 覆盖范围广，可大量连接，网络结构简单，部署灵活，减少了终端设备的安装，用尽量少的设备完整覆盖文物建筑，对文物建筑的伤害减小；(4) 接收灵敏度高，抗干扰能力强，安全性高的特点可以较好地保持数据的完整度，有利于系统及时高效的处理信息，保证了系统时刻处于待机状态，一旦有火情发生，可以及时传递信息，而不会被干扰；(5) LoRa目前在市场上已得到广泛应用，有较为完善的应用体系，一旦出现问题可以比较及时地进行修正。

上述的适用范围仅仅根据各种通信技术的特点进行划分，在各类建筑中能否胜任火灾监控的工作还得考察当地的地理环境和建筑特点，综合各类影响因素判断具体的位置使用具体的一种探测装置。

5. 影响无线火灾报警系统稳定性的因素

影响无线火灾报警系统稳定性的主要因素在于探测器电源的使用时间以及通信技术的稳定性，通信过程又会受到自然环境和电磁环境的影响。

(1) 探测器的电源寿命

基于NB-IoT通信方式的无线火灾探测器的理论使用年限长达5年，而实际反馈显示探测器的使用寿命不超过一年，实际寿命与理论值之间差距主要来自电池容量在非工作状态下的损耗。目前的无线火灾探测器的电池一般为锂电池，同时为了延长使用寿命会采用“间歇性断电”的模式，在呼叫巡检时为动作状态，不被呼叫时为休息状态，此时不消耗电能。在这种工作模式下，电池容量的损耗主要来自三个方面：一是电池本身会出现一系列的副反应，不断积累出现电池的安全性失效和性能失效；二是电池在长期耗电而没有充电的条件下容易造成活性物质不可逆的损耗，加速了电池的老化过程；三是在长期容量损耗后，电池的结构会发生物理和化学过程的变化，如会增加内阻，进一步增大了电能的消耗，缩短了电源的使用寿命。

(2) 通信干扰

无线火灾探测器的数据信息在传输过程中最容易产生通信干扰的三个因子分别为：建筑障碍物的信号阻挡、电磁信号通道干扰以及自然环境干扰。

1）钢筋混凝土的楼房结构对无线网络信号的传输形成了一种阻碍的屏障，这是因为数据传输的通道没有绕射能力，发射端与接收端之间的墙体越多，厚度越大，信号的感应就越弱，数据的时延特征与丢包现象就越明显。通过对无线传感网络进行障碍物试验研究，结果表明，墙体对数据信息的传播影响最大，当时延性及丢包率控制在10%以下时，通信的通道距离最大为10m，即当信号两端之间存在墙体干扰时信号传输距离超过10m时，数据信息的误差会大于10%，在相对空旷的环境下，有效通信距离达到100m以上；当穿越相同的障碍物时，信号波频率越高，路径损耗会越大，并且随着障碍物的厚度增大，数据丢包特征越明显。

2）当无线火灾探测装置运用在城乡的“九小场所”中时，会受到不同工艺装置附属的强电或者弱电干扰，或者在相同电磁频段的工作状态下，数据信息无法识别信道的位置信息，极易造成数据的丢包现象。

3）当古建筑中运用无线火灾探测装置时，可以考察到建筑的周围环境都是山、草、丛林，无线信号集中发射装置与探测器之间存在自然环境的障碍物，同时郊区的天气变化与市区也截然不同，这对信号的传播也会造成影响。通过双斜率模型对草丛环境下无线数据传输的路径损耗进行分析，符合对数距离的线性衰减规律；在园林中进行无线信号传播的试验，结果显示发射装置的天线与接收器的天线越高，通信距离越大。这对在郊区的古物建筑中安装无线火灾探测器以及自建或公建信号发射基站的相对高度和角度要求比较高，这类自然障碍物对信号的丢包没有城乡建筑影响大，但传输数据也是随着距离的特征量线性衰减，很难实现准确的响应。除此以外，古物建筑周围的天气变化比较频繁，这是受山体、树林与云层之间作用关系影响的，一旦出现持续的雷雨天气，无线数据的传输会出现严重丢包现象，甚至会出现无法接收信号的情况。

三、无线火灾报警系统应用举例

1. 某寺庙建筑

（1）建筑概况

某寺庙，始建于北齐（550～577），历经12个朝代，是一座千年古佛道场。寺庙占地面积约4200m²，建筑面积约380m²，规模最大殿高7.5m，全部为单层砖木结构，寺庙内现有大殿、天王殿等5间主殿，另有寮房8间。

（2）无线火灾报警系统设置

寺庙内设置基于433（GFSK）调制方式的无线火灾报警系统，共设置火灾自动报警主机1套、感烟火灾探测器21套、手动报警按钮3套。其中火灾报警主机设置在后院寮房内。433通信模块发射功率为12.5dBm，工作频率433±15MHz。见图5-9、图5-10。

2. 某名人故居

（1）建筑概况

某文物建筑位于北京市东城区，为一名人故居，是一座北京旧式小院，进门为一小院，只有两间南房，向西是一座三合院。见图5-11。

（2）无线火灾报警系统设置

该文物建筑群内设置基于LoRa通信方式的无线火灾报警系统，共设置火灾自动报警主机1套、感烟火灾探测器24套。其中火灾报警主机设置在中控室内。见图5-12、图5-13。

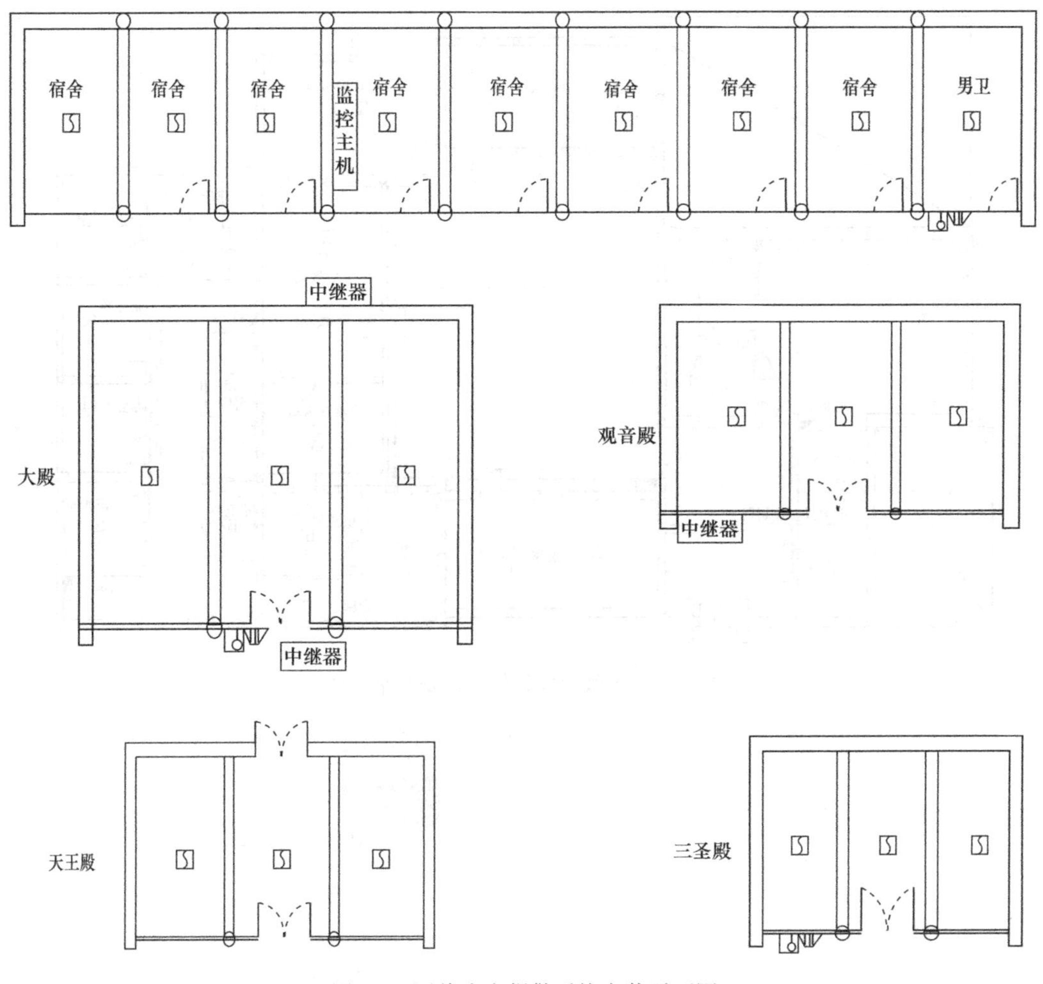

图 5-9　无线火灾报警系统安装平面图

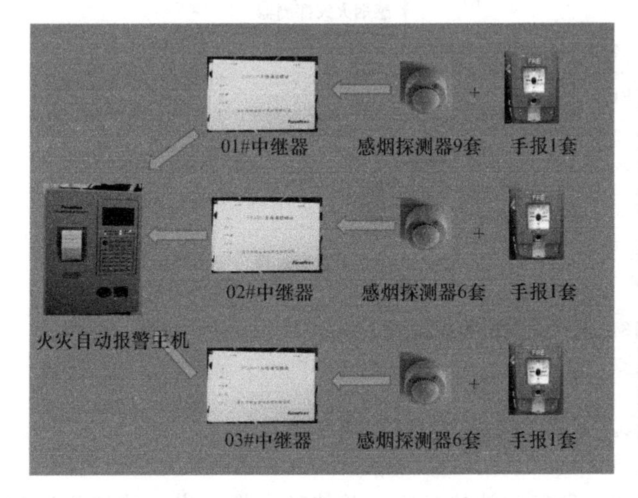

图 5-10　无线火灾报警系统图

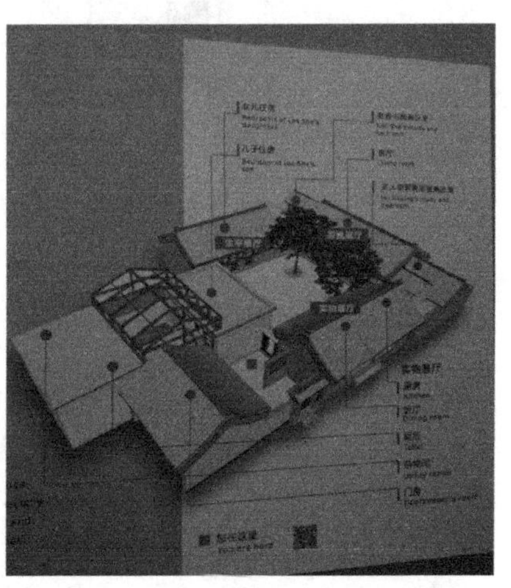

图 5-11　某文物建筑平面示意图

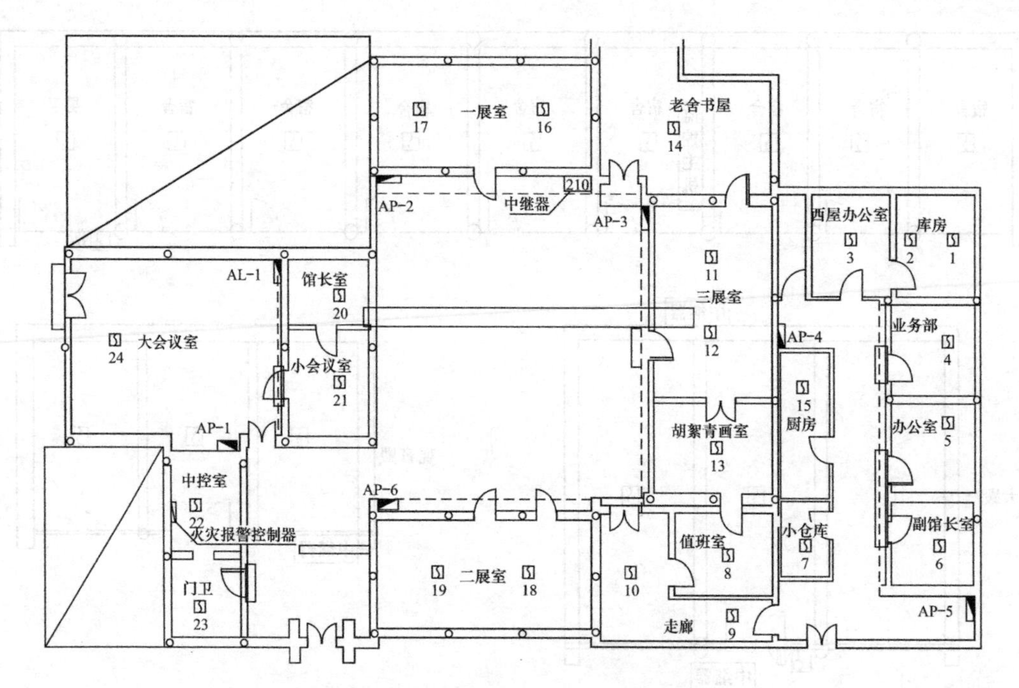

图 5-12　无线火灾报警系统安装平面图

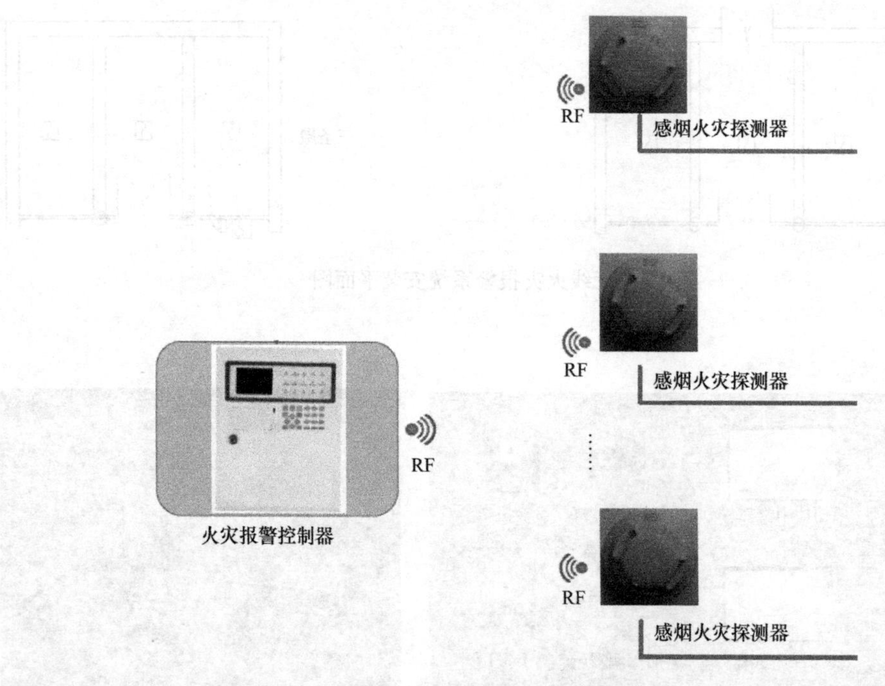

图 5-13　无线火灾报警系统图

第二节　文物建筑火灾探测

物质燃烧是可燃物与氧化剂发生的一种氧化放热反应，并伴随有烟、光、热的化学和物理过程。

火灾探测也就是对物质燃烧过程的探测，是以物质燃烧过程中产生的各种现象为依据，获取物质燃烧发生、发展过程中的各种信息，并把这种信息转化为电信号进行处理。根据火灾初起时的燃烧生成物及物理现象的不同，可以有不同的探测方法。如对烟雾、温度、火焰、一氧化碳进行探测等。根据火灾探测方法和原理，目前世界各地生产的火灾探测器，按对现场的火灾参数信息采集类型主要分为感烟式、感温式、感光式、可燃气体探测式和复合式等。火灾探测器还可以按照火灾信息处理方式的不同，分为阈值比较型（开关量）、类比判断型（模拟量）和分布智能型（参数运算智能化火灾探测）等。

另外火灾探测器按结构造型分类，可以分成点型和线型两大类。

（1）点型火灾探测器：这是一种响应某一点周围的火灾参数的火灾探测器。大多数火灾探测器，属于点型火灾探测器。

（2）线型火灾探测器：这是一种响应某一连续线路周围的火灾参数的火灾探测器，其连续线路可以是“硬”的，也可以是“软”的。如空气管线型差温火灾探测器，是由一条细长的铜管或不锈钢管构成“硬”的连续线路。又如红外光束线型感烟火灾探测器，是由发射器和接收器二者中间的红外光束构成“软”的连续线路。

一、感烟火灾探测器

感烟火灾探测器能对燃烧或热解产生的固体或液化微粒予以响应，它能探测物质燃烧初期所产生的气溶胶或烟雾粒子。因而对早期逃生和初期灭火都十分有利。目前在文物建筑中应用比较广泛是点型光电感烟火灾探测器，此外。线型红外光束感烟火灾探测器及吸气式感烟火灾探测器也有部分应用。

1. 点型光电感烟火灾探测器

点型光电感烟火灾探测器的检测室内装有发光元件（光发射器）和受光元件（接收器），发光元件目前大多数采用发光效率高的红外发光二极管；受光元件大多采用半导体硅光电池（或光电二极管）。在正常无烟的情况下，受光元件接收不到发光元件发出的光，因此不产生光电流，在火灾发生时，当产生的烟雾进入探测器的检测室时，由于烟粒子的作用，使发光元件发射的光产生漫反射（散射），这种散射光被受光元件所接受，使受光元件阻抗发生变化，产生光电流，将烟雾信号转变成电信号。电信号经过分析处理，从而实现火灾的探测报警，如图 5-14 所示。

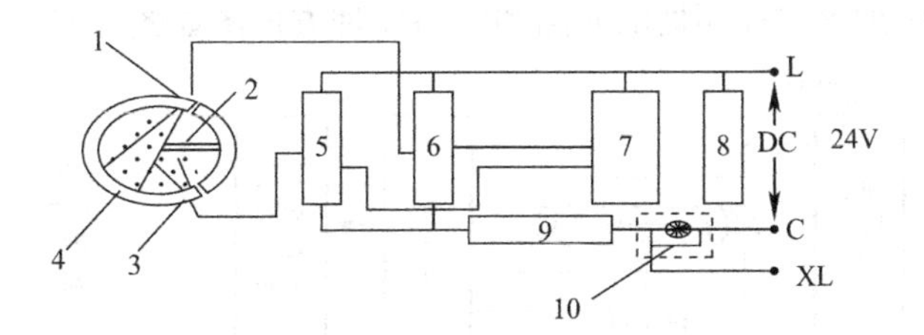

图 5-14　点型光电感烟火灾探测器原理框图

1—发光元件；2—遮光板；3—受光元件；4—检测暗室；5—接收放大回路；6—发光回路；7—同步开关回路；8—保护回路；9—稳压回路；10—确认灯回路

点型光电感烟火灾探测器其遮光暗室中发光元件与受光元件的夹角在 90°～135°之间。不难看出，点型光电感烟火灾探测原理，实质上是利用一套光学系统作为传感器，将火灾产生的烟雾对光的传播特性的影响，用电的形式表示出来并加以利用。由于光学器件的寿命有限，特别是发光元件，因此在电-光转换环节较多采用脉冲供电方案，通过振荡电路使得发光元件产生间歇式脉冲光，并且发光元件多采用红外发光元件——砷化镓二极管（发光峰值波长为 0.94μm）与硅光敏二极管配对。一般地，点型光电感烟火灾探测器中光源的发光波长约在 0.94μm，光脉冲宽度在 10^{-2}～10ms，发光间歇时间在 3～5s，对燃烧产物中颗粒粒径在 0.9～10μm 的烟雾粒子能够灵敏探测，而对 0.01～0.9μm 的烟雾粒子浓度随着粒径的减小灵敏度迅速减小，直到无灵敏反应。

点型光电感烟火灾探测器光电接收器输出信号与许多因素有关，如光源辐射功率和光波长、烟粒子的浓度、烟粒径、烟的灰度、复折射率、散射角以及探测室的散射体积（由发射光束和光电接收器的“视角”相交的空间区域），还有光敏元件的受光面积及光谱响应等都会影响探测器的响应性能。因此，为了提高探测器的响应性能，在设计探测器的结构时，要考虑各种有关因素，协调他们之间互相干扰的有关参数。探测器的入射光波长要根据粒径大小情况进行合理选择，大多数烟粒子的粒径范围为 0.01～1μm。波长应尽可能地短到使大部分被测烟粒子都处在较强的散射性上。探测室的“迷宫”既要设计的有较强的抗环境光线干扰性，又要考虑使烟雾进入的畅通性和各个方位的均匀性。散射角是影响散射光接收的重要因素，很小粒径（比如波长的 1/100）的前向散射光（与入射光束同一方向的散射）和后向散射光（与入射光束相反方向的散射）相差不大，随着粒径的逐渐增大，前向散射显著增大，后向散射减小。若光电感烟火灾探测器采用前向散射原理，它对于产生的粒径较大的灰烟（比如标准试验火 SH1、SH2 产生的烟）反应灵敏。关于光电感烟火灾探测器的响应性能，不同的生产企业存在差别，不论是结构上、技术上还是算法上的稍微不同都能影响探测器的响应性能。

前向散射原理和后向散射原理各有自己的特点，可以考虑充分利用两者的探测优势，将他们组合起来实现感烟探测。其方法是在探测室内设置两个相对着的光发射器，光接收器选择合适的角度设置，构成探测室结构。其中一个光发射器与光接收器构成前向散射探测结构，另一个光发射器与光接收器构成后向散射探测结构。光接收器将接收到烟粒子的两路散射光作用，加强了光散射效果，从而增大了光电接收器输出信号，达到对黑烟响应的目的。但是这种探测器探测室设计信号处理更为复杂，生产成本也随之增加。

2. 红外光束光电感烟火灾探测器

线型红外光束感烟火灾探测器的光路和电路原理方框图如图 5-15 所示。

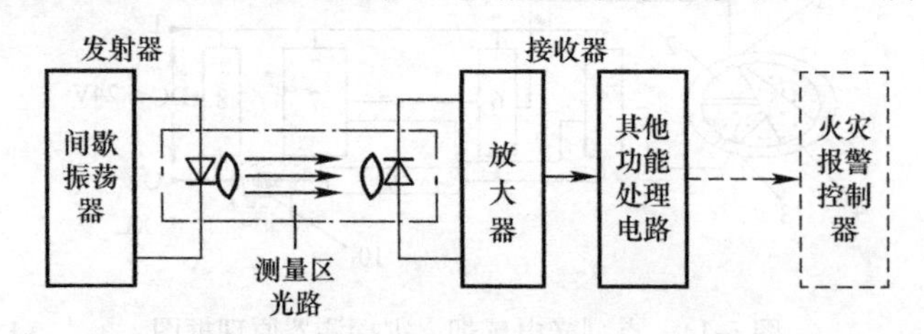

图 5-15　线型红外光束感烟火灾探测器原理框图

线型红外光束感烟火灾探测器基本结构由下列三部分组成。

(1) 发射器

发射器由间歇振荡器和红外发光管组成，通过测量区向接收器间歇发射红外光束，这

类似于点型光电感烟火灾探测器中的脉冲发射方式。

（2）光学系统

光学系统采用两块口径和焦距相同的双凸透镜分别作为发射透镜和接收透镜。红外发光管和接收硅光电二极管分别置于发射与接收端的焦点上，使测量区为基本平行光线的光路，并可方便调整发射器与接收器之间的光轴重合。

（3）接收器

接收器由硅光电二极管作为探测光电转换元件，接收发射器发来的红外光信号，把光信号转换成电信号后，由后续电路放大、处理、输出报警。接收器中还设有防误报、检查及故障报警等电路，以提高整个系统的工作可靠性。

红外光束探测器的发射器、接收器和光学系统这三部分或完全分开，或完全综合，具体情况取决于所选用的系统。当发射器和接收器处于同一个单元时，棱镜板则被安设在对面的墙壁上（该处在正常情况下是接收器所在的位置），从而可把光束反射回光源。

手电筒的可见光束是一个很形象的例子。手电光束按圆锥形向外扩散，其强度随光束偏离中轴线的距离而下降，其光束可以交叉而不发生散射，这正是反射光束探测系统赖以工作的性质。之所以使用红外光束是因为它主要受烟雾颗粒和火焰热霾的影响，而且无法被人眼所看到——红外光束实际上比手电光束更不易受干扰。

反射式探测器的光束发射器和接收器处于同一个单元内，反射板位于对面的墙壁上，最远距离可达100m。反射板呈菱形，即使安装的与传输路径不完全垂直，也仍然可以把光束直线返回。反射式探测器虽然可能对光路附近的物体很敏感，但它易于安装，布线简单，因为只有一个收发单元需要用电。

利用反射光束法探测火灾，其优点在于不需要单独的发射器和接收器，只需一个探测单元，另外，探测单元与反射镜之间无电气连线，因此减少了成本及调试时间。反射光束探测器安装简单，光束只需在一个探测单元中调整，这对于很高的现场是特别有利的。

反射式光束感烟火灾探测器的光线要经过一次反射和两次穿过探测区域。而对射式光束感烟火灾探测器则不同，它主要由发射和接收两个部分组成，并且两部分是分开安装的，最远距离可达100m。接收器与控制单元相连接，目的是便于维护。发射部分安装位置相对于反射式探测器来说在探测器主体一边，接收部分在反射板的一边，因此光线只需要一次穿过探测区域就直接到接收部分。对射式相对来说不受周围物体表面和光束路径附件障碍物所造成的杂光反射的影响。对射式一般能传过狭窄“空隙”有效工作，通常更适于受限区域，或多障碍区域（如具有杂乱屋顶的空间）。在没有这类物体的空间，反射式探测器通常更方便。

无论是对射式还是反射式光束感烟火灾探测器，都需要重点处理和解决以下几个方面存在的问题：

1）环境温度湿度、空间飘尘和长期漂移变化对判断火灾的有效信号产生影响，导致火灾识别困难。

2）阳光光线和环境的灯光对探测器的干扰，使信噪比下降，探测系统的可靠性降低。

3）由于发光器件的功率限制而不能使用很强功率的探测光线，因此有效信号强度小，淹没在噪声信号中，给信号处理带来困难。

4）系统使用红外光线，为不可见光，存在信号对准的问题。

光束探测技术的新发展使人们可在廉价简单与智能之间进行选择。传统上，调节光束功率和方向必须在安装时由人工进行，然后，还要经常维护，以补偿灰尘积聚和“建筑偏移”。在发生这种现象的地方，建筑构件会以非常小的增量缓缓移动，从而影响光束的目标和探测的效果。最近不同的产品已经问世，人们可以自行选择自动光束调节方式，这种新技术是利用探测装置内长期积累的数据自动调节光束的方向和灵敏度，以使光束精确校准，信号保持最佳电平。该技术快速可靠，便于安装，既可减少维护，又可节约时间。

遮光（减光）程度的小规模逐渐增加不是烟雾的典型表现，大多时候是因为发射表面积聚了灰尘和污物。先进光束探测器中的软件通常可以探测到这种缓慢地变化，并相应增加增益，以自动进行补偿。但是，遮光程度的突然大规模增加则几乎无疑是因为（光束）路径中出现了实在物体，这将触发“误报”状态，应清除路径中的障碍物。

3. 点型光电感烟火灾探测器与红外光束感烟火灾探测器的选用

点型光电感烟火灾探测器和红外光束感烟火灾探测器二者虽然都采用红外光源探测火灾，但其工作方式有所不同。

这两种探测技术分别是采用散射光反射（点型）和透射光束衰减（线型）原理，由于尺寸范围制约的结果，形成两种探测装置，点型探测器光电室内的光学距离仅为 20～25mm，这就限制了透射光光束衰减探测原理的采用。

红外光束感烟火灾探测器通常由红外光束发射器和接收器二部分组成，安装时呈对射状。光束探测器可在一长达 100m 的距离内工作，保护一个直线区域。平时，发射器发射红外光束至接收器，使发射器与接收器之间形成一条红外光带。当有火灾发生时，烟雾进入光束区，烟雾粒子就会对光束起到遮挡、吸收和散射作用，使到达接收器的光信号减弱，当达到安装调试时设置的预定报警值，探测器就发出火警信号，达到火灾报警的目的。因此，光束感烟火灾探测器大多适用于无遮挡大空间场所。在这些地方，烟雾会在大的区域内散射，而点型探测器最适于应用在较小的建筑内。如有大量的灰尘、细粉末或水蒸气场所，则普通的光电（线型或点型）探测器都不宜采用，因为这些物质不易与烟雾区分开来。

通常火灾产生的烟雾将向顶棚方向上升，在此情况下，如果顶棚很高，则选择光束探测器较适合。相反，点型探测器通常仅适用于顶棚高度低于 12m 的场所。

安装在墙壁上的单个光束探测器最大能探测 14m×100m 之内的烟雾，从而减少了点型感烟火灾探测器的数量，提高了安装速度，降低了安装和布线成本，减少了对美观的破坏。与顶装式（安装于顶棚上的）点型感烟火灾探测器相比，壁装式（安装于墙壁上的）更便于维护。空气流会把烟雾吹离点型探测器的传感器小室，但它对光束探测系统那又长又宽的探测区域影响很小。灰尘和污物的积聚可由自动光束信号强度补偿来解决。

高顶棚空间里，当上升的烟羽流吸入周围空气并随空气的上升而迅速冷却时，烟雾会在热空气层之下蔓延，好像被扣在自身的一个“不可见的顶棚”之下，这通常称之为烟雾分层。它会使装在顶棚下的点型感烟火灾探测器因缺少烟雾颗粒到达而失效。通常的解决方案是在“不可见的顶棚”之下安装辅助探测装置，以探测分层后的烟雾层，或烟羽流。光束探测器是壁装式，通常比顶棚低 0.3～1.0m，因此，非常有利于探测分层后的烟雾层。

4. 吸气式感烟火灾探测器

激光粒子计数方式吸气式感烟火灾探测器测量室的核心部分工作原理如图 5-16 所示。

测量光束方向、光接收器的光接收方向及气流流动方向被分别设在互相垂直的轴线方向上，以保证在空气样本中无烟雾粒子的情况下，无光信号被接收器接收，以及单个烟雾粒子产生唯一光脉冲信号。其测量光源为半导体激光器，被检测气流沿 Z 轴方向由上向下流动，在 X 轴方向的激光束，通过光学系统聚焦于原点附近空间，焦点处被照亮的烟气流，通过光电系统的物镜，成像在垂直于 Y 轴方向的光电探测芯片（焦平面）上，因此被激光照射的原点附近的烟雾粒子，其散射光被聚焦于光电探测芯片上而产生一光电脉冲输出信号，该脉冲信号被作为一个烟雾粒子计数。随着烟气流不断流过，便形成一个个脉冲信号，图 5-17 给出了典型的输出脉冲信号序列。被记录下的脉冲数，经进一步运算处理后，与预先设定的各报警级别响应阈值相比较，发现到某一报警阈值，则发出相应的报警信号。从图 5-17 可以看出，产生高幅值脉冲的大粒子（如粒径大于 10μm）和产生微小脉冲的微小粒子或干扰信号，在脉冲信号处理过程中可以被去除，这相当于起到了大粒子过滤器及抗干扰电路的作用。

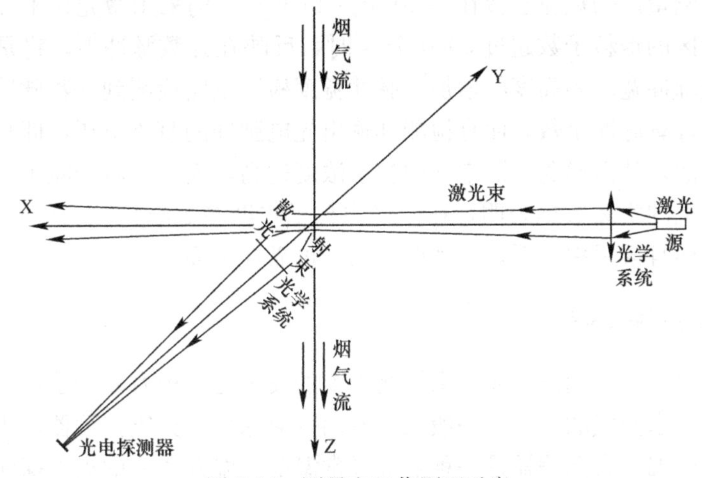

图 5-16　测量室工作原理示意

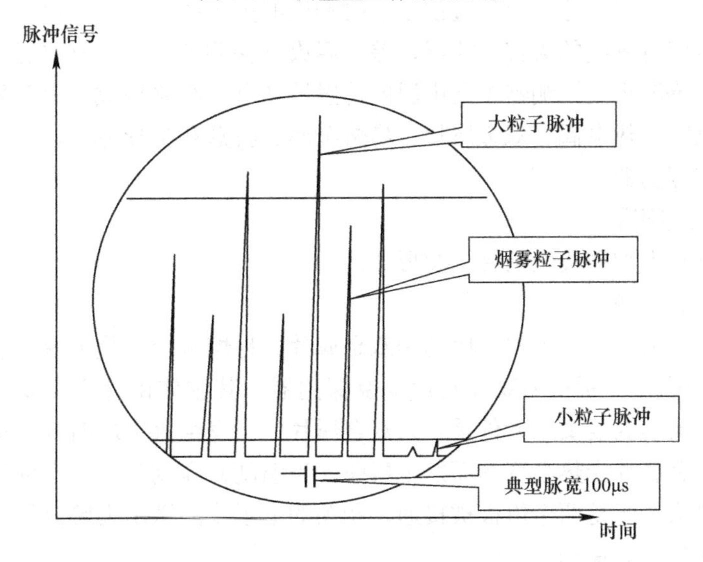

图 5-17　粒子计数脉冲信号

采用激光探测器，由于其光源为普通固态半导体激光器（与激光唱机使用的激光器相同），故其光源的使用寿命可达10年。另外，由于其测量室的设计特点加上其脉冲计数工作方式，使其几乎不受光源老化以及由于测量室长期工作受污染后所产生的背景干扰信号的影响，有效地提高了探测的可靠性。但是，该种探测器有粒子浓度分辨范围（如每秒钟通过测量区的烟粒子数不能超过5000个），当空气样本中的粒子浓度超过该范围时（这种情况在不清洁的空间极有可能发生），同一时刻出现在测量区的数个粒子所产生的散射光将复合在一起被光接收器接收，产生一个光电脉冲信号，导致不能正确进行探测。并且，数个烟粒子的复合信号可能产生的脉冲信号幅值较高，极有可能在脉冲信号处理过程中被作为大粒子信号去除，增加了漏报警的可能性。因此，激光粒子计数方式吸气式感烟火灾探测器特别适合于保护洁净场所中的重要对象。因此，近年来吸气式感烟火灾探测器大都采用了激光粒子混合计数技术。

激光粒子混合计数方式的吸气式感烟火灾探测器除脉冲计数外，还增加了脉冲宽度检测电路，当通过测量区的烟粒子数在5000个/s以下时，仍采用激光粒子计数方式进行检测，当通过测量区的烟粒子数超过5000个/s时，反映在计数脉冲上，将是若干个脉冲复合在一起，引起脉冲宽度和高度的增加。脉冲宽度检测电路检测到计数脉冲超过一定宽度后，计数器不再计算脉冲个数，而是检测其输出光电脉冲的直流电压，即转为测量粒子总量的浓度计数方法，从而避免了因空气中粒子浓度过高，而超过激光粒子计数探测器计数范围的缺点。相关的实际数据表明，在空气中粒子浓度在10000000个/cm^3以下时，该系统能有效工作，而且误报率更低，灵敏度更高，可靠性更高。

二、感温火灾探测器

在火灾初起阶段，使用热敏元件来探测火灾的发生是一种有效的手段，特别是那些经常存在大量粉尘、水蒸气的场所，一般无法使用普通感烟式火灾探测器，用感温式火灾探测器比较合适。感温火灾探测器是一种响应异常温度、温升速率的火灾探测器。又可分为定温火灾探测器——温度达到或超过预定值时响应的火灾探测器；差温火灾探测器——温升速率超过预定值时响应的火灾探测器；差定温火灾探测器——兼有差温、定温两种功能的火灾探测器。感温火灾探测器主要由温度传感器和电子线路构成，由于采用不同的敏感元件，如热敏电阻、热电偶、双金属片、易熔金属、膜盒和半导体等，因此派生出了各种名称的感温火灾探测器。

1. 定温火灾探测器

定温探测器有点型和线型两种结构形式。

(1) 点型定温探测器

阈值比较型点型定温探测器一般利用双金属片、易熔合金、热电偶、热敏电阻等元件为温度传感器。图5-18所示为双金属片定温探测器，其主体由外壳、双金属片、触头和电极组成。探测器的温度敏感元件是一只双金属片。当发生火灾的时候，探测器周围的环境温度升高，双金属片受热会变形而发生弯曲。当温度升高到某一特定数值时，双金属片向下弯曲推动触头，于是两个电极被接通，相关的电子线路送出火警信号。

(2) 缆式线型定温探测器

缆式线型定温火灾探测器由两根弹性钢丝分别包敷热敏绝缘材料，绞对成型，绕包带再加外护套而制成，如图 5-19 所示。在正常监视状态下，两根钢丝间阻值接近无穷大。由于有终端电阻的存在，电缆中通过细小的监视电流。当电缆周围温度上升到额定动作温度时，其钢丝间热敏绝缘材料性能被破坏，绝缘电阻发生跃变，接近短路，火灾报警控制器检测到这一变化后报出火灾信号。当线型定温火灾探测器发生断线时，监视电流变为零，控制器据此可发出故障报警信号。文物建筑灰尘较多时，可采用线型感温火灾探测器。

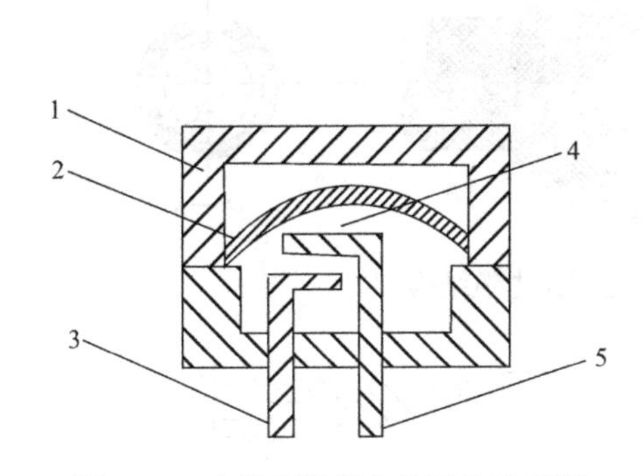

图 5-18　定温探测器主体结构示意图

1—外壳；2—双金属片；3—电极；4—触头；5—电极

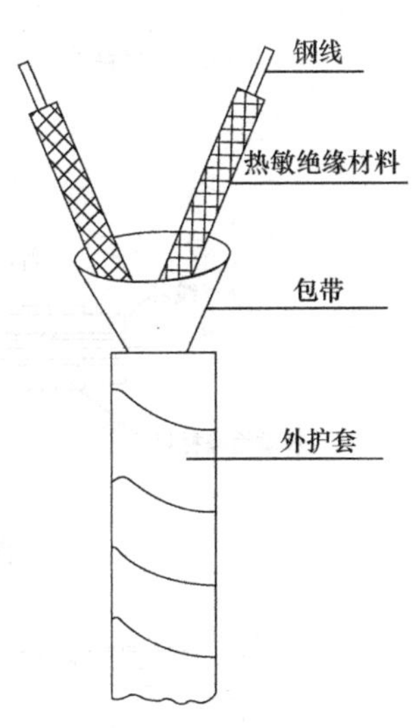

图 5-19　热敏电缆结构示意图

缆式线型定温探测器其优点是结构简单，并能方便地接入火灾报警控制器。但因它结构和工作原理的局限存在以下缺陷，致使其在实际应用中的可靠性和实用性受到影响。

1）破坏性报警。每个报警信号都是要在电缆发生物理性损坏的前提下形成的，意味着这种感温电缆在每次报警过后都要进行相应的修复，另外也不宜作为监测超温现象（非火灾情况）的手段。

2）报警温度固定。普通型感温电缆由于其设计原理的限制，只能在达到一个固定的温度时产生报警信号，因而不能满足某些因现场环境温度周期性变化而相应改变电缆报警值的要求，以及要求提供精确温度报警的应用场合。

3）故障信号不全。同样由于设计原理上的局限，这种感温电缆的报警信号与其短路信号无法区分。这个缺陷在实际应用中很容易因为意外的机械性损坏或其他原因所造成的短路故障而引发误报警信号。

智能型可恢复线型感温火灾探测器克服了缆式线型定温探测器的上述缺点，其感温电缆各线芯之间组成互相比较的监测回路，根据阻值变化响应现场设备或环境温度的变化，从而实现感温探测报警的目的。

可恢复线型感温火灾探测器根据线芯数主要有两芯、三芯和四芯，如图 5-20～图 5-23 所示。

感温电缆各线芯之间的绝缘层为一种特殊的负温度系数材料，线芯间的 NTC（Negative Temperature Coefficient，负温度系数）电阻呈现负温度特性，NTC 正常情况下电阻很大，当感温电缆周围温度上升，线芯之间的阻值大幅下降，在不同温度下其阻值变化不一，因此可以选择某一具体温度下进行预警或火警。

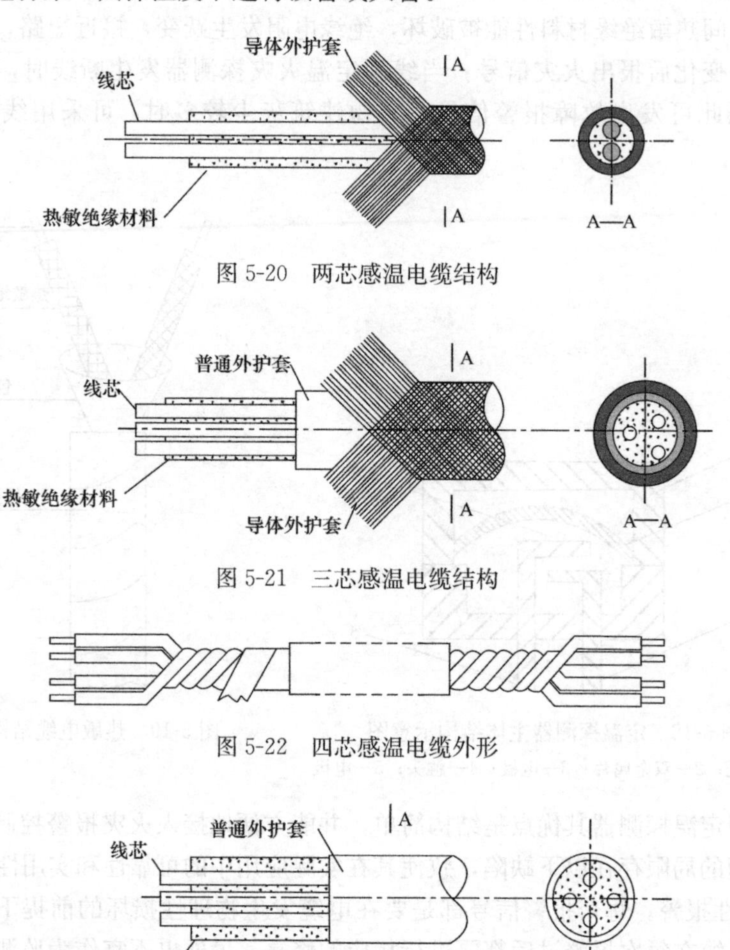

图 5-20　两芯感温电缆结构

图 5-21　三芯感温电缆结构

图 5-22　四芯感温电缆外形

图 5-23　四芯感温电缆的结构

在正常情况下，其阻值达千兆欧级，线芯中通过微弱电流，据此监视探测器的工作状态。当温度上升到 60～100℃左右（或 60～180℃左右），其阻值能明显下降至几百兆欧至几十兆欧，呈对数函数的比例关系，通过科学地配置信号解码器和终端处理器的各项参数，探测器能有效地把上述温度变化探测出来，通过 A/D 转换成数字量信号，经分析输出火灾预警或火警信号。

当探测器发生断线或开路时，线芯中电流为零。当探测器由于外界非预期因素，如挤压、鼠咬而短路，其电阻突然下降，变化趋势很快，根据以上两种情况可以判别短路故障。

2. 差温火灾探测器

差温探测器，通常可以分为点型和线型两种。膜盒式差温探测器是点型探测器中的一种，空气管式差温探测器是线型火灾探测器。

（1）膜盒式差温探测器

膜盒式差温探测器，其结构如图 5-24 所示。主要由感热室、波纹膜片、气塞螺钉及触点等构成。壳体、衬板、波纹膜片和气塞螺钉共同形成一个密闭的气室，该气室只有气塞螺钉的一个很小的泄气孔与外面的大气相通。在环境温度缓慢变化时，气室内外的空气由于有泄气孔的调节作用，因而气室内外的压力仍能保持平衡。但是，当发生火灾，环境温度迅速升高时，气室内的空气由于急剧受热膨胀而来不及从泄气孔外逸，致使气室内的压力增大将波纹膜片鼓起，而被鼓起的波纹膜片与触点碰接，从而接通了电触点，于是送出火警信号到报警控制器。

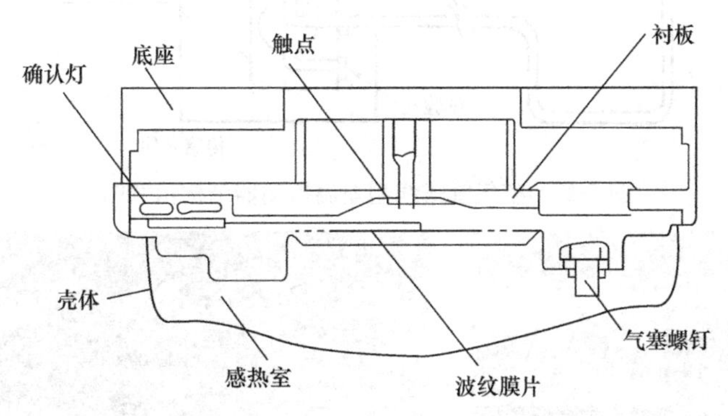

图 5-24　膜盒式差温探测器结构示意图

膜盒式差温探测器具有工作可靠、抗干扰能力强等特点。但是，由于它是靠膜盒内气体热胀冷缩而产生盒内外压力差工作的，因此其灵敏度受到环境气压的影响。在我国东部沿海标定适用的膜盒式差温探测器，拿到西部高原地区使用，其灵敏度有所降低。

（2）空气管式差温探测器

空气管线型差温火灾探测器是一种感受温升速率的探测器。它具有报警可靠，不怕环境恶劣等优点，在多粉尘、湿度大的场所也可使用。尤其适用于可能产生油类火灾且环境恶劣的场所。不易安装点型探测器的夹层、闷顶、库房、地道、古建筑等也可使用。由于敏感元件空气管本身不带电，亦可安装在防爆场所。但由于长期运行空气管线路泄漏，检查维修不方便等原因，相比其他类型的感温火灾探测器，使用的场所较少。但日本的古建筑大都采用空气管线型差温火灾探测器对火灾进行探测。

空气管式线型差温探测器其敏感元件空气管为 $\phi 3\times 0.5$ 的紫铜管，置于要保护的现场，传感元件膜盒和电路部分，可装在保护现场内或现场外，如图 5-25 所示。

当气温正常变化时，受热膨胀的气体能从传感元件泄气孔排出，因此不能推动膜片，动、静接点不会闭合。一旦警戒场所发生火灾，现场温度急剧上升，使空气管内的空气突然受热膨胀，泄气孔不能立即排出，膜盒内压力增加推动膜片，使之产生位移，动、静接点闭合，接通电路，输出火警信号。

日本高台寺大部分建筑内及建筑外围设置空气管式差温火灾探测器，在保护区的屋顶或墙上能看到铜管，如图 5-26、图 5-27 所示。该设置与我国有较大的差异，首先在设计理念上，国内文物建筑通常在建筑内部设置感烟火灾探测器，用于火灾的探测。但是在日本，普遍采用空气管式差温火灾探测器进行文物建筑火灾探测，在建筑外墙及建筑内屋顶设置空气管式差温火灾探测器。为了不影响文物建筑的风貌，空气管式差温火灾探测器在外观上大多经过处理，如将线缆、传感器漆成建筑颜色，游客肉眼很难看到。

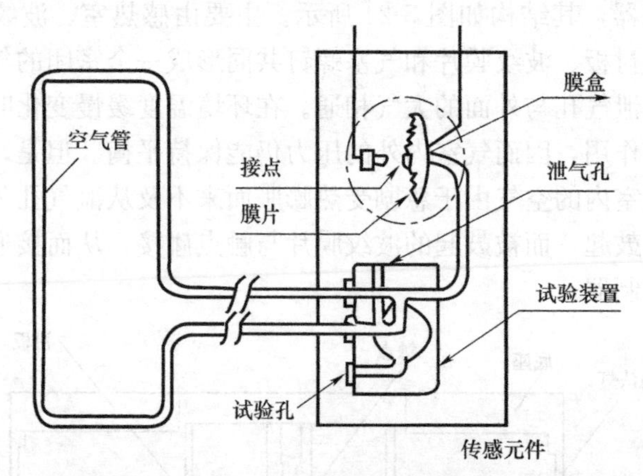

图 5-25　空气管式线型差温探测器结构示意图

图 5-26　高台寺建筑外围的空气管

图 5-27　高台寺建筑内的空气管

3. 差定温火灾探测器

不论是双金属片定温探测器，还是膜盒式差温探测器，它们都是开关量的探测器，很难做成模拟量探测器。通过采用一致性及线性度很好，精度很高的可作测温用的半导体热敏元件，可以用硬件电路实现定温及差温火灾探测器，也可以通过软件编程实现模拟量感温火灾探测器。

差定温探测器是兼有差温探测和定温探测复合功能的探测器。若其中的某一功能失效，另一功能仍起作用，因而大大地提高了工作的可靠性。电子差定温探测器其工作原理如图 5-28 所示。

电子差定温探测器一般采用两只同型号的热敏元件，其中一只热敏元件位于监测区域的空气环境中，使其能直接感受到周围环境气流的温度，另一只热敏元件密封在探测器内部，以防止与气流直接接触。当外界温度缓慢上升时，两只热敏元件均有响应，此时探测器表现为定温特性。当外界温度急剧上升时，位于监测区域的热敏元件阻值迅速下降，而

在探测器内部的热敏元件阻值变化缓慢，此时探测器表现为差温特性。

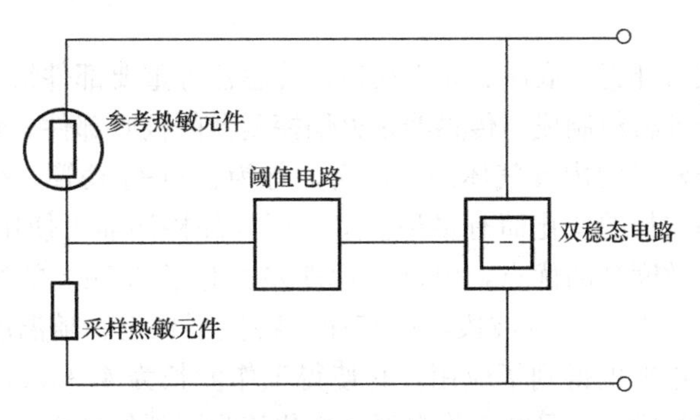

图 5-28　电子差定温探测器原理框图

由于电子感温火灾探测器的输出精度可以达到 1℃，因此也可以由软件编程实现定温和差温探测的任务，而且可以很容易实现模拟量报警的浮动阈值修正。

而实际使用的电子差定温探测器一般是单传感器电子差定温探测器，仅使用一支热敏元件，通过软件算法，获取温度上升速率。具有定温和差温特性，电路结构简单稳定。传感器一般采用抗潮湿性能较好的玻璃封装的感温电阻，其体积小热容低，响应速度快。与电阻分压后直接由单片机做 AD 获得温度值，定时做 AD 即可得到单位时间内温度的变化增量，在一规定时间段内增量的大小即反映了温度的上升速率，满足 R 型感温火灾探测器要求，当上升速率较低时，当前温度值满足 S 型感温火灾探测器要求。所谓 S 型探测器具有定温特性，即使对较高升温速率在达到最小动作温度前也不能发出火灾报警信号。所谓 R 型探测器具有差温特性，对于高升温速率，即使从低于典型应用温度以下开始升温也能满足响应时间要求。

三、火焰探测器

1. 火焰探测

在 20 世纪 60 年代研制出一种宽带红外火焰探测器，该种探测器对火焰的响应，仅通过分辨火焰的闪烁频率和一个规定的延迟时间确定。20 世纪 70 年代初期，紫外光敏管质量方面的改进和电子技术的进步，使得当时已广泛用于火工品监视的紫外火焰探测器能够安装于户外场所使用。

20 世纪 70 年代电子技术的巨大进步实际上对所有种类探测装置及其相联的控制设备产生了显著的影响。由于航空和航天及军事目的的需要，从而出现新一代红外火焰探测器。与此同时，在紫外传感器技术方面也取得进展，出现一些灵敏度有改进、选择性更适用的紫外火焰探测器。

各类火灾都有其自身的特征，物质燃烧时，在产生烟雾和放出热量的同时，也产生可见或不可见的光辐射。它们发射出的红外线、可见光和紫外线光谱，在特殊的波长会有明确的峰值；同时还会显示低频闪烁（low frequency flicker），一般是 1～10Hz。火焰探测器又称感光式火灾探测器，它是用于响应火焰的光特性，即使用紫外辐射传感器、红外辐射传感器或结合使用这两种传感器识别从火源燃烧区发出的电磁辐射光谱中的紫外和红外波段，从而达到探测火灾的目的。因为电磁辐射的传播速度极快，所以这种探测器对快速发生的火灾（尤其是可燃溶液和液体火灾）能够及时响应，是对这类火灾早期通报火警的理想的探测器。

火焰探测器一般由外壳、底座、光学窗口、传感器等重要部件组成。外壳材料通常采用工程塑料、铝合金等材料制成。传感器是火焰探测器的核心部件。紫外火焰探测器中最常用的传感器是一个密封的内置气体的光电管，称为盖革-弥勒管。红外火焰探测器所使用的传感器则随探测波长的变化而有多种。室内用红外探测器可使用工作波长为 1μm 的硅传感器，它具有灵敏度高的优点，但抗干扰性差。对于 2.7μm 的红外辐射，硫化铝较为常用。硒化铅已使用于 4.7μm 波段，但其探测特性不稳定，随温度而变化。基于钽酸锂的焦热电传感器近年来也得到了应用。它使得工作波长为 4.3μm 的红外火焰传感器具有高灵敏度、低噪声的优点，且能工作在温度变化较为剧烈的环境中。传感器一定要有一个合适的光学窗口加以保护，以避免潮湿和腐蚀性气体的侵害。这个窗口必须对探测波段是透明的，且最好对其他波长的辐射具有高吸收率。最普通的窗口材料是玻璃，它可用于 0.185～2.7μm 波段，但其透过率仅仅有 20%。对于波长在 2.7～4μm 的辐射，石英是较为理想的窗口材料，其透过率达到 50%。对于面积要求较小的窗口来说，蓝宝石较为理想，它很难被划伤，且在 0.2～6.5μm 波段有较高的透过率。

电磁辐射由于波长和频率的不同分为，伽马射线，X 射线，紫外，可见光，红外，微波和无线电波。而通常火灾发出的辐射绝大部分是由紫外射线，红外射线和可见光组成的。

火焰探测器大部分都是光学和电子感应器，通过对太阳光谱以外的红外辐射和紫外辐射产生反应从而探测到火灾，所以大部分火焰探测器有很多相似之处。火焰探测器是直接式的探测火灾，火焰探测器的电子感应器要进行调整，使其收到的电磁辐射的频率在一个比较小的范围内，以便能接收在这一范围内的火灾的辐射；电磁辐射的能量大小与火源的尺寸成正比，与距火源的距离的平方成反比。

不管是紫外线还是红外线光谱辐射探测器，在室内和室外都是一种有效的火灾探测方法，它响应速度快，能有效地覆盖大面积的区域，同时它还不容易受风、雨和阳光的影响。这类探测器有独立式的，也有组合式的，按其工作原理可以分为对火焰中波长较短的紫外光辐射敏感的点型紫外火焰探测器、对火焰中波长较长的红外光辐射敏感的点型红外火焰探测器、同时探测火焰中波长较短的紫外线和波长较长的红外线的紫外/红外复合探测器。

2. 红外火焰探测器

响应火焰产生的光辐射中波长大于 700nm 的红外辐射进行工作的探测器称为点型红外火焰探测器，红外火焰探测器一般采用阻挡层光电阻或光敏管原理工作的。红外火焰探测器基本上包括一个过滤装置和透镜系统，用来筛除不需要的波长，而将收进来的光能聚集在对红外光敏感的光电管或光敏电阻上。点型红外火焰探测器按照红外热释电传感器数量不同可以分为点型单波段红外火焰探测器、点型双波段红外火焰探测器和多波段红外火焰探测器。

常见的明火火焰辐射的红外光谱范围中，波长在 4.1～4.7μm 之间的辐射强度最大，这是因为烃类物质（天然气、酒精、汽油等）燃烧时产生大量受热的 CO_2 气体，受热的 CO_2 在位于 4.35μm 附近的红外辐射强度最大。而地表由于 CO_2 和水蒸气的吸收作用，太阳光辐射的光谱中位于 2.7μm 和 4.35μm 附近的红外光几乎完全不存在。所以红外火焰探

测器探测元件选取的探测波长可以选择在 2.7μm 和 4.35μm 附近，这样可以最大程度的接受火焰产生的红外辐射，提高探测效率，同时避免了阳光对探测器的影响。现在大多红外火焰探测器选取的响应波段在 4.35μm 附近的红外辐射。在红外热释电传感器内部加装一个窄带滤光片，使其只能通过 4.35μm 附近的红外辐射，太阳辐射则不能通过。一般选取的滤光片的透光范围可以在 4.3～4.5μm 之间。

图 5-29 为典型的红外火焰探测器原理图。首先红外滤光片滤光，排除非红外光线，由红外光敏管将接收的红外光转变为电信号，经放大器（1）放大和滤波器滤波（滤掉电源信号干扰），再经内放大器（2）、积分电路等触发开关电路，点亮发光二极管（LED）确认灯，发出报警信号。

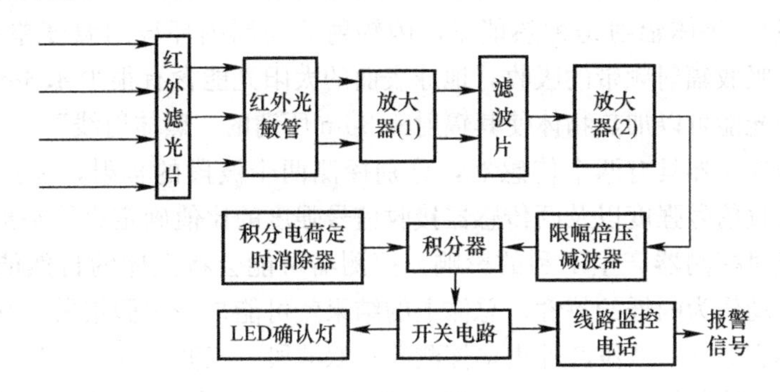

图 5-29　红外火焰探测器原理示意图

火焰的高温以及由火焰引起的大量的高温气体都能辐射出各种频带的红外线，但是能够辐射出红外线的不仅仅是火焰，一些高温物体的表面，如炉子、烘箱、卤素白炽灯、太阳等都能辐射出与“火焰”红外线频带相吻合的红外线。因而这些并非火焰的红外源就十分容易使红外火焰探测器产生误报警。

点型双波段红外火焰探测器有两个探测元件（红外热释电传感器），其中一个和单波段红外火焰探测器的一样，用于探测火焰中的红外辐射；另外一个以红外热释电传感器作为参比通道，选取不同透射谱带的滤光片，用于排除环境中来自其他红外辐射源的干扰。在双波段红外火焰探测器工作时，当存在明火时，用于火焰探测的红外热释电传感器输出的信号大于参比的红外热释电传感器输出的信号，这时探测器报警；当有黑体辐射等强干扰时，参比的红外热释电传感器输出的信号大于火焰探测的红外热释电传感器输出的信号，探测器不报警。这样，就有效地减小甚至避免了探测器误报。目前，国内很多企业生产的双波段红外火焰探测器都能够保证用于探测火焰的红外热释电传感器的透射谱带在 4.3～4.5μm 之间，进而达到“日盲”的要求。对于参比波长的选择，现在选择 5μm 以上波段的产品居多。点型双波段红外火焰探测器一般能够抗人工光源、阳光照射、黑体热源、人体辐射等，户内、户外均可使用，工作稳定可靠，适用于普遍场所，应用较为广泛。

此外，点型多波段红外火焰探测器是将 3 个不同波长的红外探测器复合在一起，其原理与双波段红外火焰探测器类似，增加的红外热释电传感器都是为了克服 4.3μm 附近的红外辐射之外的其他干扰。通过光谱分析能够对除火灾以外的连续的、调制的、脉冲的辐射源保证不产生误报（包含黑体和灰体辐射）。这种高灵敏的 IR3 技术以及其免于误报的特性使其具有更远的探测距离。

这种探测方法具有如下的特点：

（1）快速响应——响应时间小于5s；

（2）较远的探测距离——达到65m远；

（3）对小型火灾具有较高的灵敏度；

（4）误报率低。

单波段红外探测器对黑体辐射敏感，当探测器监控范围内进入黑体射线，这些装置的敏感度将会受到影响，可能产生假报警，原因可能来自能够产生足够热量的电力设备，在探测器监控范围内的人或其他运动也可能产生类似的情况（在接收波段范围内的黑体辐射都可能导致误报）。黑体辐射是种热能量，因辐射源与周围环境的温度差异而发射射线。由于大气对CO_2吸收辐射频带的吸收，地球表面的太阳光能含有很少4.3μm波段的IR射线。但是，太阳光能可以加热物体使其辐射4.3μm所谓的“黑体射线”。

双波段红外探测器具有两个传感器，分别探测两个波段的辐射，通过分析信号的闪烁、每一波段接收信号强度以及两传感器接收信号强度的比值确定火焰辐射源。距离探测器很近的人群能对探测器产生不利的影响，探测器可能会将人体的自然能量认为是红外源，将人群的运动作为闪烁的特性，总体上的结果就可能是一次假报警。接近探测器区域有人群活动时不宜选择双波段红外火焰探测器；双波段、三波段红外火焰探测器的工作原理都是对CO_2辐射峰值波段（4.3μm）进行响应，金属或无氧火焰燃烧产物中没有CO_2，无法探测到火焰目标。

近几年，出现了一种具有探测窗口自检功能的点型火焰探测器。窗口自检装置是在点型火焰探测器的基础上，在窗口边缘位置加装了一个反射镜，窗口内部有一个检测光线发射装置（LED光源）和接收装置（光电传感器），一般检测光采用可见光谱。发射装置每隔几分钟发射一次检测光线，每次持续数秒，发射出的检测光线透过窗口，通过反光镜反射后，再进入窗口内部，被接收装置捕捉。如果窗口洁净、无污染，传感器接收到检测光线的强度会在一定范围内，这时探测器正常工作；如果窗口被灰尘覆盖的程度使得传感器接收到检测光线的强度低于临界值，在连续几次的采集确认后，探测器会报出窗口检测故障，进而上传至控制室的火灾报警控制器。这样，采用窗口自检功能的点型火焰探测器有效地避免了因窗口污染而造成的灵敏度下降问题，在探测器发出窗口检测故障后，工作人员可以在第一时间对其进行清理和维护。

点型火焰探测器从问世以来，经过几十年的发展与技术突破，已经在明火探测上通过无数案例证明了自身存在的价值，对于文物建筑内的大空间场所、文物建筑群的室外场所来说，火焰探测器具有反应速度快、探测范围广等优势。但其也存在着一定的局限性，由于各种背景红紫外辐射的干扰，会使得探测器发生误报现象，因此，在使用点型火焰探测器时一定要根据应用环境的特点选择不同种类的探测器。

四、图像型火灾探测器

图像型火灾探测器是利用图像传感器的光电转换功能，将火灾光学图像转换为相应的电信号“图像”，把电信号“图像”传送到信息处理主机，信息处理主机再结合各种火灾判据对电信号“图像”进行图像处理，最后得出有无火灾的结果，若有火灾，发出火灾报警信号。

图像型火灾探测利用摄像机监测现场环境，并通过对所得数字图像的处理和分析实现对火灾的探测。利用此项技术不但能够实现火灾的早期探测，为火灾的扑救赢得宝贵时间，并且能够在工作过程中有效避免探测距离、环境干扰等因素的影响，具有可视化、无接触等优点。

1. 图像型火灾探测器原理

图像型火灾探测器采用传统 CCD 摄像机或红外摄像机获取被保护现场的视频图像，要求对被保护现场实现无盲区的覆盖，一般通过成对安装摄像机实现对盲区的补偿。摄像机输出的模拟视频信号通过图像采集卡实现视频图像的数字化，在系统主机内部利用智能复合识别算法对数字图像进行分析处理，从而实现对火灾的探测，当发现火灾后，系统采用图形界面和继电器或总线输出方式提供对外报警输出接口。图 5-30 为图像型火灾探测器系统工作原理示意图。

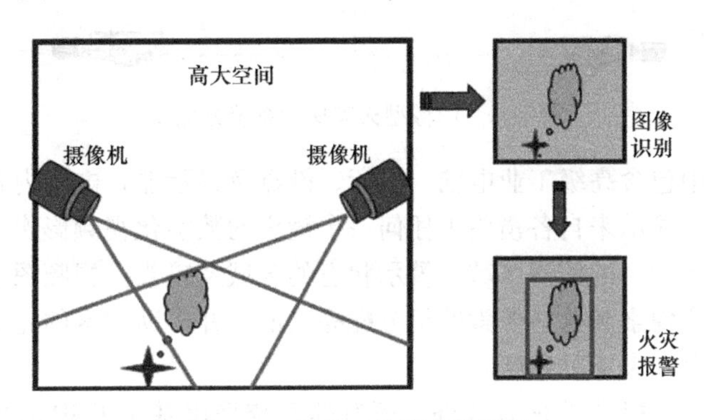

图 5-30　系统工作原理示意图

系统采用高性能主机对图像进行分析识别，内嵌的智能识别算法能够探测到场景中的微弱变化，并对这些微弱变化进行进一步处理，以提取其中能够与火灾（如灰度、颜色、边缘、运动模式等）相匹配的特征，并对这些特征间的相互关系进行深入分析，利用智能组合判据对特征信息进行筛选，从而保证能够迅速准确的探测到火灾。

其基本原理是：通过图像采集设备（一般由摄像机和图像采集卡构成）采集视频图像并输入到计算机中，对采集到的每一帧视频图像建立模型，利用该模型获得图像中的至少一个区域及其边界像素；对采集到的每一帧视频图像进行运动特性分析，获得图像中的运动前景像素；当所述区域的边界像素中包含的运动前景像素的个数达到一设定的阈值时，将所述区域标记为火灾疑似区域；对所述火灾疑似区域的闪烁特性进行评估，判断所述火灾疑似区域中是否存在火灾；当存在火灾时进行火灾报警，否则继续监测下一帧视频图像。

同时，为了使系统能够适应各种不同的工作场所，有的系统还提供了对场景进行分区、并对每一分区独立设置灵敏度的功能。可以将不同分区进行组合，并设置报警条件后映射到不同的继电器输出，使得系统设置能够更适合现场的工作环境。还有的系统则将视频录像功能内嵌于系统，支持对报警通道的录像检索查看功能，方便后续火灾事故的调查。

2. 图像型火灾探测器组成

图 5-31 为图像型火灾探测系统的方框图，视频火灾探测系统由多个视频摄像机和一个进行视频摄像机信号处理与分析的处理系统组成。视频摄像机可以是安装在建筑中用于日常安防监控的摄像机。只要它们可以连接到一个有人员职守的值班室，就可以通过一个共同的处理系统分别处理多个摄像机来实现对火灾的监控与报警。

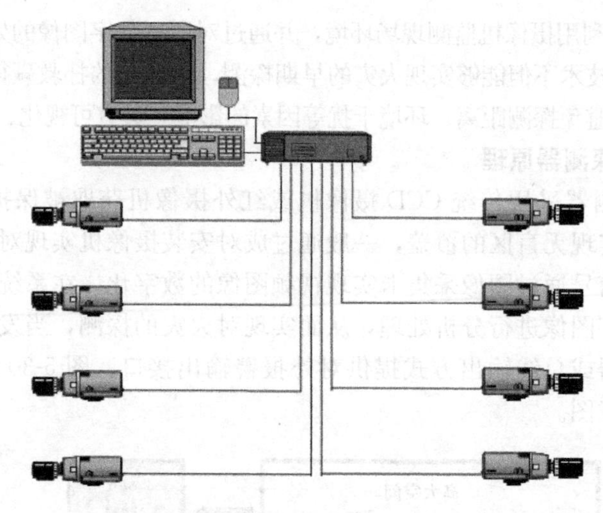

图 5-31　图像型火灾探测系统方框图

视频处理系统中包含高级工业电脑，鼠标、键盘及显示器，电脑内置高性能影像撷取卡等硬件，显示器会显示来自各镜头中任何一个镜头的数字化视频影像，也可显示所有控制与设定的画面、已设定的侦测区域、警示状态的区域及镜头。视频图像在处理系统中被分解为像素，给各个像素和这些像素的组分配亮度值，并借助像素的亮度值与一个参考值的比较来进行是否存在火灾的判断。

除了采用基于计算机的处理方式外，还有的系统采用基于 DSP 的处理方式，即将图像识别算法内嵌于 DSP 器，在摄像机端即完成火灾的识别。

3. 图像型火灾探测器的主要功能

图像型火灾探测器，已经开发出了许多实用的技术。以英国的 VSD 系统为例，此系统可以支持多个摄像机、可将多个系统连接，并使用一个显示屏幕。每个系统能够侦测到多个区域，包括室外临界区域。区域大小都可以调整，系统还可以自动顺序切换警示镜头，必要时可以全荧幕进行解析。当侦测区域的镜头由于某种原因发生震动时，系统可启动镜头震动补偿功能。为达到最大的敏感度，摄影机往往内置噪音补偿功能，系统可自动检查影响信号衰减、屏蔽、低亮度及低对比度、可设定敏感度及延迟时间。

图像烟雾探测系统可在火灾起始阶段进行早期预警烟雾侦测，提高防治措施的回应速度。因为摄像机无需接触到烟雾时就能发出警报，所以增加了紧急应变的反应时间。系统的监视屏幕能够观测出警示区域的即时影像资讯，以评估该采取何种动作，提供最佳的火警误报防制，同时也无需担心因气流将烟雾从探测器那里冲散，或过度稀释的问题。视频烟雾系统可以运用已有的监视系统的摄像头，增加既有的监视系统的附加功能。警示区域可以在监视荧幕上被明显的框选出来。在大空间内只有一组镜头的情况下，画面可分割成多个易于监视的小区域，以加速发生问题各区域的反应时间。每个侦测区域均可以个别加以设定，让该侦测画面的回应方式具有一致性。个别区域（在同一或不同镜头视野下所观测的同一区域）能够被设定成双重确认模式。当然图像型烟雾探测器尚需解决微弱照度下的烟雾图像摄取问题。

4. 图像火灾探测器主要特点

图像型火灾探测器已经达到了应用的水平，其核心技术在于计算机视觉和数字图像处

理算法，一个稳定可靠的算法是该探测技术成败的关键。该探测技术与传统探测技术相比，有着较大的优势，如它不受应用场所的限制，对高大空间、室外等场所尤其适用。对于文物建筑内的大空间场所、文物建筑群的室外场所来说，图像型火灾探测器具有早期反应、探测范围广、节省设备重复投资、限制条件少等优势。但其也存在着一定的局限性，如所处理的数据巨大，一帧视频图像所包含的信息是传统探测器无法比拟的；硬件的处理效率比其他火灾探测设备的要求要高，而且其本身具有难以判别嘈杂背景的缺陷，如其受光照影响较大，剧烈的光照变化可能会使火焰消失在图像中从而造成漏报甚至误报。在烟与噪声图像的特征变量、数学模型的完善方面还有待提高。但随着计算机技术的发展，在图像变换、图像消噪、图像分割、特征识别等环节上均出现了更有效的数学算法，新的稳定的计算机视觉和数字图像处理算法的引入和应用必然会使该探测技术发展更加迅速。

图像型火灾探测器是通过检测火灾在视频图像中的空间和时间特征进行监测的，具有如下主要特点：

（1）不受应用空间的限制，能够同时探测烟雾和火焰，只要是摄像机可以监测到的区域，都能够进行实时检测。

（2）提供现场视频即可，前端摄像机不必深入现场，故能够对危险场所、爆炸性场所、有毒场所进行探测。

（3）基于光电转换原理的视频探测方案，能够快速接收现场火灾信息，实现对火灾的早期探测，响应速度快；基于数字图像处理的算法，能够检测到场景中的微弱变化，具有更高的灵敏度。能够有效避免运动气流的影响，智能探测算法有效避免了环境光照变化和摄像机振动的影响，为存在运动气流场所（如户外）的火灾探测提供了可能。

（4）便于火灾的确认和存储，单台主机可以并行处理多台摄像机的视频信号，火灾探测系统可以与视频存储系统相连达到保存数据的目的；提供灵活的通信接口，方便与其他消防系统的集成。

（5）可以基于现有的监控系统中的普通监控摄像机，利用计算机视觉、图像处理和模式识别技术在视频图像中检测火灾，从而达到火灾探测报警的目的。

（6）利用较好的数学模型和算法，解决在低画质条件下进行火灾检测的目的，使系统可以适应大部分摄像头与现有的视频监控系统达到无缝连接的目的。

（7）随着技术的发展。还可以进一步降低系统检测的漏检率和误检率，增强系统的鲁棒性，提高系统的稳定性和安全性。

（8）灵活的分区和灵敏度设置功能使得系统可以适应不同的应用场所。

（9）与传统火灾探测器不同，其可以直接通过检测火灾在视觉上呈现的空间与时间特征达到火灾探测的目的，而不需要像传统火灾探测器那样检测由火灾造成的烟尘、热辐射等产物；其检测更加直观，并且值班人员可以迅速通过监视显示器确认火灾现场。

第三节　罗布林卡火灾自动报警系统设计

一、工程概况

罗布林卡位于拉萨市布达拉宫西南约 2km 的拉萨河畔。自 18 世纪 40 年代以来，历代达赖喇嘛均在此建有自己的宫殿，为消夏避暑及处理政事的场所，俗称夏宫。2002 年 11 月被联合国教科文组织批准为世界文化遗产。

罗布林卡是融藏汉建筑为一体，宫殿和园林建筑风格有机结合的大型建筑群，占地 360000m²，房屋 400 多间，为西藏地区最大的一处古建园林。单体建筑多是矩形或方形，大部分建筑为二层，少数三层，楼层高度约为 3m，平（坡）屋顶。结构形式为承重墙和木（梁、柱）构架共同承受荷载的混合结构。除了墙和屋顶用阿嘎土等不燃材料外，屋内的梁、柱、檩条均为可燃的木质材料。

图 5-32　罗布林卡全景图

罗布林卡内的建筑按自然区域可分为六个部分：以“祝寿殿”为主体的原嘎夏政府办公区为第一部分，以“格桑颇章”为主体的格桑颇章区为第二部分，以“湖心宫”为主体的湖心宫区为第三部分，以“达旦弥久颇章”为主体的新宫区为第四部分，以“金色颇章”为主体的金色颇章区为第五部分，其余文物点为第六部分，称为外围区。图 5-32 为罗布林卡全景图。

二、火灾危险性分析

为了对罗布林卡的情况有更为深入的了解，设计人员先后两次赴西藏，会同有关部门对罗布林卡需要火灾防范的部位和场所进行了全面、细致的勘察，主要勘察内容如下：

(1) 了解各个建筑物现有重要文化遗产元素，如壁画、油饰彩画、塑像、天花的材质和价值并标记位置和面积或体量；

(2) 了解各个宫殿、房间的使用功能，各个宫殿、房间的建筑高度、层数、层高、建筑面积或占地面积，殿堂内酥油灯、藏香的点放情况、建筑的墙、柱、梁、楼板等主要构件的材质；建筑内部可燃物（可燃家具、装饰、仓储物品等）；

(3) 了解各个建筑物的具体分布情况、单体建筑之间、院落之间、建筑群之间防火间距，建筑物内顶棚、梁和墙体的情况以及现有室内管线的情况；

(4) 了解各个建筑物周边的交通状况和内部消防通道状况，防火隔离带、防火墙等防火分隔情况，安全出口、疏散通道数量及宽度、最远疏散距离，安全指示标志等情况；

(5) 了解消防队装备完善情况、多长时间能到达火点出水、消防扑救面，消防扑救场地，消防救援设施到达条件、消防道路净尺寸、通行状况等情况；

(6) 了解消防给水系统消防水源，平时管网供水压力、流量、管道埋深等，管材，室内外消火栓数量、栓口压力、使用完好度、水带、水枪、轻便消防水龙等完整情况；

(7) 了解已有火灾自动报警系统的报警控制器、探测器、手动报警按钮、消防广播、声光报警器等设备选型及设置是否合理，自动报警系统能否可靠工作、消防控制室位置与面积；

(8) 了解配电系统、消防电源可靠性，备用电源设置、消防配电线路选型及敷设、消防设备的控制或保护电器等是否满足规范要求、消防联动控制的设置是否可靠、整体消防配电系统情况；

(9) 了解应急照明、备用照明、疏散照明、疏散指示灯具或标识的设置情况、应急照明灯具自带电源的完好情况；

（10）了解炊事明火、烟囱设置、可燃物堆放、燃气使用情况；

（11）了解电气火灾隐患、配电箱材质及安装方式、配电线缆的敷设、配电系统绝缘、配电保护措施，终端用电设备是否满足电气火灾防范要求；

（12）了解有无防直击雷保护装置、保护装置是否完整有效。

根据现场勘察情况以及询问工作人员和僧人，首先进行了罗布林卡火灾危险性分析，认为罗布林卡火灾危险性主要体现在以下几个方面：

1）罗布林卡的建筑物主要为土、石、木混合结构，耐火等级低；

2）罗布林卡内各建筑的木质梁、柱、椽、门、窗，室内外装饰布料以及朝佛者敬献的哈达均为可燃物；

3）罗布林卡主要宫殿内摆放有点燃的酥油灯及藏香且数量较多，火灾风险相当大；

4）罗布林卡各个单体建筑层与层之间的楼梯窄而且陡；非常不利于火灾时人员的疏散及灭火；

5）罗布林卡为旅游名胜，不仅有大量游客进入参观，而且有大量朝佛者，游人和朝佛者大量进入的同时带来了不确定的火灾隐患；

6）用电不慎引发火灾的可能性较大；

7）罗布林卡内每个区域都有自己的围墙，进入每个区域的大门宽度均不足 2.5m，火灾时消防车无法就近灭火，扑救困难。

三、消防对策

通过现场勘察和分析相关的古建筑火灾案例，由于罗布林卡建筑结构和建筑形式以及人文环境的现状，一旦失火，火势将有可能迅速蔓延，一旦火势发展到必须用水扑灭的阶段，后果将不堪设想，毕竟用水灭火会对土、木混合的建筑结构和文物造成不可挽回的破坏，这给火灾的控制带来了很大的难度。

罗布林卡内各个区域是独立的，均有独立围墙，而且大门宽度均不足 2.5m，火灾时消防车无法就近灭火，扑救难度大，且难以及时有效地利用外部扑救力量。罗布林卡内单体建筑层与层之间的楼梯窄而且陡，这对火灾时人员从一层到达另一层实施迅速灭火和保护文物非常不利。因此对火灾成因的控制和对火灾的早期探测从而进行早期补救就显得尤为重要。正是基于此种设计理念，我们对此次罗布林卡消防设计所确定的技术路线是“以防为主、防消结合”。

1. 以防为主。

“以防为主”是一个综合性的防火对策，是采用预防起火、早期发现、初期灭火等措施，尽可能做到不失火成灾。采用此种防火对策可以有效地降低火灾发生的概率，减少火灾发生的次数，并能在初期进行有效扑救。主要措施包括：

（1）火灾预防

由于古建筑文物价值高，且在构造上与现代建筑差异很大，因此从文物保护的角度出发，对古建筑的防火保护应在合理设置消防系统的同时，充分发挥现有人防措施的作用，遵循技防和人防并重的原则。古建筑的消防安全是一个综合性的范畴，科学的设置火灾探测和灭火系统是保证其消防安全的重要组成部分，同时还应针对火灾的成因对火源进行有效的管理，加强动火的日常管理和完善火源使用管理制度（如严格管理和监督酥油灯和藏香的燃放等）。

加强电气线路的更新改造，设置电气火灾监控系统，杜绝电气火灾隐患，合理设置防雷系统，避免因雷击引起的火灾隐患。雷击是引发火灾的重要原因之一，古建筑必须安装有效的防雷措施，并定期进行测试。建筑防雷要考虑防直击雷，雷电感应，以及雷电波侵入的措施。避雷针的接闪装置、引下线和接地装置，都要同建筑物的可燃构件保持足够的安全距离，以防止雷电时，避雷装置所产生的电弧引燃可燃构件。也就是说，“以防为主”的“防”是一个广义的概念，并非单指设置火灾探测报警系统，只有将各种可能导致火灾的潜在风险因素均加以消除或消减，才能真正从整体上提高古建筑的消防安全水平。罗布林卡公用设施改造设计已包含电力、防雷专项设计，设计中已充分考虑了对电气火灾，雷击起火的预防，并采取了必要的技术措施。这些技术措施的落实是罗布林卡消防系统设计的重要组成部分，体现了整个设计对“以防为主、防消结合”技术路线的全面理解和贯彻。

（2）火灾探测报警

火灾探测报警系统的设置要结合建筑物的特点合理选择探测器类型。目前，火灾探测方式一般可分为感烟方式、感温方式和感火焰方式。对于罗布林卡，通过可燃物分析及物质燃烧的发展规律，我们认为，一旦发生火灾，燃烧初期在氧化裂解反应的作用下，大部分场所的燃烧物处在阴燃阶段，此阶段的燃烧并没有产生火焰，只是产生烟雾粒子，随着烟雾粒子的增加会形成可见烟，在燃烧反应的持续作用下产生大量的热能进一步加速燃烧反应的速度，最终产生火焰达到充分燃烧阶段。显然，对于罗布林卡的大部分场所应采用感烟探测方式对火灾进行探测。

另外，罗布林卡为园林式建筑，园内除了宫殿建筑之外，尚有大量古树，这些古树或紧挨建筑，或环绕建筑，冬季的西藏气候干燥，这些干枯的树枝就会成为不可忽视的火灾隐患，因此对于罗布林卡的消防设计来说，除了做好室内的火灾早期探测外，室外的防火措施同样必不可少。

2. 防消结合

古建筑的价值就在于建筑本体的文物性，是不可复制的。古建筑的防火保护是古建筑作为文化载体进行保护的有机组成部分，最终目的在于其文化价值的传承，如果是因为设置消防设施而破坏了文物价值，自然也就背离了对其进行保护的初衷。因此古建筑消防系统的设置一定要因地制宜，充分结合古建筑的实际情况，不要一味地求全、求新。以下重点就主要型式的灭火系统对罗布林卡适用性的影响因素进行分析。

当前的灭火系统主要分为水系灭火系统和气体灭火系统。由于气体灭火系统中使用的灭火剂须达到必要的灭火浓度才能发挥正常的灭火效力，如采用气体灭火系统，为了使其灭火效力达到设计预期，对保护区域密封性的要求是较高的。但对于罗布林卡而言，由于年久失修且限于当时的建造工艺，其建筑的密封性难以达到气体灭火系统的使用要求（保护区域内的开口面积不宜大于其总内表面积的3%）。此外，如设置气体灭火系统必须采用管网灭火系统，该系统主要由储存容器、管网、喷嘴、驱动装置、控制装置等几部分组成。不同于现代建筑，罗布林卡在建造之时根本没有考虑到为各类设备的设置提供必要的条件，加之罗布林卡的室内四周墙壁绘有大量珍贵壁画，这些不利因素对储存容器的安放带来了极大困难，如果强行分割出气体灭火系统的储瓶间或储瓶区域，将对文物本体风貌造成极大破坏。由于气体灭火系统的喷放压力很高（一般在 0.7～2.5MPa 间，有些系统型式的喷放压力可达 5MPa 以上），如此高的压力以及高压稳相流体流动所引起的管道受力和管道震动，在传导和谐振的作用下，会对固定这些管道的梁、顶、墙的结构强度产生破坏作用，对罗布林卡的整体结构强度也将产生负面影响。

水作为高效廉价的灭火剂，适用于扑救 A 类火灾。但考虑水渍对建筑本体的破坏作用，在采用水系灭火系统时，应先分析各类系统型式的适用性。自动喷水灭火系统主要是作用于室内扑救初期火灾的灭火设施，该系统的灭火效率和自动化程度较高，现已广泛应用于各类现代建筑中，但针对罗布林卡而言，如采用自动喷水灭火系统会产生诸多不利影响，主要表现在以下几个方面：（1）消防灭火后产生大量水渍，对文物本体破坏严重；（2）灭火过程中由于大量水的浸润，会对以土石结构为主的墙体产生严重影响；（3）系统一旦发生误喷，将产生不可逆的破坏作用；（4）系统安装不易隐藏，破坏建筑的原有风貌。

细水雾灭火系统主要分为泵组式和容器式两种系统型式。泵组式灭火系统的组成与自动喷水灭火系统类似，容器式灭火系统的组成与气体灭火系统类似。细水雾灭火系统的用水量一般为自动喷水灭火系统的10%左右，系统喷放时，水呈雾化状喷出，出水迅速被气化。与自动喷水灭火系统比较，该系统可有效降低水渍对文物本体的破坏作用。由于该系统与自动喷水和气体灭火系统的系统型式类似，因此该系统在设置上同样具有自动喷水和气体灭火系统设置上的不利因素，主要体现在以下几个方面：（1）细水雾脱离喷头后冲量极小，一般情况下喷头安装高度不超过 4m；（2）系统的喷放压力高，导致管道受力和震动，对固定这些管道的梁、顶、墙的结构强度产生破坏作用；（3）房屋密封性差，如采用全淹没系统，难以达到灭火所需的基本技术指标；（4）如采用局部应用系统保护特定区域（如佛龛等），水雾喷头须布置在佛龛周围，对文物风貌造成破坏；（5）强行分割出系统储瓶间或储瓶区域，将对文物本体风貌造成极大破坏。

通过对上述几种系统型式适用性的分析可知，在罗布林卡室内设置固定式的灭火系统存在诸多困难和不利因素。但对于罗布林卡而言，耐火等级低，且火灾荷载远高于常规民用建筑，一旦失火，如果不设置灭火系统作为实施灭火的技术手段，显然是不妥的。从适用性的角度出发，室外设置消火栓系统结合室内配置移动式或便携式灭火设备是较为理想的选择。选择室外消火栓系统的原因主要从以下几个方面考虑：（1）管路敷设在室外，可以最大限度地减小因管道破裂或渗漏造成的水渍对文物本体的破坏作用；（2）管路不进入室内，避免因管路敷设、受力、震动对室内建筑结构和文物的不利影响，可保持室内文物的原有风貌；（3）消火栓系统灭火主要是以人工操作为主，误动作的可能性很小，受控性高；（4）消火栓系统构成相对简单，施工和后期维护方便，从西藏地区目前情况看，消火栓系统在文物建筑中使用的可靠性较其他灭火系统要高。从灭火效能的角度考虑，消火栓系统通过合理布置消火栓的位置，其各个消火栓的保护半径所组织起的作用面积基本可以覆盖罗布林卡每个建筑。消火栓系统作为灭火的技术手段，主要起到隔火和灭火两个作用，对于扑灭 A 类火灾，消火栓系统是适用的，可有效控制火情和实施灭火。

此外应加强移动式灭火设备的配置。对于罗布林卡而言，移动式灭火设备的配置是不可忽视的，它与消火栓系统共同组成了消防灭火的保障手段。对火灾进行早期探测的目的是对其进行早期控制和扑救，将火灾损失控制在最小范围内。采用移动式灭火设备对罗布林卡进行火灾的早期补救是十分适合的，由于其移动灵活，易于靠近火源点，具有更高的灭火效率，可将其对文物本体的破坏作用控制在很小的范围内，同时其对文物风貌的影响也是最小的。移动式灭火设备与消火栓系统的结合，为不同燃烧阶段的火灾扑救和控制提供了必要的技术手段。罗布林卡移动式灭火设备的设置由两部分组成：其一是设置在主要殿堂处的便携式灭火设备（推车式和手提式灭火器），可用于普通人员和消防联防队员就近对初期火灾的扑救和控制；其二是专供消防联防队员配备使用的背负式灭火设备，用于对初期火灾的扑救和控制。

采用室外设置消火栓系统结合移动式灭火设备配置的灭火技术手段，另一个重要因素在于罗布林卡组织有消防联防队。联防队员对罗布林卡环境非常熟悉，日常进行消防安全巡查，排除明火隐患。除了配备一定数量的灭火器外，还需要扑救人员第一时间到达现场，因此，对罗布林卡的消防安全来说，除了技防外，还需要一支训练有素的消防队伍。

罗布林卡的宗教特点决定了其殿堂内部必须有点燃的酥油灯和藏香，这对防止火灾发生非常不利。对明火的控制，除了依靠火灾自动报警系统自身的性能外，对酥油灯和藏香点放的严格管理以及人为实施火灾防范也非常重要。

四、罗布林卡火灾自动报警系统设计

罗布林卡火灾自动报警系统采用控制中心报警系统形式，控制中心设在其南侧新建建筑内。火灾自动报警系统选用两总线制火灾自动报警系统，并根据建筑平面布局划分总线回路。火灾应急广播系统选用总线制火灾应急广播系统，消防通信系统选用总线制消防通信系统。

根据罗布林卡建筑平面布局，考虑到系统的扩充和维护，同时为了提高系统的可靠性，设计中将火灾自动报警系统共划分 6 个回路，每个回路地址编码数不超过 100 个。

对于二总线制火灾自动报警系统，由于总线部分只有两根线，一旦总线或设备发生短路故障，则会影响到其他正常设备的工作，所以在总线上应设置总线隔离器。但在实际工作中，这往往是设计人员常常忽视的问题。

总线隔离器的作用是：当一定范围内的总线或设备由于某种原因，产生了短路故障，能将短路部分总线及设备从系统中隔离出来，而不影响其他正常设备的工作。

对于总线隔离器设置数量，《火灾自动报警系统设计规范》GB 50116—2013 第 3.1.6 条规定：系统总线上应设置总线短路隔离器，每只总线短路隔离器保护的火灾探测器、手动火灾报警按钮和模块等消防设备的总数不应超过 32。

1. 火灾探测器的选择与设置

为了及时、有效地探测火灾，火灾探测器必须恰当地进行选择与设置。在设置火灾探测器时主要考虑两方面的问题，即确定火灾探测器的设置数量和布局。

对火灾探测器，要根据其性能、安装高度、与安装高度相适应的探测面积及安装间距来设置，既要符合《火灾自动报警系统设计规范》，又要安装适当，以便充分发挥其功能。

顶棚的结构对火灾探测器的设置有着重要影响，如果顶棚是倾斜的或者有梁存在，那么在设置探测器时，就要考虑顶棚和梁对烟雾及热气流流动的影响，不然就不能有效地探测火灾。

罗布林卡内既有空间较大、层高较高的殿堂，又有空间较小、层高较低的普通房间，而且藏式平顶建筑的屋顶通常又有天窗，因此火灾探测器的选择必须因地制宜，针对不同场所选用不同类型的火灾探测器。

（1）较大的空间

对于格桑颇章区的“格桑颇章”一层大殿、湖心宫区的“持舟殿”一层大殿、原嘎夏办公区的“祝寿殿”一层大殿、新宫区“达旦弥久”颇章二层的“大经堂”、金色颇章区的“金色颇章”一层大殿，由于其内部空间较大，中间区域均有天窗，因此设置吸气式感烟探测器。

吸气式感烟火灾探测器的系统响应时间由样本采集时间和样本传输时间两部分组成。样本采集时间即烟雾粒子由火源点产生直至被吸入采样孔的时间；样本传输时间即采样管网中距主机最远处的采样孔通过管网将含烟雾粒子的空气样本输送至主机并产生响应所需的时间。采样网络的设计原则就是尽可能地缩短系统响应时间。

从应用情况看，在一般民用建筑的采样网络设计中，标准采样方式是建筑中最常见也是最有效的采样网络设计方法（参见图 5-33）。此种采样方式可将各采样孔近似看作为点型感烟火灾探测器，采样孔的布置形式可借鉴感烟火灾探测器的一些做法。

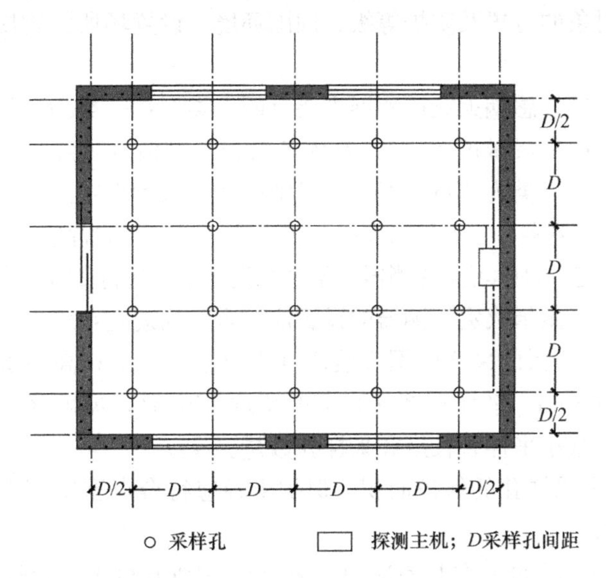

图 5-33　标准采样网络布置示意图

为了能更好地发挥吸气式感烟火灾探测器的作用，设置时应注意以下问题：

1）同一台主机连接的采样管路所监测的区域应为同类型环境，否则会由于空气清洁程度、气压等环境因素的不同导致报警响应阈值的不稳定，从而增大误报和漏报的可能性。

2）对于采样网络的设计，在条件允许的情况下，应采用多管路布置方式，因其可显著缩短样本传输时间。需要注意的是，采用多管路布置时，各支路管线的长度应尽可能相等，从而忽略因不等长产生的气压不平衡，免去气压校核的过程，简化设计。

3）在文物建筑中，最好一套主机保护一个大殿。大殿里的小房间最好单独设置探测器。

4）选用的吸气式感烟火灾探测器最好具有多级烟雾和多级气流报警输出功能。其工作状态应在消防控制室显示。

吸气式感烟火灾探测器通过吸气泵实时将被保护区域的空气样本采集进来进行分析，一旦烟雾浓度超过报警阈值，探测器即向控制中心报警，同时将火灾情况和火灾部位信息传送至控制中心。吸气式感烟探测报警系统由于采用管网采样探测方式，使该系统具备安装方式灵活的特点，可以在不破坏建筑物原有风貌的前提下，对建筑物进行火情探测。

探测器按其所支持的采样孔灵敏度分为高灵敏型、灵敏型及普通型三类，见表 5-1。采样孔灵敏度＝探测器灵敏度×采样孔数量。

探测器类型划分 **表 5-1**

探测器类型	采样孔灵敏度 m（用遮光率表示）
高灵敏型	$m \leqslant 0.8\%$obs/m
灵敏型	0.8%obs/m$<m\leqslant 2\%$obs/m
普通型	$m>2\%$obs/m

吸气式感烟火灾探测器设计时，应根据被保护区域的大小、用途、环境状况、经营的业务种类、被保护对象的位置及防护等级、周围环境及设置场所的物质情况等，选择适合的探测器类型。

目前市场上的吸气式感烟火灾探测器主要有两大类型：一类为自学习型，即人工只可干预设定报警因子（影响灵敏度范围），具体各级报警阈值（一般除火警 2 外）由探测器智能技术自动得到；另一类为非自学习型，灵敏度通过人为设定。

对于非自学习型探测器，应通过对保护区域进行一定时间的背景浓度监测后根据实际应用场所的环境情况确定。自学习型探测器应至少在设置场所运行 24h 后方可投入正常使用。

管路采样式吸气式感烟火灾探测器的设置应符合下列规定：

1）非高灵敏型探测器的采样管网安装高度不应超过 16m；高灵敏型探测器的采样管网安装高度可以超过 16m；采样管网安装高度超过 16m 时，灵敏度可调的探测器必须设置为高灵敏度，且应减小采样管长度和采样孔数量。

2）探测器的每个采样孔的保护面积、保护半径应符合点型感烟火灾探测器的保护面积、保护半径的要求。

3）一个探测单元的采样管总长不应超过 200m，单管长度不应超过 100m，同一根采样管不应穿越防火分区；采样孔总数不应超过 40 个，单管上的采样孔数量不应超过 10 个。

4）当采样管道采用毛细管布置方式时，毛细管长度不应超过 4m。

5）吸气管路和采样孔应有明显的火灾探测器标识。

6）有过梁、空间支架的建筑中，采样管路应固定在过梁、空间支架上。

7）当采样管道布置形式为垂直采样时，每 2℃温差间隔或 3m 间隔（取最小者）应设置一个采样孔，采样孔不应背对气流方向。

8）采样管网应按经过确认的设计软件或方法进行设计。

9）在高度大于 12m 的空间场所，探测器的采样管宜采用水平和垂直结合的布管方式，保证至少有两个采样孔在 16m 以下，并宜有 2 个采样孔设置在开窗或通风空调对流层下面 1m 处。

图 5-34 为罗布林卡“格桑颇章”一层大殿的吸气式感烟探测报警系统采样管布置示意图，该殿堂东西长约 16.33m，南北宽约 12.29m。中间区域高两层，最高约 7.0m。为了更好地保护文物原貌，系统采用毛细采样的方式，主干采样管沿顶棚梁上隐蔽的一侧敷设，通过管径更细的毛细采样管将采样孔延伸至顶棚的各个区域。

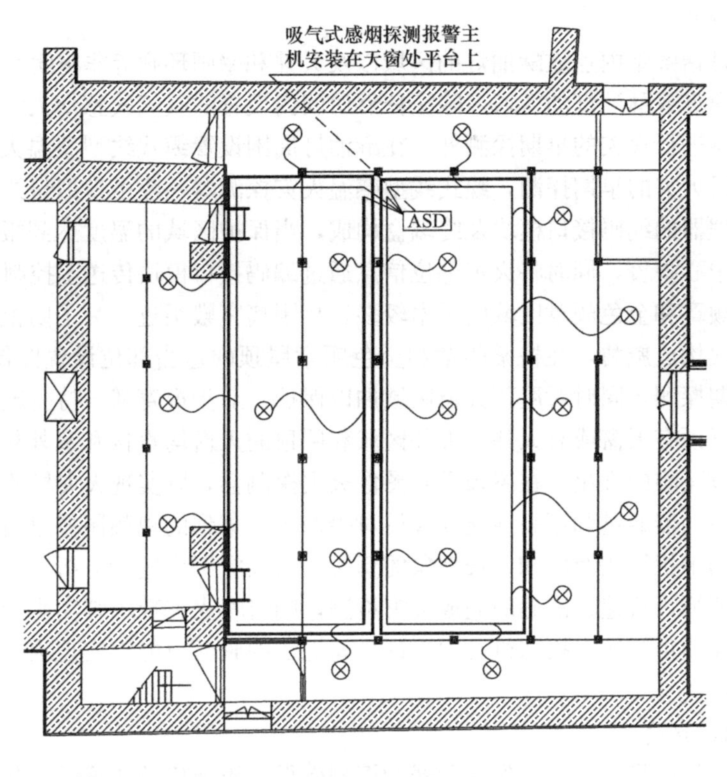

图 5-34　吸气式感烟火灾探测器采样管布置示意图

（2）普通场所

普通场所是指除了前面提到的较大的空间之外的其他房间，这些房间层高大多在 3m 左右，而且内部空间较小，基于经济、合理的原则，主要采用点型探测器。其中僧人居住房间采用点型烟温复合探测器，其余房间采用点型感烟火灾探测器。点型烟温复合探测器为感烟、感温复合探测器，内置微处理器，可对烟、温的发展趋势进行分析比较，保护区域内的烟雾浓度及温度变化情况达到报警条件时，探测器即向控制中心报警。在僧人居住房间采用烟温复合探测器主要考虑到僧人可能在房间内做饭，可能出现明火，此时温度变化是探测的主要对象。

文物建筑中最好选用灵敏度可调（更快报警）、能自身识别烟雾特性（防误报）、能主动报告自身污染程度的感烟火灾探测器（可及时清洗、便于维护）。

净高大于0.8m且有可燃物的闷顶或吊顶内宜设置点型感烟火灾探测器，灰尘较多时可采用线型感温火灾探测器。

（3）特殊场所

特殊场所是指殿堂内点放酥油灯的区域以及天井和壁画环廊等非封闭区域。

对于殿堂内点放酥油灯的区域，除了依靠房间内设置的吸气式感烟火灾探测器或点型感烟火灾探测器进行火灾的早期探测外，在酥油灯周围设置缆式线型感温火灾探测器，对酥油灯周围进行火灾的早期探测，缆式线型感温火灾探测器一般由模拟量缆式线型感温电缆、内置微处理器的编码接口模块及终端盒构成，当保护区域的温度达到报警阈值时，探测器即向控制中心报警，同时将火灾部位信息通过编码接口模块传送至控制中心。

由于格桑颇章和金色颇章区域内树木较多，且距离宫殿很近，为了防范树枝、树叶的火灾危险对宫殿构成威胁，在格桑颇章和金色颇章屋顶的适当部位设置图像火焰探测器，以实现火灾早期探测，同时对屋顶天窗区域加以保护。对于祝寿殿、持舟殿和达旦弥久颇章，考虑到其屋顶有天窗或有天井，天井区域和屋顶的天窗均直接和室外相通，为非封闭的空间，为防范飞溅的火星，在屋顶设置图像火灾探测器，以实现火灾早期探测。

图像火灾探测器通过利用高性能计算机对摄像机采集到的视频图像进行分析，采用图像处理、特殊的干扰算法及已知误报现象的算法，对火灾影像进行分析，自动辨别多种火灾模式的不同特征，快速、准确的完成火灾检测，同时将火灾现场真实影像传送至控制中心。图像火灾探测系统所选摄像机必须保证夜间提供的画面也能够实现火灾探测，同时不影响探测可靠性。

1）摄像机的选择

摄像机的成像质量决定了图像探测器的探测效果，摄像机的成像质量越高，探测效果也相对较好，但随之成本也会增加，并且如果成像质量过高，图像探测系统的检测速度也会下降，因此需选择与图像探测系统相适应的摄像机，以达到较好的探测效果。

2）镜头的选择

随着镜头焦距的增大，摄像机的可视范围逐渐缩小，但探测距离逐渐增大；镜头焦距越小，摄像机的可视范围越大，但图像边缘的畸变也越明显，并且由于物体在图像中的成像面积随之减小，探测距离也会逐渐减小。

3）灵敏度设置

灵敏度过高会带来较多的虚警，因此需要根据不同的应用场合确定相适应的灵敏度。在灯光变化剧烈且人员较复杂的情况，应将探测器的灵敏度相对降低，以避免频繁地发生误报。

4）设置要求

① 探测器的安装高度应与探测器的灵敏度等级相适应。

② 探测器对保护对象进行空间保护时，应考虑探测器的探测视角及最大探测距离，避免出现探测死角。

③ 应注意避免保护区域内遮挡物对探测器的探测视角造成遮挡。

④ 应避免将摄像机正对光源安装。

⑤ 摄像机的安装高度应与镜头焦距相配合，当安装高度较高时，适宜选择焦距较长的镜头。

⑥ 摄像机应适当远离大型机器设备。

⑦ 摄像机应固定稳固，避免震动对探测效果造成影响，并且不应经常快速移动摄像机的方向，以免对探测系统造成影响。

⑧ 摄像机应该通过标准同轴电缆终端（BNC Terminator）接到主机后部，采用常规方法接线。如果可能，最好将视频信号首先提供给视频探测系统，再提供给其他设备，但需要时，视频采集卡上的开关能够中止信号。由于探测系统中视频采集卡的输入线路数通常是规定好的，因此接入的摄像机数量应与之相匹配，避免浪费。接入视频火焰探测系统时可采用标准同轴电缆接插件（BNC）。还可用视频分配器将视频信号按要求转接到监视器，转换开关和多路转换器等装置上。

2. 火灾应急广播系统和消防通信系统

火灾应急广播系统由火灾应急广播主机和扬声器组成，火灾应急广播主机设置在控制中心，扬声器设置在公共活动场所。罗布林卡虽然划分有 6 个区域，但是各个区域的建筑仍然相当分散，因此以各个区内的单体建筑为单位进行广播分区划分。

消防通信系统由消防电话总机、电话插孔及电话分机组成，消防电话总机设置在控制中心，消防电话插孔设置在附近没有电话分机的手动报警按钮旁，电话分机设置在消防水泵房、变配电室以及有人值班的殿堂或有人日常居住的房间等处。消防控制中心设置 119 专用报警电话。

对于日常没有人员活动的场所，扬声器和手报的设置应适当减少，以最大限度地保护文物古迹。

第六章　文物建筑灭火设施

灭火设施是建筑消防安全系统的重要组成部分，可以在火灾初期及时、有效地实施扑救，防止火灾蔓延，降低火灾损失。《文物建筑消防安全管理》GA/T 1463—2018 指出，针对文物建筑消防设施器材的设置应以最小干预为原则，根据文物建筑的环境特点、火灾危险性和建筑特性等因素综合考虑，避免对文物本体及其环境风貌造成破坏或影响。应充分考虑文物建筑的构件材料及其内部物品的文物价值、材质等特殊性，具体问题具体分析，合理选择灭火设施。国家文物局组织编制的《文物建筑防火设计导则（试行）》指出，针对不同文物建筑可以选择灭火器、消火栓系统、自动喷水灭火系统、细水雾灭火系统、气体灭火系统、消防炮灭火系统以及压缩空气泡沫灭火系统等灭火设施。本章首先对以上灭火设施分别进行介绍，并对移动式细水雾灭火装置、细水雾防火分隔系统这两种具有较好应用前景的灭火设施开展深入分析，最终形成科学有效的文物建筑灭火设施应用方案和灭火扑救操作流程。

第一节　常用灭火设施在文物建筑中的适用性分析

一、灭火器

1. 灭火器作用及分类

灭火器是由人操作的、能在其自身内部压力作用下，将所充装的灭火剂喷出实施灭火的器具。在火灾的初起阶段至消防队到达之前，且固定灭火系统尚未启动之际，现场人员可使用灭火器及时有效地扑灭初起火灾，防止火势蔓延，降低火灾损失，同时还可节省灭火系统启动的耗费。灭火器具有结构简单、操作方便、使用面广、经济性强、对扑灭初起火灾效果明显等优点。因此，灭火器是各类建筑场所配置的最常见的消防器具。

灭火器的种类很多，按其移动方式可分为手提式和推车式，如图 6-1、图 6-2 所示；按驱动灭火剂的动力源可分为：储气瓶式、储压式；按所充装的灭火剂类型可分为：水基型灭火器、干粉灭火器、二氧化碳灭火器、洁净气体灭火器等。

（1）水基型灭火器。主要充装水作为灭火剂，另加少量添加剂，如湿润剂、增稠剂、阻燃剂或发泡剂等。其又可分为水型灭火器和泡沫型灭火器。

（2）干粉灭火器。充装干粉作为灭火剂，利用二氧化碳或氮气携带干粉喷出实施灭火，是目前使用最为广泛的灭火器类型。其又分为碳酸氢钠（BC 类）干粉灭火器、钾盐干粉灭火器、氨基干粉灭火器和磷酸铵盐（ABC 类）干粉灭火器、D 类火专用干粉灭火器等。

（3）二氧化碳灭火器。充装加压液化的二氧化碳作为灭火剂。具有对保护对象无污损的特点，但灭火能力较差，使用时要注意避免对操作者的冻伤危害。

（4）洁净气体灭火器。目前洁净气体灭火器以充装氢氟烃类灭火剂或新型惰性气体灭火剂为主，可用于扑救可燃固体的表面火灾、可熔固体火灾、可燃液体及灭火前能切断气源的可燃气体火灾，还可扑救带电设备火灾。

图 6-1　手提式灭火器

图 6-2　推车式灭火器

2. 灭火器的应用范围

灭火器的正确选型是建筑灭火器配置设计的关键技术之一。不同种类的灭火器适用于不同物质的火灾，其设置场所和使用方法也各不相同。表 6-1 对各类灭火器的适用性进行了分析。

各类灭火器的适用性分析　　**表 6-1**

灭火器类型 / 火灾类型	水基型灭火器				干粉灭火器		二氧化碳灭火器	洁净气体灭火器
	水型灭火器		泡沫灭火器					
	清水	含灭 B 类火添加剂	机械泡沫	抗溶泡沫	ABC 干粉	BC 干粉		
A	适用		适用		适用	不适用	不适用	适用
B	不适用	适用	适用		适用		适用	
C	不适用		不适用		适用		适用	
D	除 D 类火专用干粉灭火器外，均不适用							
E	不适用	适用	适用		适用		适用	
F	不适用	适用	适用		适用		适用	

3. 灭火器在文物建筑内的应用分析

由于我国文物建筑多为砖木或木结构，根据《建筑灭火器配置设计规范》GB 50140—2005 中民用建筑灭火器配置场所的危险等级分类原则，文物建筑一般归为严重危险等级场所，灭火器设置种类和数量需满足该类场所灭火器需配要求进行配置，并留有备用量。文物建筑每层配置的灭火器不应少于 2 具，每个设置点的灭火器数量不宜多于 5 具。在确保不影响文物建筑风貌的前提下，注意灭火器间距合理，位置明显，便于取用，不影响安全疏散。

在文物建筑中配置灭火器时，不仅要考虑建筑保护面积内所配灭火器灭火等级、火灾类型、配套消防系统（如自动灭火、消火栓等），还需慎重考虑所保护建筑对灭火器介质是否敏感。尤其是文物建筑内的珍藏文物，如高价值字画、织物、壁画、家具、木雕等，对水渍破坏非常敏感，严禁用水直接冲击，应选择对其危害尽可能小的灭火器。

二、消火栓系统

1. 消火栓系统作用及分类

消火栓系统由消火栓、消防水源、消防供水设施和消防给水管网等组成。以建筑物外墙为界可分为室内消火栓系统和室外消火栓系统；按照消防给水管网平时是否充水可分为湿式消火栓系统和干式消火栓系统；按照消防给水管网压力可分为低压消火栓系统和高压消火栓系统。

（1）室外消火栓

室外消火栓是设置在市政给水管网或建筑物外消防给水管网上的专用供水设施，可供消防车取水或直接接出水带、水枪实施灭火。室外消火栓按照服务范围区域可分为沿城市街道设置的市政消火栓和建筑外设置的室外消火栓，按设置位置不同可分为地上消火栓和地下消火栓两类。

1）室外地上式消火栓

地上式消火栓其阀体大部分露出地面，如图 6-3 所示，具有目标明显、易于寻找、出水操作方便等特点，但易被碰撞、易受冻，适宜于气候温暖地区安装使用。地上式消火栓应有一个直径为 100mm 或 150mm 和两个直径为 65mm 的栓口。其中，100mm 或 150mm 接口为丝扣接口，供接消防车吸水胶管；两个 65mm 的接口为内扣式接口，供接消防水带。

2）室外地下式消火栓

地下式消火栓应有直径为 100mm 和 65mm 的栓口各一个，如图 6-4 所示。其中，直径 100mm 的接口供接消防车吸水胶管使用，直径 65mm 的接口供接消防水带。地下式消火栓具有防冻、不易遭到人为损坏、不影响交通等优点，适用于气候寒冷地区。但该类消火栓目标不明显、操作不便，在附近地面上应设有明显的固定标志。地下式室外消火栓应设置在专用井内，井的直径不宜小于 1.5m，且当地下式室外消火栓的取水口在冰冻线以上时，应采取保温措施。

图 6-3　地上式消火栓

图 6-4　地下式消火栓

3）低压消火栓

设置在低压消防给水管网上的室外消火栓称为低压消火栓，其作用是为消防车提供必需的消防用水量，消防水枪等灭火设备所需的压力由消防车或其他移动式消防水泵加压获得。室外低压消火栓的出流量宜按10～15L/s计算，保护半径不应大于150m。

4）高压消火栓

设置在高压消防给水管网上的室外消火栓称为高压消火栓。由于系统压力较高，高压消火栓能够直接接出消防水带和消防水枪进行灭火，不需要消防车或其他移动式消防水泵再加压。当设置高压室外消火栓时，消火栓处宜配置配套的消防水带和消防水枪，以便于直接取用。

按照《消防给水及消火栓系统技术规范》GB 50974—2014规定，国家级文物保护单位的重点砖木、木结构的建筑物室外消火栓设计流量，应按三级耐火等级民用建筑物消火栓设计流量确定进行合理设计。

（2）室内消火栓

室内消火栓一般放置在消火栓箱内，主要包括消火栓、消防水带、消防水枪、消防接口、消防软管卷盘等设备，是具有给水、灭火、控制、报警等功能的箱状固定式消防装置，如图6-5所示。

1）消火栓。消火栓是室内消防给水管网上用于连接水带的专用阀门，如图6-6（*a*）所示。室内消火栓的选型应根据使用者、火灾危险性、火灾类型和不同灭火功能等因素综合确定。消火栓的栓口直径有50mm和65mm两种，当水枪出流量小于5L/s时，可选用直径为50mm的栓口；当水枪出流量大于等于5L/s时，宜选用直径为65mm的栓口。

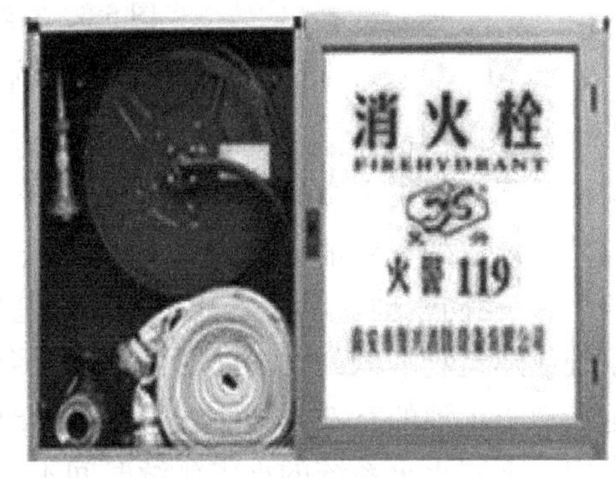

图6-5　室内消火栓箱

2）消防水带。消防水带是消防现场输水用的软管，如图6-6（*b*）所示。室内消火栓目前多配套使用直径65mm或50mm的胶里水带，水带两头为内扣式标准接头，每条水带长度不宜超过25m。水带一头与消火栓出口连接，另一头与水枪连接。水带可采用挂置式、卷盘式、卷置式和托架式等安装方式。

3）消防水枪。消防水枪是灭火的射水工具，用其与水带连接会喷射密集充实的水流，具有射程远、水量大等优点，如图6-6（*c*）所示。它由管牙接口、枪体和喷嘴等主要零部件组成。室内消火栓内可配备直流水枪和多功能水枪。一般宜配置当量喷嘴直径16mm或19mm的消防水枪，但当消火栓设计流量为2.5L/s时宜配置当量喷嘴直径11mm或13mm的消防水枪；消防软管卷盘和轻便水龙应配置当量喷嘴直径6mm的消防水枪。水枪安装于水带转盘旁边弹簧卡上。

（3）消防水源

消防水源是重要的消防基础设施，可为消防给水设备提供足够的消防用水，是成功灭火的基本保证。消防水源可取自天然水源、市政给水、消防水池等，雨水清水池、中水清水池、水景和游泳池可作为备用消防水源，但同时应有保证在任何情况下均能满足消防给水系统所需的水量和水质的技术措施。

1）天然水源。天然水源是指利用自然界的江、河、湖、泊、池塘、水库及井水等作为消防水源，既经济又安全，如图 6-7 所示。当天然水源地水源较丰富，且与建筑物紧邻时，可优先利用其作为消防水源。天然水源应能满足枯水期的消防用水量，其保证率应为 90%～97%；防止被可燃液体污染；采取防止冰凌、漂浮物等物质堵塞消防泵的技术措施，并应采取确保安全取水的措施；供消防车取水的天然水源，应有取水码头及通向取水码头的消防车道，当天然水源在最低水位时，消防车吸水高度不应超过 6m。

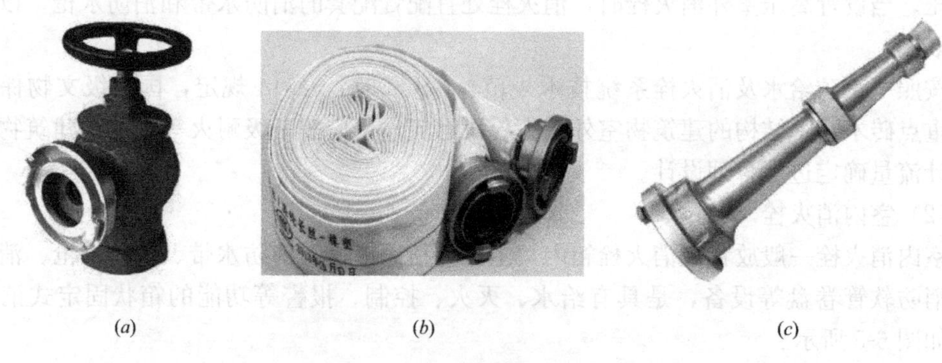

图 6-6　室内消火栓箱内主要设备

（*a*）消火栓；（*b*）消防水带；（*c*）消防直流水枪

2）市政给水。一般情况下，设置有给水系统的城市，消防用水应由市政给水管网供给。大部分城市市政给水管网遍布各个街区，可通过进户管为建筑物提供消防用水，或通过其上设置的室外消火栓为火场提供灭火用水。

3）消防水池。消防水池是人工建造的储存消防用水的构筑物，一般设置在消防给水系统或建筑物的低处，消防时由消防水泵加压达到灭火所需要的压力和流量，如图 6-8 所示。消防水池的有效容积应按火灾延续时间内，将其作为消防水源的灭火系统用水量之和确定。不同灭火系统的火灾延续时间不应小于表 6-2 的要求。消防用水与生产、生活用水合并的水池，应采取确保消防用水不作他用的技术措施。寒冷和严寒地区及其他有结冻可能的地区，消防水池应采取防冻措施。有条件的地区，宜结合地势设置高位水池作为消防水池。

图 6-7　天然水源地

图 6-8　消防水池

不同灭火系统计算用水量的火灾延续时间　　表 6-2

灭火系统		火灾延续时间（h）
室内、外消火栓灭火系统	具有火灾危险性的全国重点文物保护单位和省级文物保护单位	3
	其他具有火灾危险性的文物建筑	2
自动喷淋灭火系统		1
消防水炮灭火系统		2

（4）消防水泵及泵房设施

消防水泵是整个消防给水系统的动力源。它通过叶轮旋转等方式将能量传递给水，使之动能和压能增加，并将其输送到用水设备处，以满足各种用水设备的水量和水压要求。在消防给水系统中常采用离心式消防水泵，如图 6-9、图 6-10 所示。

图 6-9　离心泵

图 6-10　消防水泵房及泵组

消防水泵机组应由水泵、驱动器和专用控制柜等组成，一组消防水泵可由同一消防给水系统的工作泵和备用泵组成。消防水泵宜根据可靠性、安装场所、消防水源、消防给水设计流量和扬程等综合因素确定水泵的型式，水泵驱动器宜采用电动机或柴油机直接传动。消防水泵的性能应满足消防给水系统所需流量和压力的要求，且单台消防水泵的最小额定流量不应小于 10L/s，最大额定流量不宜大于 320L/s。

消防泵房的设置应使消防水泵能自灌吸水，泵组的吸水管不应少于 2 条，当其中一条损坏或检修时，其余吸水管应仍能满足全部消防给水设计流量。消防泵房应有不少于 2 条的出水管直接与消防给水管网连接。当其中一条出水管关闭时，其余的出水管应仍能通过全部用水量。

2. 消火栓系统在文物建筑内的应用分析

国家级文物保护单位的重点砖木、木结构建筑应有完善的室外消火栓系统，其消防用水量应按耐火等级为三级的民用建筑确定。其设置位置的选择，同样应在保护有利、便于取用处，并尽量明设，当设置地下室外消火栓时，应有明显的消防标识。

《建筑设计防火规范》GB 50016—2014（2018 版）规定：“国家级文物保护单位的重点砖木或木结构的文物建筑，宜设置室内消火栓”。但有传统彩画、壁画、泥塑等的文物建筑内部，不得设置室内消火栓。设置时，其位置应尽量设于重点部位或疏散出口附近，明显便于取用处，并应按照规范要求，满足同一平面有 2 支消防水枪的 2 股充实水柱同时达到任何部位的要求，充实水柱不小于 10m，消火栓的布置间距一般不大于 30m。按照

《文物建筑防火设计导则（试行）》室内消火栓给水系统应采用常高压或临时高压给水系统，室内消火栓用水量不应小于表 6-3 的规定，火灾延续时间不应小于表 6-2 的规定。

室内消火栓用水量　　表 6-3

建筑体积（m^3）	消火栓用水量（L/s）	同时使用水枪数量（支）
$V \leqslant 10000$	20	4
$V > 10000$	25	5

文物建筑设置室内消火栓箱有困难时，可采用消防软管卷盘系统和轻便消防水龙代替室内消火栓箱，如图 6-11 和图 6-12 所示，二者设置在内部生活供水管道上。这两种装置体积小巧，易于布置，操作方便，普通人员无需经过特殊训练也可以使用，适用于扑灭初期火灾或火灾荷载较小的文物建筑。为减少灭火过程中带来的水渍损失，可用多功能水枪或直流雾化水枪等具有喷雾效果的水枪代替直流水枪，如图 6-13 所示。

图 6-11　消防软管卷盘

图 6-12　轻便消防水龙

图 6-13　多功能消防水枪

针对建筑层数不高、单层建筑面积不大、室内不方便设消火栓的文物建筑，也可将室内消火栓移至室外，即室内消火栓外置。例如，西藏三大重点文物建筑（布达拉宫、罗布林卡、萨迦寺）消防设计中采用了室内消火栓系统外置化的方式，即室外设置消火栓系统采用稳高压制，系统满足建筑物自救所需的流量和压力要求，消火栓间距按室内消火栓间距进行设置，消火栓采用室内消火栓形式，栓口口径为 *DN*65，配备多功能消防水枪和消防水带。选择室内消火栓系统外置的原因主要有：（1）管路敷设在室外，可以最大程度减

小因管道破裂或渗漏造成的水渍对文物本体的破坏作用；(2) 管路不进入室内，避免因管路敷设、受力、震动对室内建筑结构和文物的不利影响，可保持室内的原有风貌；(3) 消火栓系统主要是以人工操作为主，误动作的可能性很小，受控性高。从灭火效能的角度考虑，消火栓系统通过合理布置消火栓的位置，其各个消火栓的保护半径所组织起的作用面积基本可以覆盖文物建筑。

室外消火栓给水管应布置成环状。向室外消火栓环状管网输水的进水管不应少于 2 条，当其中 1 条发生故障时，其余进水管应能满足消防用水总量的供给要求。环状管道应用阀门分成若干独立段，文物建筑防火保护区内，每段内消火栓数量不宜超过 2 个。室外消火栓给水管道的直径不应小于 $DN100$。室外消火栓应至少有 $DN100$ 和 $DN65$ 的栓口各 1 个，直接用于扑救室外火灾而非用于消防车取水的消火栓，可选用两个 $DN65$ 的栓口。道路条件许可时，室外消火栓距临街文物建筑的排檐垂直投影边线距离宜大于建筑物的檐高尺寸，且不应小于 5m；文物建筑是重檐结构的，应按头层檐高计算。道路宽度受限时，在不影响平时通行和火灾使用的前提下，可灵活设置。室外消火栓布置间距和保护半径应符合表 6-4，室外消火栓用水量如表 6-5，建筑体积按两座相邻建筑的体积中最大者确定。

室外消火栓布置间距和保护半径　　表 6-4

类别	消火栓间距 (m)	保护半径 (m)
未设室内消火栓的文物建筑防火保护区	20～50	—
文物建筑防火控制区及设有室内消火栓的文物建筑防火保护区	30～60	80
文物建筑防火控制区以外区域	60～120	150

室外消火栓用水量　　表 6-5

建筑物体积 (m^3)	$V\leqslant1500$	$1500<V\leqslant3000$	$3000<V\leqslant5000$	$5000<V\leqslant20000$	$V>20000$
用水量 (L/s)	15	20	25	30	40

对于地处城市或城镇的文物建筑，有条件可以将需要保护的文物建筑纳入周边地区的消防系统内，利用周边的消防设施提供消防水源与水压，无条件则充分利用现有市政供水管网为文物建筑内设置的消防系统提供相应的水源与水压。在文物建筑的殿堂外、庭院内设置消火栓，形成完善的消防水源供给系统，确保每一栋建筑都处于消火栓的保护半径之内，并按照要求配备消火栓扳手、消防水枪、消防水带等，统一摆放在消火栓箱内。

对于地处偏远、地势高、市政供水管网无法覆盖的郊野、山区中的文物建筑，可优先考虑周围可利用的天然水源，同时应修建消防码头，供消防车停靠汲水，在消防车不能到达的地方，应设固定或移动消防泵取水；也可修建能够储存足够水量的消防水池、雨水蓄水池、消防水缸，或利用山区地形高差修建消防水塔、高位水池等，可利用雨水作为补水水源，并铺设相连通的给水管网。在设计过程中要认真核算所需消防用水量和水压，压力不足时可选择合适的地方建加压泵站，或配备机动性强的消防增压设备，如手抬机动泵等，以满足扑救火灾的要求。

此外，室外消火栓的布置不能简单套用规范，要根据文物建筑的具体实际情况确定位置及设置方式。对于寒冷地区，为防止消防水源结冰，还应设置可靠的防冻措施，如设置短距离自动干式消防系统等特殊外保温措施等；可设置常高压高位水池，保证消防水源常年水压充足、水源充沛；在大型的文物建筑群中，设置区域消防水池和消防泵站时，在室外消火栓处应设置启泵按钮，以便火灾时使用；在消防器材短缺的地方，为了能及时就近取水扑灭初起火灾，需备有水缸、水桶等灭火器材，也可因地制宜增加小型消防车辆和消防山地摩托配备，提高初战处置能力。如南通狼山广教寺南临长江，狼山脚下还有一条人工河流，当地采取了在山下设置消防水池、半山腰设置多个消防水箱，同时在山下建设消防水泵，在山顶支云塔处配有手台机动泵等消防设施，并在文物建筑内设置了灭火器、消火栓系统的方法，解决了沿山路铺设水带供水的难题，有效保证了狼山文物建筑的消防用水。

三、自动喷水灭火系统

1. 自动喷水灭火系统简介

自动喷水灭火系统是一种在火灾发生时，由于火场的高温作用或接收到相应的报警信号，能够使喷头自动出水灭火的固定式灭火设施。自动喷水灭火系统具有安全可靠、灭火效率较高的特点，适用于人员密集、不易疏散、外部增援灭火与救生较困难的重要或火灾危险性较大的场所。自动喷水灭火系统是扑救建筑初期火灾最有效的灭火手段之一，广泛应用于各类建筑的消防安全保护中。

自动喷水灭火系统通常由水源、报警阀组、管网、喷头等组成。图 6-14 为最常见的自动喷水灭火系统类型——湿式系统的结构组成。图 6-15 为其工作流程图。

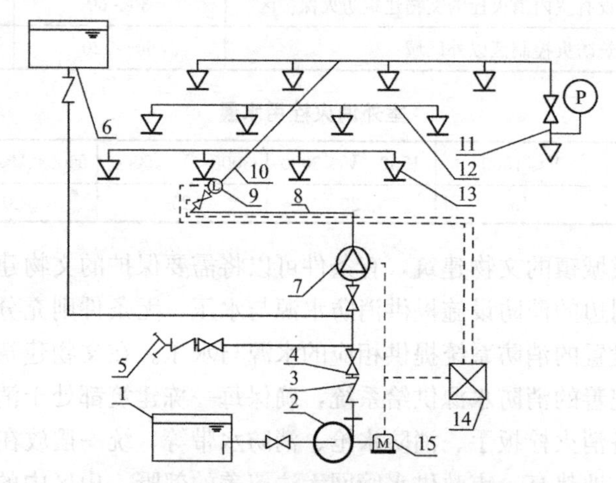

图 6-14　湿式自动喷水灭火系统组成示意图

1—水池；2—消防水泵；3—止回阀；4—闸阀；5—水泵接合器；6—消防水箱；7—湿式报警阀组；8—配水干管；9—水流指示器；10—配水管；11—末端试水装置；12—配水支管；13—闭式洒水喷头；14—报警控制器；15—驱动电机

2. 自动水灭火系统在文物建筑内的应用分析

自动喷水灭火系统是当前应用较广、效率较高的自动灭火系统，但是该系统可能造成的水渍危害也相对较为严重。对于砖（石）结构文物建筑、近年重建复建的文物建筑以及未设传统彩绘的近现代文物建筑，在不破坏本体建筑、不严重影响环境风貌，且结构强度能满足自动喷水灭火系统管道安装和系统喷放压力要求时，可设置自动喷水灭火系统。《文物建筑防火设计导则（试行）》规定自动喷水灭火系统设计应按中危险级Ⅰ级，喷水强度 6L/(min·m^2)，作用面积 160m^2。自动喷水灭火系统宜与室内消火栓系统分开设置。

当合用消防泵时，给水管路应在报警阀前分开设置。

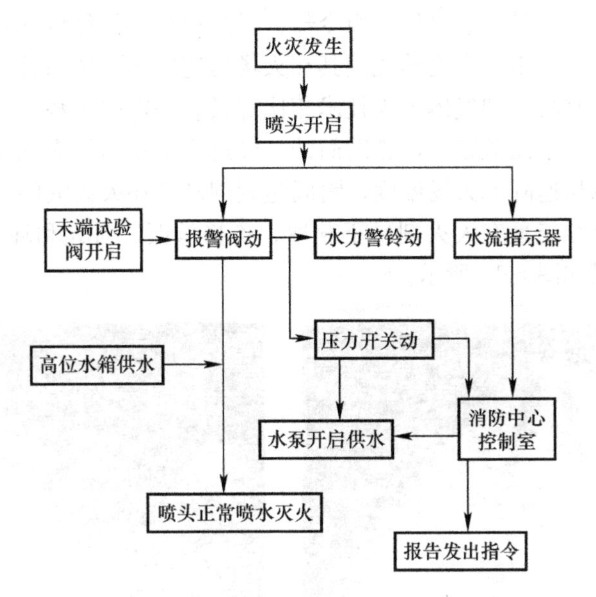

图 6-15　湿式自动喷水灭火系统工作原理图

在文物建筑中设置自动喷水灭火系统时，管路系统及喷头的布置，应在不破坏文物的条件下，达到喷水强度设计要求；喷头的选择，应根据其安装高度确定，一般采用闭式喷头；设有吊顶的，应在吊顶上下均安装喷头，或采用隐蔽式喷头；门窗洞口的上部，应布置边墙型喷头，以防止内部起火向外蔓延或外部火焰侵入；外檐斗栱下方也应布置边墙型喷头或水幕喷头，防止外来火灾蔓延。此外，为了保护文物建筑原貌，最好将文物建筑内的消防管道和设施涂刷上与文物建筑近色的涂料，对于喷头等小型消防设备可在不影响使用的情况下尽量选用隐蔽型或仿古型装饰盘隐藏。如法国著名的文物建筑卢浮宫，主要是以砖石为建筑材料，建筑空间高大，在水枪射水难于达到的高处或因梁架重叠射水难于直击火点的部位，并确保附近文物不怕水淋的情况下，安装了自动喷水灭火系统。卢浮宫共计安装 3500 个喷头、105 个消防水喉和一定数量的移动式灭火器，且在地下设置了水泵房和一个 $240m^3$ 的水池，有效保证了卢浮宫的消防安全。

如因条件限制，设置自动喷水灭火系统的水池、泵房有困难时，可考虑采用局部应用系统或简易应用系统形式，充分利用城市生活给水管网的水源和水压，或借用室内消火栓的水源。如果达不到用水量要求，也可从城市供水管网或天然水源中予以补充，与室内消火栓合用稳压设施、水泵以及管道，可大大节省造价，亦能达到良好地对初期火灾的控制效果。如古鸡鸣寺药师塔内即设置了此种简易喷淋系统。

四、细水雾灭火系统

1. 细水雾灭火系统简介

“细水雾”（water mist/water fog/fine water spray）是相对于“水喷雾”（water spray）的概念，指使用特殊的喷头，使高压水通过撞击雾化、双流体雾化等各种雾化方式而产生微米级的水雾滴。细水雾定义为：水在最小设计工作压力下，经喷头喷出并在喷头轴线向下

1.0m处的平面上形成的直径$D_{v0.5}$小于200μm，$D_{v0.99}$小于400μm的水雾滴。

细水雾与火焰相接触时，主要是气相冷却、湿润冷却、稀释氧气和气态可燃物等多种灭火原理共同发挥作用。水的高度雾化使其在火场迅速气化，从而具有不导电、弥散性好等特点，因此与传统水喷淋和气体灭火技术相比都具有一定的优势。与水喷淋灭火系统相比，耗水量大大降低，水渍危害小，管网简洁，经过高压喷出的雾化水，其吸热效率是普通水的近千倍，可以快速降低火场温度，瞬间达到抑制、扑灭火灾的目的；与气体灭火系统相比，细水雾灭火系统具有灭火剂易于获取、价格低廉、对人和环境没有危害等优点。细水雾系统喷射效果如图6-16所示。

图6-16 细水雾系统喷射效果

细水雾灭火系统主要适用扑救以下火灾：

(1) 可燃固体表面火灾。细水雾可以有效抑制和扑灭一般A类燃烧物的表面火灾，如纸张、木材和纺织品等火灾，同时对塑料泡沫、橡胶等固体火灾等也具有一定的抑制作用。

(2) 可燃液体火灾。细水雾可以有效抑制和扑灭池火、射流火等状态的可燃液体火灾，适用范围较广，包括从正庚烷、汽油等低闪点可燃液体到润滑油和液压油等中、高闪点可燃液体。

(3) 电气火灾。细水雾具有良好的电绝缘性，可有效扑灭电缆火灾、控制柜等电子电气设备火灾和变压器火灾等电气火灾。

(4) 厨房火灾。厨房中的烹调油燃烧时油温较高，明火被扑灭后极易复燃，细水雾可有效扑灭烹调油火并能冷却烹调油，防止其复燃。

细水雾灭火系统按移动性分，可分为固定式和移动式；按照压力分，可分为低压（$p \leqslant 1.20$MPa）、中压（1.20MPa$< p <$3.45MPa）和高压（$p \geqslant 3.45$MPa）；按照灭火剂流相，可分为单相流和双相流；按加压方式可分为泵组式和瓶组式，如图6-17所示。

其中，移动式细水雾灭火装置因其具有灵活、高效等特点，得到了广泛应用，在文物建筑中也具有较好的推广前景。本章第二节将对移动式细水雾灭火装置进行重点介绍。

2. 细水雾灭火系统在文物建筑内的应用分析

出于对文物建筑保护的要求，对于有传统彩画、壁画、泥塑、藻井、天花等的文物建筑不宜设置自动喷水灭火系统进行保护。因此，对于消防水源匮乏、文物无法承受水渍危害的文物建筑，以及文物陈列区等重要部位可采用细水雾灭火系统，以免对文物造成不必要的损坏。如文物建筑内存放织物、石雕、木制文物等的场所，可设置固定细水雾灭火系统；在文物建筑外围可设置细水雾型水幕进行防火分隔，也可设置移动式细水雾灭火装置和细水雾消防车等轻型消防装置等，增强文物建筑周围的移动救援力量。如在甘肃拉卜楞寺内部的大经堂、藏经楼、医学院、喜金刚学院各设置了一台移动式高压细水雾灭火装置，与周围佛殿共用，并与佛殿院内或周围的消火栓配合使用。该装置以汽油机为动力源，启动方便，即开即用；移动方便，灵活机动，可供微型消防站使用；可外接水源，实现边喷雾边补水；可实施远、近程喷枪转换；根据需求，可在水箱内添加强化剂。

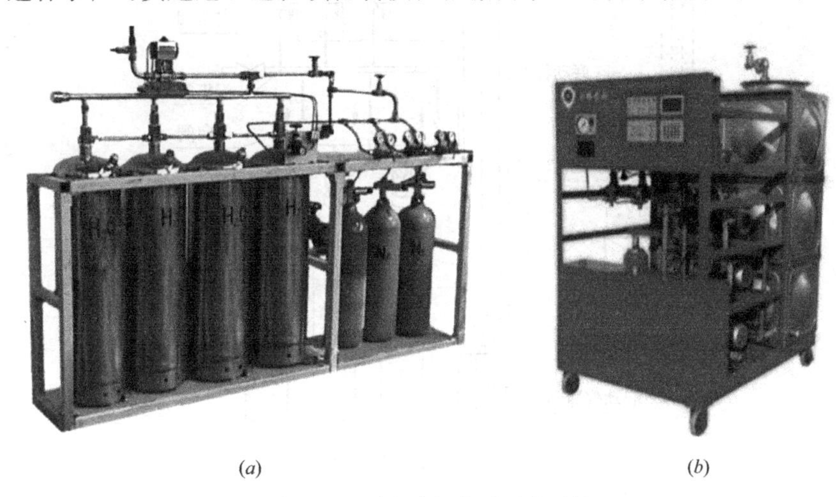

(a)　　　　(b)

图 6-17　固定式细水雾灭火系统

（a）瓶组式；（b）泵组式

五、气体灭火系统

1. 气体灭火系统简介

气体灭火系统是以某些在常温、常压下呈气态的灭火介质，通过在整个防护区或保护对象周围的局部区域建立起一定的浓度实现灭火。气体灭火系统具有灭火效率高、灭火速度快、适应范围广、对被保护物不造成二次污损等特点。气体灭火系统的“清洁”是其他灭火系统所不可比拟的。但是气体灭火系统也具有一次投资较大、对大气环境有所影响、不能扑灭固体物质深位火灾、被保护对象限制条件多等缺点。

气体灭火系统常用于以下场所：

（1）重要场所。气体灭火系统本身造价较高，因此一般应用于在政治、经济、军事、文化及关乎众多人员生命的重要场合。

（2）怕水污损的场所。如重要的通信机房、调度指挥控制中心、图书档案室等，这类场所无疑非常重要，而且要求灭火剂清洁，灭火时不产生次生危害。

（3）甲、乙、丙类液体和可燃气体储藏室或具有这些危险物的场所。气体灭火系统对于扑救甲、乙、丙类液体火灾非常有效，而且在灭火的同时，对防护区及内部的设备、物品等提供保护，可及时控制火势的蔓延扩大。

（4）电气设备场所。安装有发电机、变压器、油浸开关等场所，用气体灭火系统灭火不影响这些设备的正常运行。

气体灭火系统由灭火剂储存装置、启动分配装置、输送释放装置、监控装置等组成，如图 6-18 所示。

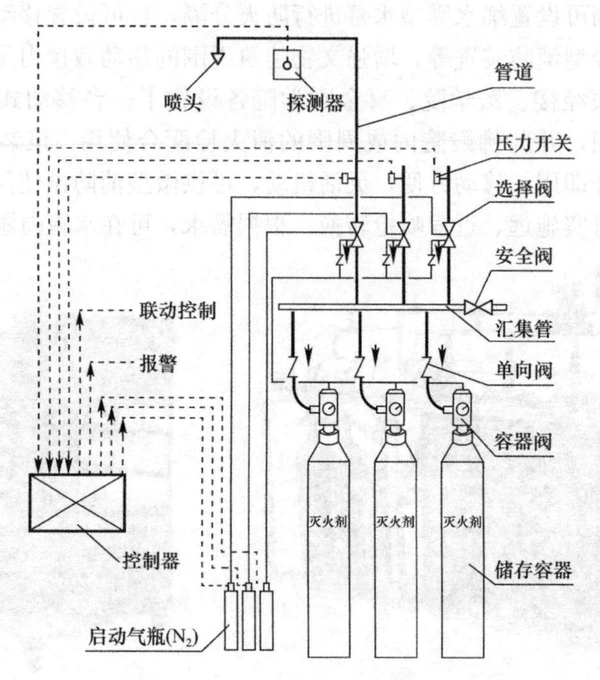

图 6-18　气体灭火系统组成图

气体灭火系统类型多样，按使用的灭火剂分类，可分为二氧化碳灭火系统（分为低压和高压两种形式）、IG541 灭火系统、七氟丙烷灭火系统、氮气灭火系统等；按灭火方式分类，可分为全淹没气体灭火系统和局部应用气体灭火系统；按管网的布置分类，可分为管网系统（分为组合分配系统、单元独立系统）和无管网灭火系统等，如图 6-19 所示。

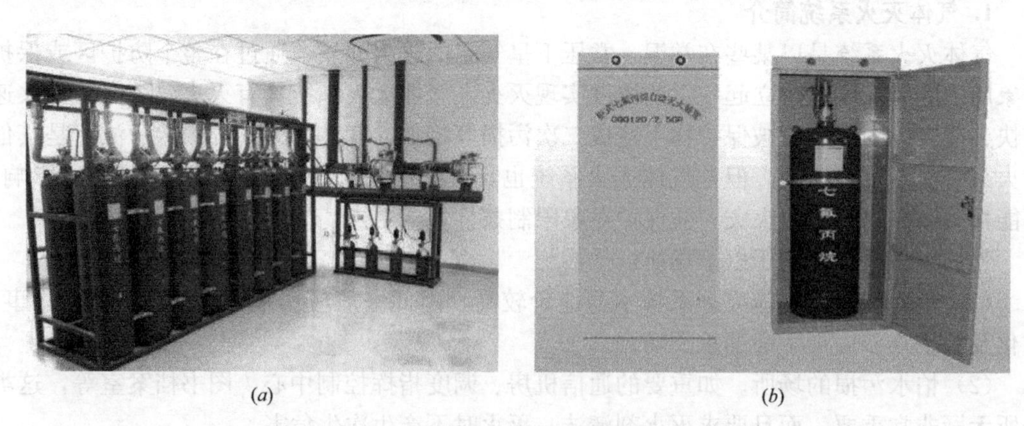

(*a*)　(*b*)

图 6-19　气体灭火系统

（*a*）管网式灭火系统；（*b*）无管网式灭火系统

2. 新型气体灭火剂的研发及应用

鉴于传统卤代烃灭火剂对大气环境的污染，尤其是对臭氧层的破坏，欧洲已率先将七氟丙烷灭火剂列入淘汰目录，因此研发污染小、灭火效率高的新型气体灭火剂势在必行。其中，以氟化酮类灭火剂为代表的新型气体灭火剂具有较好的应用前景，其相关研发工作亟待推进[1]。为验证氟化酮在文物建筑灭火中的有效性及其对文物建筑的影响，中国建筑科学研究院有限公司的研究人员联合灭火剂生产厂商进行了针对 A 类木垛火的灭火试验，验证了其具有较好的灭火效果。图 6-20 为氟化酮灭火过程。

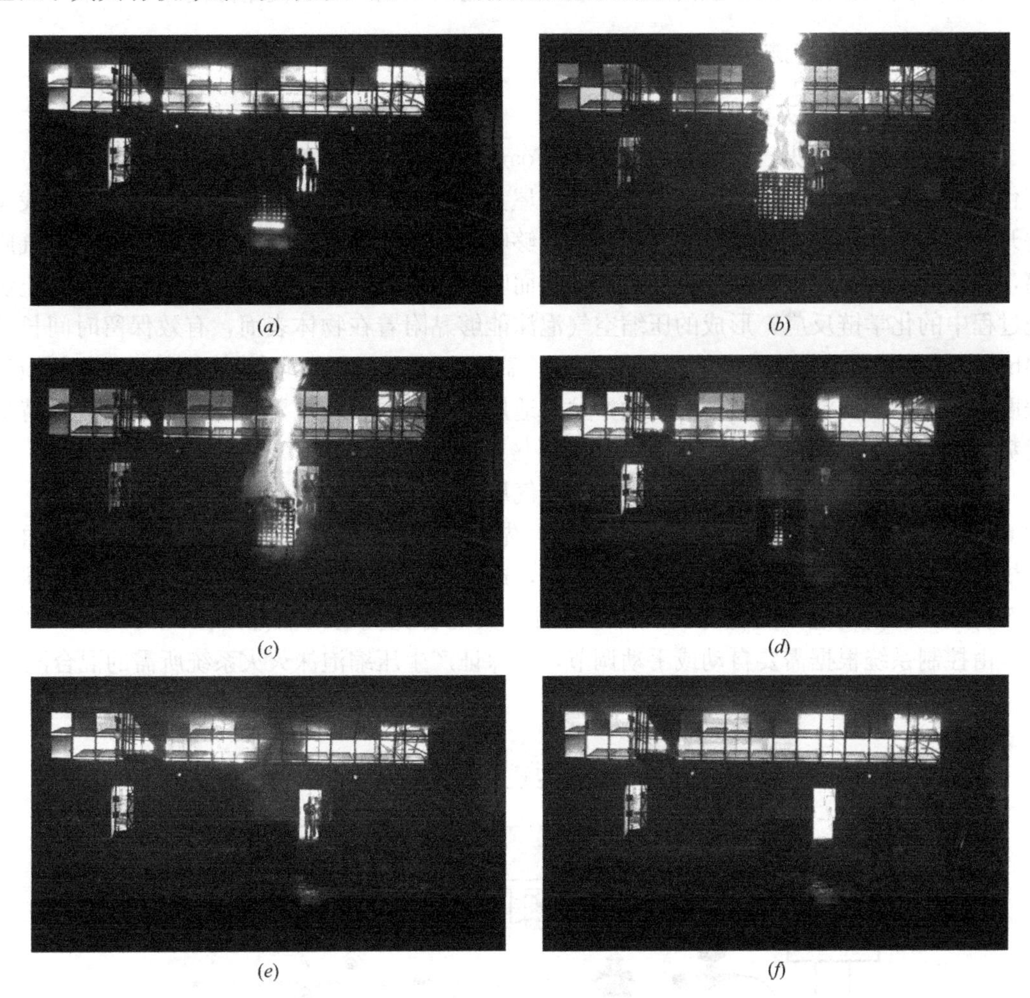

图 6-20　氟化酮灭火过程

(a) 点火；(b) 木垛稳定燃烧；(c) 开始灭火；(d) 灭火中途；(e) 灭火完成；(f) 复燃计时结束，灭火成功

3. 气体灭火系统在文物建筑内的应用分析

在文物建筑内存放忌水文物如泥塑等的场所以及不宜用水扑救火灾的文物建筑，在不破坏文物风貌、不损伤重要彩（壁）画等前提下，可设置气体灭火系统。此外，也可在文物库房、电气设备间、安全监护室等重要场所设置气体灭火系统。气体灭火系统设计参数应按 A 类火灾场所选取。喷头的布置应使气体灭火剂喷放后在防护区内均匀分布；喷头出口射流方向与文物、文物建筑表面的距离不宜小于 0.5m。

气体灭火系统启动释放后，防护区内部压力增大，因此对文物建筑防护区围护构件及门窗的耐压等级有严格要求；管网设置复杂，投资和维护成本高，这些因素会影响和限制其应用；为实现灭火时防护区内能够达到较高的灭火浓度，应采取能够使防护区达到近似密闭状态的相关措施，才能达到理想的灭火效果；卤代烃系列气体灭火剂会在灭火过程中产生酸性气体，会对文物建筑内的文物及结构产生一定的污损，因此应选用更为清洁的新型气体灭火剂。此外，对于室内面积较小的文物建筑，也可选择设置无管网气体灭火系统进行保护，其主要优点是设置简单、不破坏文物建筑结构、安装使用方便。

六、压缩空气泡沫灭火系统

1. 压缩空气泡沫灭火系统简介

压缩空气泡沫灭火（Compressed Air Foam System，CAFS）技术最早于20世纪30年代起源于德国，主要用于森林、木结构房屋火灾的扑救，20世纪90年代后期进入我国并开始应用。压缩空气泡沫灭火系统不仅能够吸收热量、冷却燃烧物，将燃烧物同空气隔离，而且能够快速渗透到燃烧物的内部，从而吸收更多的热量。同时，该系统还能阻止燃烧过程中的化学链反应，形成的压缩空气泡沫能够黏附着在物体表面，有效保留时间长达24h。因此，压缩空气泡沫灭火系统灭火效率高，用水量少，对环境、建筑和设备的损害程度小，火灾后的清理与维护费用低，尤其适用于烟雾损害较重要的场合，正以其独特的优势逐渐取代空气泡沫灭火。

压缩空气泡沫灭火系统主要由水泵、空气压缩机、泡沫注入系统和控制系统组成，如图6-21所示。该系统是将常压状态下的水，先同A类泡沫液按一定比例混合，然后再同压缩空气按一定比例在管路或水带中预混合，通过喷射装置（炮或枪）喷射出去。泡沫注入系统是提供精确泡沫混合比例的核心部件，其混合比例的调节范围在0.1%～6.0%之间，由控制系统根据需要自动或手动调节，以保证产生压缩泡沫灭火系统所需的混合液。

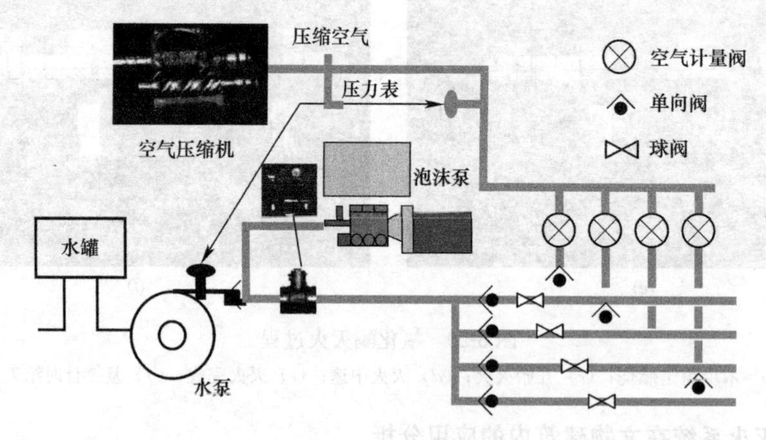

图6-21 CAFS系统组成

通过调节出口控制和控制系统，压缩空气泡沫系统可以产生湿泡沫、中等泡沫和干泡沫三种泡沫形态。它们的主要区别在于泡沫的黏附性和流动性不同：湿泡沫是混合比为0.1%～0.3%的混合液产生的泡沫，含水量较大，流动性较好，黏附性较差，主要用来扑救火灾；干泡沫混合比为0.3%～0.5%的混合液产生的泡沫，含水量较少，流动性较差，黏附性较好，主要用来冷却着火物周围的物体；中泡沫介于湿泡沫和干泡沫之间，也可兼做灭火和冷却保护。

目前，压缩空气泡沫灭火系统主要有消防车、固定式、便携式三种应用形式，如图6-22所示。

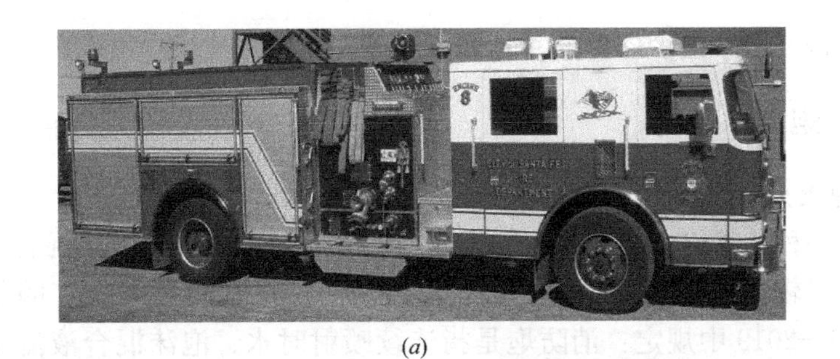

(*a*)

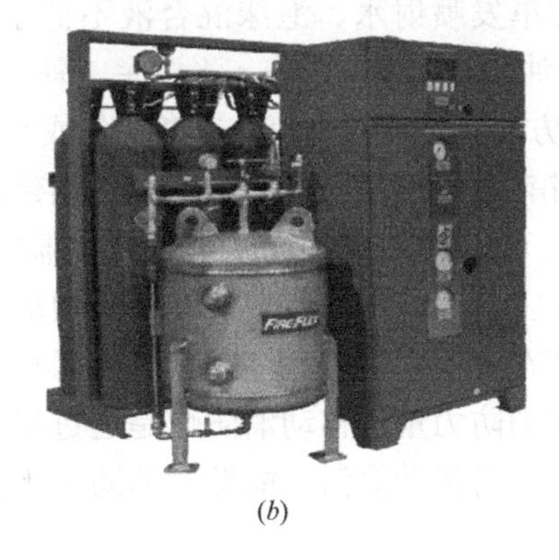

(*b*)

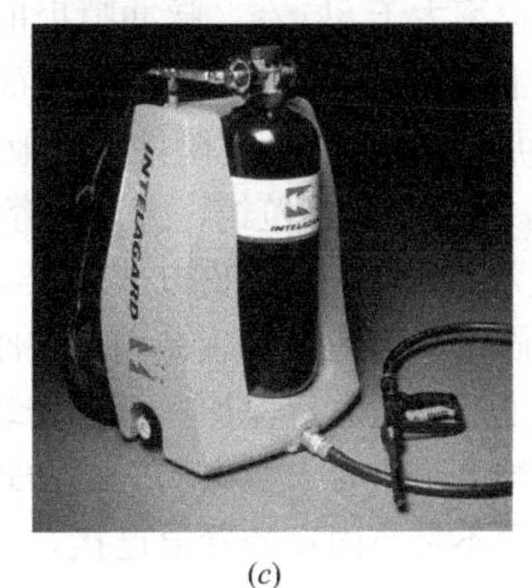

(*c*)

图 6-22　CAFS 系统的三种应用形式

(*a*) 压缩空气泡沫消防车；(*b*) 固定式压缩空气泡沫系统；(*c*) 便携式压缩空气泡沫枪

2. 压缩空气泡沫灭火系统在文物建筑内的应用分析

20 世纪 80 年代，美国著名的黄石国家公园发生大火，该公园的一座古老的 4 层文物建筑被压缩空气泡沫整体覆盖起来，使该建筑物劫后余生，完整地保留下来。该技术在欧美国家广泛使用，在扑救森林火灾、建筑火灾、露天堆场火灾等灭火战斗中有许多成功的战例，如图 6-23 所示。

图 6-23　压缩空气泡沫系统应用现场

相当多的文物建筑远离城镇，一旦发生火灾，消防队到达现场时间较长，可充分利用压缩空气泡沫技术用水量小、灭火效率高、水渍损失小的特点，配备便携式或车载式压缩空气泡沫灭火系统，以提高文物建筑灭火作战效率。既可利用压缩空气泡沫灭火系统产生的湿泡沫直接扑救火灾，也可利用该系统产生的干泡沫有效覆盖着火建筑的外表面，快速建立阻火隔离带，用于保护珍贵的文物建筑免受火灾侵害。

七、消防炮灭火系统

1. 消防炮灭火系统简介

消防炮是一种能够将一定流量、一定压力的灭火剂（如水、泡沫混合液或干粉等）通过能量转换，以较高的速度从炮头出口喷出，从而扑灭远距离的火灾的装置。在《消防炮》GB 19156—2019 中规定：消防炮是指连续喷射时水、泡沫混合液流量大于 16L/s 或干粉平均喷射速率大于 8kg/s，脉冲喷射时单发喷射水、泡沫混合液不低于 8L 的喷射灭火剂的装置。消防炮灭火系统不仅应用在石油化工企业、码头、飞机库、海上钻井平台和储油平台等易燃可燃液体集中、危险性较大地方的火灾扑救，而且逐渐替代或弥补自动喷水灭火系统的不足，用于扑救展览馆、大型体育馆、会展中心、大剧院等大空间建筑内部火灾。

消防炮种类繁多，按照安装方式分类，可分为固定消防炮和移动消防炮，如图 6-24 所示。其中，固定消防炮指安装在固定支座上的消防炮，可安装在消防炮塔上对石油化工储存、运输和生产设备进行保护，也可安装在室内，用于大空间建筑的保护，或者安装在消防车或消防艇上，作为大型火场的移动式消防力量；移动消防炮是通过连接消防水带提供灭火介质，而不是与固定的管道连接，该设备机动灵活，能够对消防车无法靠近的火场实施灭火。

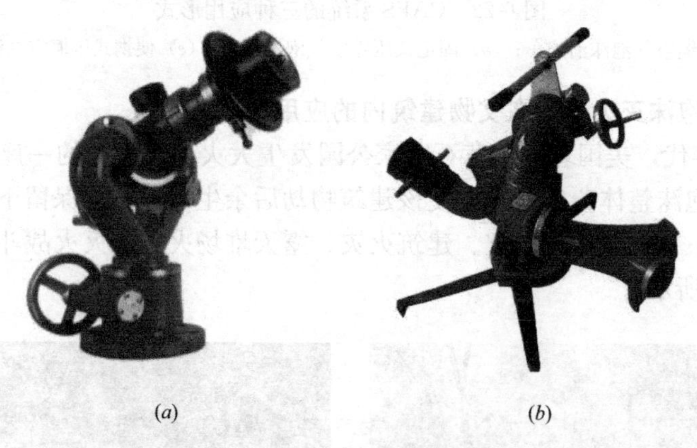

(*a*)　　(*b*)

图 6-24　按安装方式分类的消防炮

(*a*) 固定消防炮；(*b*) 移动消防炮

根据喷射灭火剂的种类进行分类，消防炮可分为水炮、泡沫炮和干粉炮。其中，消防水炮是以水为灭火介质的消防炮，可分为水雾炮和水柱炮，适用于一般固体可燃物场所的火灾扑救；消防泡沫炮是以泡沫灭火剂为灭火介质的消防炮。按泡沫液吸入方式可分为自吸式泡沫炮和非自吸式泡沫炮，适用于甲、乙、丙类液体火灾、固体可燃物火灾场所；干粉消防炮是以干粉为灭火介质的消防炮，适用于液化石油气、天然气等可燃气体火灾场所。

根据控制方式分类，消防炮可分为远控炮、手动炮、水力驱动和智能消防炮，如图 6-25 所示。其中，远控消防炮由操作人员通过电气设备间接控制消防炮射流姿态，其回转角度和射流形态调整由电气设备、液压马达或气动马达带动，该类消防炮能够实现远距离有线或无线控制，具有安全性高，操作简便，投资省等优点；手动消防炮灭火技术是由操作人员直接手动控制消防炮射流姿态，回转俯仰角度的消防炮，该技术操作简便，投资较省；水

力驱动式消防炮主要以压力水为水平转动机构的动力，可在规定水平回转角度范围内自动往复回转摆动，因此又称为自摆消防炮；智能式消防炮是利用红外火灾探测技术或人工智能图像识别技术自动识别火情，判断火源点的位置，调整消防炮的回转和俯仰角度，使消防炮喷射口对准起火点，实现精确定点灭火，主要用于大空间场所室内火灾的扑救。

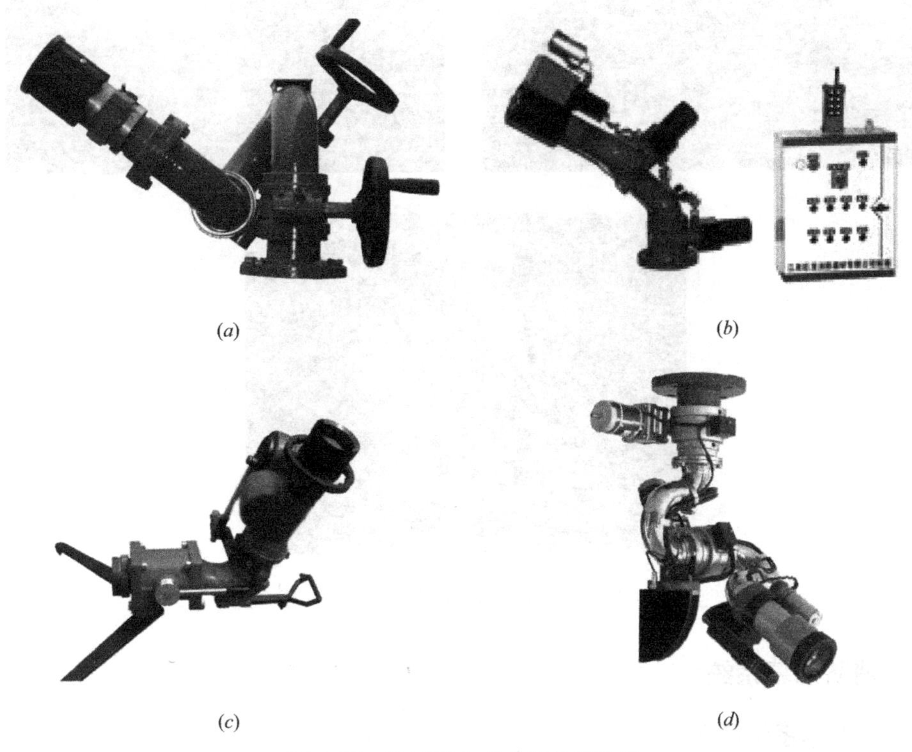

(a)　(b)　(c)　(d)

图 6-25　按控制方式分类的消防炮

(a) 手动消防炮；(b) 电动远控消防炮；(c) 水力自摆炮；(d) 智能消防炮

2. 消防炮系统在文物建筑内的应用分析

根据文物建筑所处地势的特点，可以考虑在附近制高点建设室外消防水炮系统，以覆盖消防保护盲区，实现对文物建筑的全面保护。室外消防炮既可利用所形成的直流水柱扑灭远距离火灾，也可利用形成的开花水或雾状水在文物建筑外围形成水幕帘，进行防火分隔，防止火势蔓延扩大。如日本高台寺、东大寺、法隆寺等都设置了此类室外喷水枪（日文称“喷水銃”），如图 6-26 所示，与我国的室外消防水炮装置结构相似。该装置既可设置在地上，也可设置在地下，同时设有喷水枪收纳箱。喷水枪可自由改变喷射方向，最远喷射距离在 70m 以上，最大喷射高度在 30m 左右。为了避免水流强冲击对木结构建筑造成伤害，通常将水喷洒到屋顶位置，形成一个水雾带间接灭火；也可当周围建筑或者周边发生火灾时，利用该装置形成防火分隔水幕，避免火灾在建筑之间蔓延。

对于一般高度的文物建筑，消火栓系统便能提供足够消防保护。而对于一些面积大、空间高、可燃物较多的文物建筑，如古舞台等，可在不破坏文物的前提下，考虑增设室内消防炮。消防炮应选用智能消防炮，同时具有自动控制、远程控制和人工手动控制功能，且在一定的条件下可与消火栓系统管网等合并使用。同时，可将水柱的喷射方式改为水雾方式，以尽量减轻水渍损失，并避免因喷水压力过大而损坏文物建筑。

图 6-26　消防炮在文物建筑中的应用

八、消防水幕系统

1. 消防水幕系统简介

水幕系统不具备直接灭火的功能，而是利用密集喷洒所形成的水墙或水帘控制火灾蔓延，或与防火卷帘、防火墙等防火分隔物配合，提高其耐火性能，从而阻断烟气和阻挡火势。水幕系统由开式洒水喷头或水幕喷头、雨淋报警阀组或感温雨淋阀及水流报警装置等组成，如图 6-27 所示。

水幕系统主要设置在一些因生产工艺需要或装饰上需要而无法设置防火墙、防火卷帘等作防火分隔的开口部位，或辅助防火卷帘和防火幕作防火分隔。但是，如果在大型会展中心、商品市场等大空间建筑中直接采用水幕作为防火分区的分隔设施，会造成水幕系统的用水量过大，且使用的大量消防用水并不用于主动灭火，不符合火灾中应积极主动灭火的原则。因此，不提倡直接采用水幕系统作民用建筑防火分区的分隔设施。根据《自动喷水灭火系统设计规范》GB 50084—2017：防火分隔水幕在布置时，应保证水幕的宽度不小于 6m，采用水幕喷头时，喷头不应少于 3 排；采用开式洒水喷头时，喷头不应少于 2 排；防护冷却水幕的喷头宜布置成单排。本章第三节将对一种高压细水雾防火分隔系统进行重点介绍。

2. 水幕系统在文物建筑内的应用分析

我国文物建筑虽以单层建筑为主，但在总平面上呈现成组、成群的布局，建筑密度大，防火间距小，极易以热辐射、飞火等造成火灾蔓延扩大，形成“火烧连营”之势。因此，应以建筑群为单位划分防火保护单元，对不能破坏现有平面布局的连为一体的文物建筑群来说，可设置防火墙、防火门窗等技术措施；部分古庙宇坐落于山林中，当山林或庙宇着火

时，应在火势蔓延方向或下风方向设置防火隔离带，避免山林火灾和文物建筑火灾相互蔓延；如不能设置防火分隔设施，应沿其四周或沿其防火分区边界处，设置防火分隔水幕进行保护，有效阻挡火势的蔓延。此外，当文物建筑着火时，也可以庭院间的阵地为依托设置水枪阵地，及时关闭毗邻建筑门窗，对其射水降温进行保护，防止火势向相邻建筑蔓延。

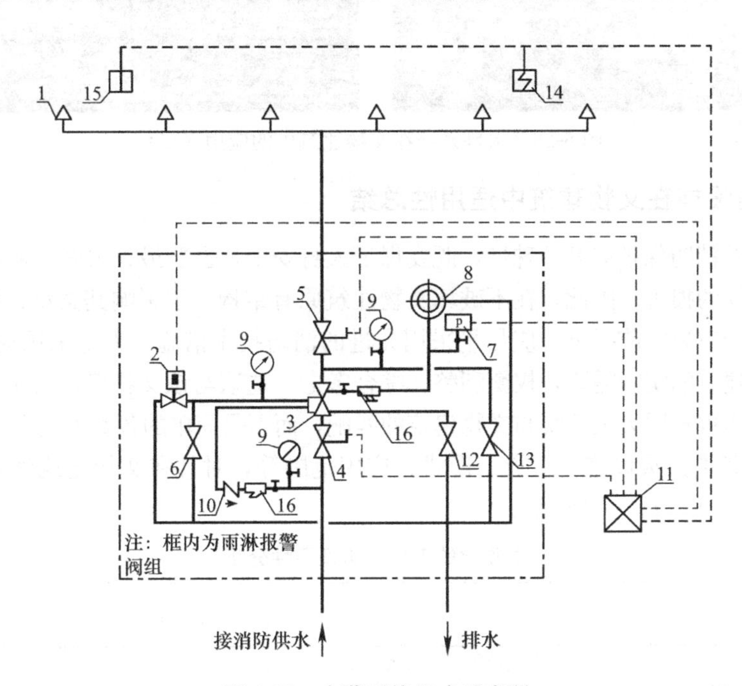

图 6-27　水幕系统组成示意图

1—水幕喷头；2—电磁阀；3—雨淋报警阀；4—信号阀；5—试验信号阀；6—手动开启阀；7—压力开关；8—水力警铃；9—压力表；10—止回阀；11—火灾报警控制器；12—进水阀；13—试验放水阀；14—感烟火灾探测器；15—感温火灾探测器；16—过滤器

文物建筑设置防火分隔水幕时，既可以利用喷水覆盖整个建筑物，也可以只在有邻近建筑物或山林的一侧喷水。喷水方向上，有从上向下和从下向上两种方法，应根据建筑物形式和附近环境的不同，选择最合适的设置方法，如图 6-28 所示。应根据喷水目的，考虑隔热效果及喷水保护范围，选用能够有效防止火势蔓延的喷头类型。

图 6-28　水幕系统在文物建筑中的应用（一）

图 6-28 水幕系统在文物建筑中的应用（二）

九、各类设施在文物建筑中适用性总结

文物建筑的消防保护有其特殊性，既要保证人身安全，也要最大限度地避免火灾及灭火过程对建筑文物的损害。因此，在不破坏文物建筑原有结构、不影响其文化、使用功能、保持文物建筑装饰效果的前提下，应尽量采用先进的消防技术措施。无论采用何种灭火技术，均应根据文物建筑的实际需要，权衡利弊、综合考虑，选取与该文物建筑人防、物防相适应的灭火方式，实现不同灭火系统与文物建筑的匹配，而不是简单的各类灭火设备堆砌。

综合上述各类灭火设施的特点、形式、应用范围等，对其在文物建筑消防安全保护中的适用性进行全面分析，详见表 6-6。

文物建筑灭火设施适用性分析 **表 6-6**

火灾阶段	消防设施	类型	应用形式	应用特点	保护部位	设置要求
火灾初期	灭火器	干粉灭火器	手提式、推车式	适用范围广、灭火速度快、不导电、但可能对文物造成二次损害，喷射后需有效清理，有保质期，需定期更换	文物建筑内、外，及重点保护对象周围等区域均需配置	参见国家标准《建筑灭火器配置设计规范》GB 50140—2005
		水基型灭火器		适用范围广、高效、环保、不导电、污损小、需定期更换		
	简易消防设施	消防水喉	手持式	体积小巧，易于布置，操作方便，使用灵活，用水量小，适用于扑灭初期火灾或火灾负荷较小的文物建筑	文物建筑内、外，能够用水保护的区域	参见国家标准《消防给水及消火栓系统技术规范》GB 50974—2014
		轻便消防水龙	手持式			
		细水雾灭火装置	移动式车载式	应用范围广、灭火效率高、机动灵活、形式多样、操作更简单	适用于文物建筑室内、外重点保护场所，及局部重点保护对象等	参见国家标准《细水雾灭火系统技术规范》GB 50898—2013
		压缩空气泡沫灭火装置	移动式	机动性强、应用灵活、效率高、形式多样、适用范围广		参见国际标准《消防泡沫灭火系统第 6 部分：车载压缩空气泡沫系统》ISO 7076-6-2016
	自动灭火系统	自动喷水灭火系统	固定式	反应时间早，能在初期阶段控制火势，控灭火效率高，但投资较大，施工困难，管网系统复杂，其设置安装可能会影响文物建筑的美观	适用于可以用水保护场所，如：砖（石）结构文物建筑、近年重建（复建），以及近现代文物建筑，用于住宿、餐饮等经营性活动的民居类文物建筑，在不破坏本体建筑、不严重影响环境风貌的条件下，可设置该系统	参见国家标准《自动喷水灭火系统设计规范》GB 50084—2017

续表

火灾阶段	消防设施	类型	应用形式	应用特点	保护部位	设置要求
火灾初期	自动灭火系统	简易式自动喷水灭火系统	固定式	简化了传统系统中的组件，设计简单，对水压要求低，可有效控制初期火势的发展	适用于室内面积较小、可用水保护的文物建筑	参见《简易自动喷水灭火系统应用技术规程》CECS 219—2007
		室内智能消防炮灭火系统	固定式	智能化程度高，可定点保护并射水灭火，灭火后可自动停止喷水，减少水渍损失，管网设置相简单	适用于可以用水保护的高大、内部无遮挡的文物建筑	《固定消防炮灭火系统设计规范》GB 50338—2003、《自动跟踪定位射流灭火系统》GB 25204—2010
		细水雾灭火系统	固定式	环保、高效、用水量少、水渍损失小，管网简洁，破坏较小，但对室内空间的密封性要求高，可局部应用	适用于文物建筑室内、重点保护部位、配电室、监控室等附属建筑	参见国家标准《细水雾灭火系统技术规范》GB 50898—2013
		气体灭火系统	固定管网式	灭火效率高、灭火速度快、适应范围广、对保护对象污损小，但对保护空间的密闭性要求高，对防护区结构及门窗耐火等级要求严格，维护成本较高，且系统钢瓶多，占地面积大，管网、喷头不利于隐藏	空间密闭、用作文物库房，且库藏文物适宜使用气体灭火系统的，也可仅对局部需要重点保护的文物、文物建筑的附属空间（例如机房、配电室）等进行设置	参见国家标准《气体灭火系统设计规范》GB 50370—2005
			无管网式	应用范围广、效率高、设置简单、不破坏文物建筑结构、对文物建筑影响小		
	消防水幕防火分隔系统	防火分隔水幕	固定式	用水量大、阻烟隔热效果明显，可有效防止火势蔓延扩大	适用于文物建筑室内重要保护文物周围，以及室外防火分隔区域	参见国家标准《自动喷水灭火系统设计规范》GB 50084—2017
		细水雾型水幕	固定式	用水量少，水渍损失小，有效的阻烟隔热作用		参见国家标准《细水雾灭火系统技术规范》GB 50898—2013
火灾蔓延及发展阶段	消火栓系统	室内消火栓	固定式	机动性强、射流密集、灭火效率高、用水量大	对于可以用水保护的区域，在不破坏文物建筑结构的前提下，建议设置室内、外消火栓系统；对于不能用水保护的区域，可采用室外消火栓保护，也可将即室内消火栓外置保护室内的方式；可用雾化水枪代替直流水，以减少水渍损失	参见国家标准《消防给水及消火栓系统技术规范》GB 50974—2014
		室外消火栓	固定式，分为地上式和地下式	重要的供水保障设施，也可直接接出水带、水枪实施灭火；系统相对简单，管道数量少，易隐藏，要专业人员操作		
	消防炮灭火系统	室外消防炮灭火系统	固定式、移动式	射流集中，灭火效率高、用水量大、操作控制简单	室外场所具备作用空间，火灾危险性较高的文物建筑，且文物建筑能够满足消防水炮的适用范围和使用要求，对保护对象危害小；也可利用形成防火分隔水幕，防止火灾蔓延	参见国家标准《固定消防炮灭火系统设计规范》GB 50338—2003
		消防炮灭火装置	移动式	机动性强、应用灵活、出水速度快、效率高		

续表

火灾阶段	消防设施	类型	应用形式	应用特点	保护部位	设置要求
火灾蔓延及发展阶段	压缩空气泡沫灭火系统	压缩空气泡沫消防车	移动式	机动性强、可出多种形式泡沫，通过有效覆盖可阻止火势蔓延，也可扑灭火灾，用水量少、对文物建筑污损小	适用于文物建筑室内外火灾，也可对局部重点部位进行有效灭火和阻火隔热保护	参见美国国家标准《低、中、高倍数泡沫灭火系统标准》NFPA 11（2016 版）

第二节　移动式细水雾灭火装置

一、分类

移动式细水雾灭火装置兼具细水雾高效灭火和移动灵活便捷的双重优势，对控制以木材火为主 A 类初期火灾具有良好效果，且水渍损失相对较轻，因此在文物建筑中具有较好的应用前景。此类灭火装置种类较多，通常根据移动方式、雾化压力、驱动方式等可以进一步分为以下若干类型。

（1）雾化压力：可分为高压、中低压。根据《细水雾灭火系统技术规范》GB 50898—2013，细水雾灭火系统按照压力可分为低压（$p \leqslant 1.20$MPa）、中压（1.20MPa$< p <$3.45MPa）和高压（$p \geqslant 3.45$MPa）三类。高压细水雾具有结构简单、性能可靠、雾化效果好等一系列优势，在目前市面上的移动式细水雾装置中占据绝对主流。表 6-7 给出了某典型移动式（推车式）高压细水雾灭火装置的性能参数，其泵组额定工作压力达到 13MPa。

某典型移动式高压细水雾灭火装置性能参数　　表 6-7

项目	参数
产品型号	GXTQ-20/12-HPS
驱动方式	锂电池＋72V 直流电机
外形尺寸（mm）	1150×750×1050
高压泵额定工作压力（MPa）	13
高压泵出口额定流量（L·min^{-1}）	水雾模式：19.0 细水雾模式：19.7
喷枪额定工作压力（MPa）	12
水箱容积（L）	150
喷头射程（m）	水雾模式：12.0 细水雾模式：3.5
连续工作时间（外接水源）（min）	＞60
软管长度（m）	50
灭火级别	4A/34B

另有一类中低压细水雾技术，细水雾的喷放不依赖于水经小孔高压挤出，因此喷嘴孔径可达 1.5～3mm。水首先经过喷嘴内的复杂流道进行旋转、撞击实现一次雾化，并喷出后在空气中进一步发生雾化，如图 6-29 所示。此类细水雾液滴粒径虽然较高压细水雾偏大，但兼顾了弥漫性和贯穿性，部分液滴可以进入火场内部，有利于深位火灾的扑救。中低压细水雾

系统压力低，管道、阀门要求的强度也较低，机组耗能较低，机组体积较小。同时较大的喷嘴孔径使其抗污染性更强，不易发生堵塞。然而，受限于喷嘴内部结构设计和加工难度，中低压细水雾目前应用不多，有待进一步挖掘其市场潜力。

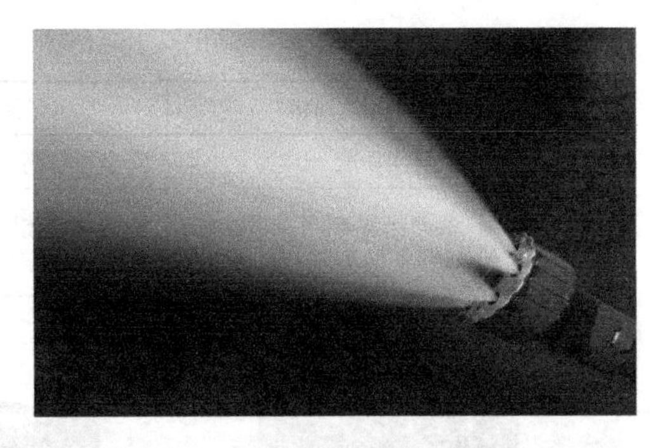

图 6-29　中低压细水雾喷枪喷射状态

(2) 移动方式：可分为背负式、推车式和分布式等，如图 6-30 所示。不同移动方式的细水雾灭火装置有其各自的适用场合。背负式细水雾灭火装置的水箱容积在 10～20L，体积小，重量轻，适宜单兵作战，有利于接警后第一时间赶赴现场参与灭火，特别针对地形复杂、依山而建的文物建筑群具有较好的适应性；推车式细水雾灭火装置的水箱容积在 50～150L，具有数百米的保护半径，灭火级别相对背负式更高，可处置已经过一定发展的火灾，是目前文物建筑中应用较为普遍的一类细水雾灭火装置；分布式细水雾灭火装置的水箱容积在 250～400L，灭火级别更高，特别对于高处火灾具有良好效果，但其水箱和动力装置几乎无法移动，仅通过软管的延伸获取一定的机动性，通常作为特别重要文物建筑的强化保护措施。

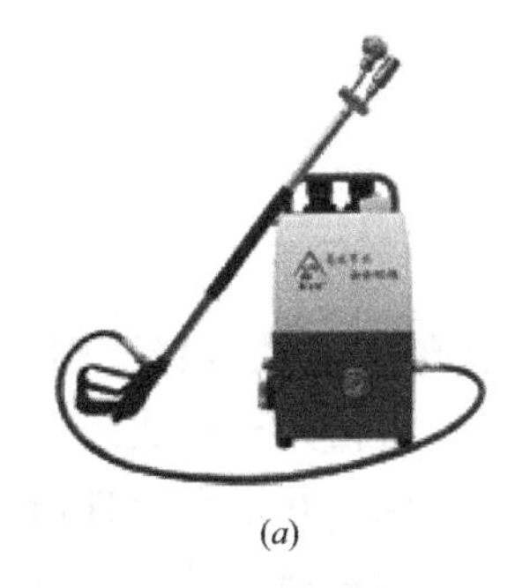

(a)

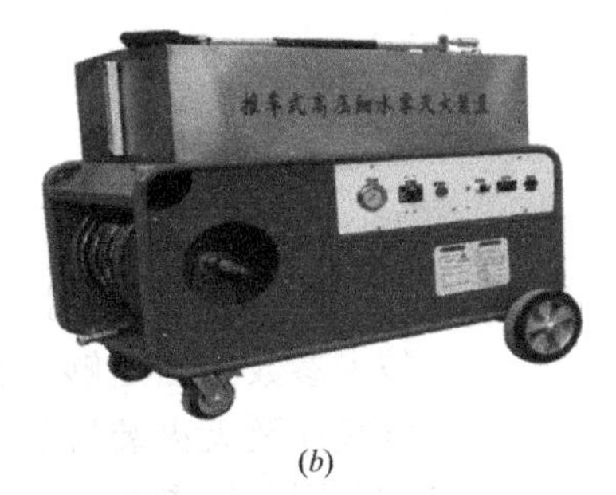

(b)

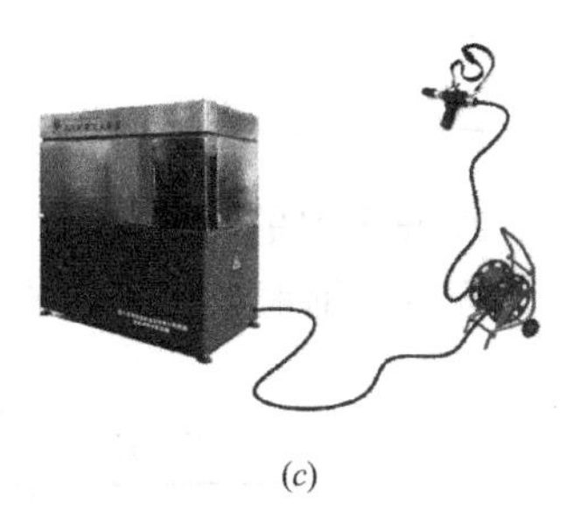

(c)

图 6-30　不同移动方式的细水雾灭火装置

(a) 背负式；(b) 推车式；(c) 分布式

(3) 驱动方式：可分为汽油机、柴油机、直流电机（蓄电池）、交流电机等，对于背负式细水雾灭火装置，也有部分采用高压瓶组驱动。交流电机驱动受制于接电条件，通常仅在分布式细水雾灭火装置中有所应用。移动式细水雾灭火装置常用的三种驱动方式对比如表 6-8 所示，其典型外观如图 6-31 所示。

移动式细水雾灭火装置驱动方式对比　　　　**表 6-8**

项目	汽油机	柴油机	直流电机（蓄电池）
重量	体积较小，重量较轻，移动方便	体积较大，重量较重，移动不太方便	体积与重量与汽油机型基本一样，移动较方便
持续能力	水箱持续加水，设备可长时间运行，持续能力强		电池充满电，设备可连续工作 30min，用完电后需要再充电才能使用，持续性能相对较弱。冬天环境温度较低时设备持续工作时间有所减少
应用场所	微型消防站、工业厂房、库房、变电所等		烟草、地铁、高铁站台、文物建筑、展厅等
操作性能	操作相对比较简单，但需要经过一定的专业培训		操作简单，按键启动

续表

项目	汽油机	柴油机	直流电机（蓄电池）
安全性	安全性一般	安全性较高	安全性较高，但充电时应有人值守
维护保养	维护保养相对简单，冬天注意防冻	维护保养相对简单，冬天注意防冻	维护保养相对简单，电池有一定的使用寿命

图 6-31 不同驱动方式的细水雾灭火装置

(*a*) 汽油机；(*b*) 直流电机；(*c*) 交流电机

二、试验研究

1. 试验目的

现行《细水雾灭火系统技术规范》GB 50898—2013 针对移动式细水雾的设置原则、技术参数缺乏足够的指导，而相关科研成果通常只涉及灭火装置的性能验证，并未系统性研究不同关键参数对灭火效果的影响。此外，现有试验火灾规模也普遍偏小。因此，有必要针对较大规模火灾进行移动式细水雾实体灭火试验，为其在文物建筑内的配备使用提供数据支撑。

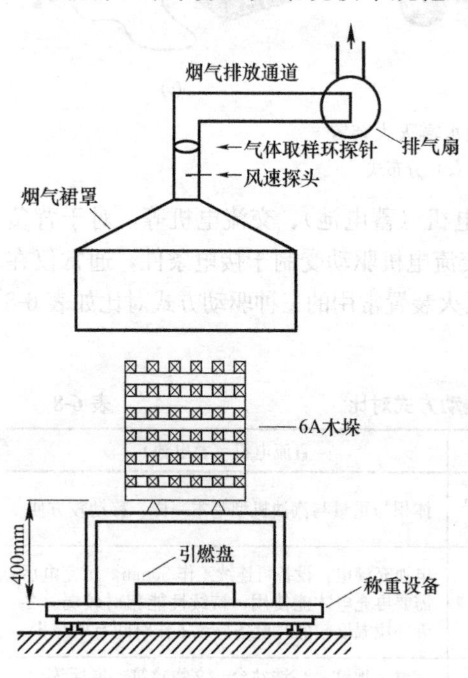

图 6-32 主体试验装置示意图

2. 试验条件

本试验选用较大规模的 6A 木垛火灾，研究移动式细水雾灭火装置在不同喷放强度、持续时间、作用距离等条件下的灭火效果，并与干粉灭火器进行比较。此外，通过分析灭火后残余木垛的完好性，评估其对文物建筑的影响。本试验依据《推车式灭火器》GB 8109—2005 中 A 类火灭火试验的相关标准进行，主体试验装置如图 6-32 所示。试验用移动式细水雾灭火装置型号为 OERTZEN HDL250，具有近程细水雾和远程细水雾 2 种喷射模式。

3. 试验基本过程

试验共完成 12 组工况，限于篇幅，本书选取了其中一组典型工况（近程细水雾模式、距离火源 4m、木垛质量剩余 57%时开始喷射）展示灭火过程，如图 6-33 所示。

图 6-33 移动式细水雾灭木垛火过程

试验中也设计了一组移动式干粉灭火器灭火工况，用于与细水雾灭火效果进行比较。与之对比的细水雾灭火工况，同样不限喷射距离和模式，由灭火人员自行选择最优的灭火条件。两组工况的试验过程及现象描述如表 6-9 所示。相较而言，干粉灭火器的灭火时间更短。然而，喷射干粉后不仅导致环境弥散大量粉尘微粒，空气条件恶化，更在木垛表面、地面、墙面等位置附着干粉，难以彻底清理。如果将干粉灭火器应用于珍贵的文物建筑，势必会对文物造成不可修复的损伤。

不同灭火装置试验过程比较 **表 6-9**

工况代号：XSW-NN-Ⅰ			工况代号：GF-NN-Ⅰ		
环境温度/湿度：18.07℃/28.74%RH			环境温度/湿度：19.07℃/28.40%RH		
木垛初始质量：180.2kg			木垛初始质量：178.6kg		
时间/试验现象	木垛燃烧状态		时间/试验现象	木垛燃烧状态	
	正视	侧视		正视	侧视
00′00″ 点火			00′00″ 点火		

续表

时间/试验现象	木垛燃烧状态		时间/试验现象	木垛燃烧状态	
	正视	侧视		正视	侧视
03′19″ 汽油燃尽， 木垛全面引燃			03′17″ 汽油燃尽， 木垛全面引燃		
09′04″ 开始细水雾灭火			09′41″ 开始干粉灭火		
10′04″ 火势被有效压制， 外部明火仅存留 在无直接喷雾 的一侧			10′19″ 火势被有效压制， 外部明火仅存留 在无直接干粉 喷射的一侧； 约 10s 后启用 第 2 部灭火器		
11′27″ 火势进一步减弱			10′45″ 主体火焰灭掉， 木垛内部残存 少量余烬		
12′25″ 主体火焰灭掉， 木垛内部中下区 域残存少量余烬			11′23″ 空间能见度低， 地面覆盖 大量粉尘	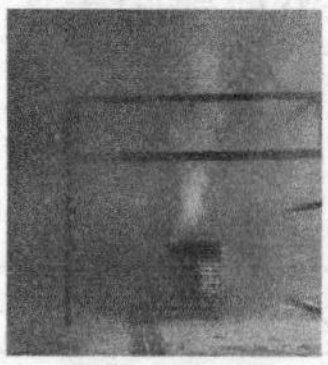	
13′20″ 灭火完成， 未发生复燃			11′40″ 灭火完成， 未发生复燃		

4. 试验结论

(1) 喷放强度

细水雾喷放强度是指作用于单位面积上的细水雾体积流量。试验中并未通过改变流量

调节细水雾喷放强度，而是通过变换喷枪模式和喷射距离影响其局部喷放强度。近程细水雾的雾化锥角大于远程细水雾，在同等喷射距离下，前者的作用面积大于后者，从而导致前者的喷放强度小于后者。而喷射距离越远，作用于木垛时的面积越大，喷放强度越小。由此可见，喷放强度越大，灭火效果越显著，且一定程度上抵消了雾化粒径的影响。如图 6-34 所示为雾化锥示意图，则喷放强度 S_m 可由式（6-1）进行估算：

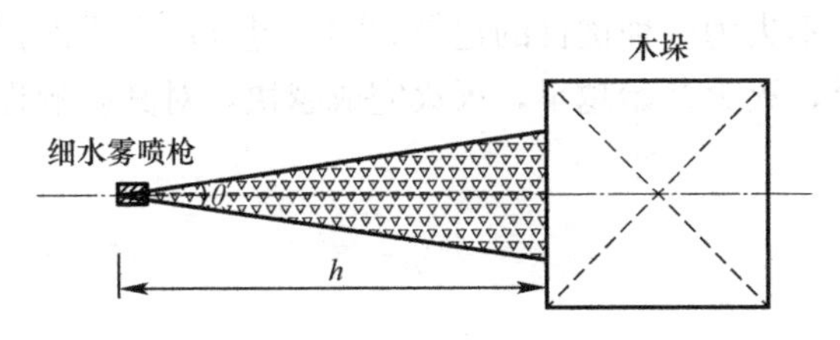

图 6-34 细水雾雾化锥示意图

$$S_m = \frac{F_m}{\pi\left(h\tan\frac{\theta}{2}\right)^2} \quad (L \cdot min^{-1} \cdot m^{-2}) \qquad (6\text{-}1)$$

其中 F_m 为细水雾喷枪流量，（$L \cdot min^{-1}$），试验期间基本维持在 $23L \cdot min^{-1}$；h 为喷射距离，（m）；θ 为雾化锥角，（deg），其中近程和远程细水雾模式分别约为 25° 和 15°。因此，对已完成的几组试验工况计算其细水雾喷放强度，如表 6-10 所示。

试验工况细水雾喷放强度 单位：（$L \cdot min^{-1} \cdot m^{-2}$） **表 6-10**

喷枪模式 \ 喷射距离（m）	2.5	4	6	8
近程细水雾	23.83	9.31	4.14	—
远程细水雾	67.58	26.40	11.73	6.60

由此可见，细水雾喷放强度与喷枪模式和喷射距离具有极强相关性。当喷放强度低于 $4L \cdot min^{-1} \cdot m^{-2}$ 时，已无法实现有效灭火，该值可近似作为移动式细水雾灭火的临界喷放强度值。

（2）喷放持续时间

本次试验没有限制用水，而是在尽可能实现灭火的情况下统计总用水量。各工况用时在 9～14min，最有利灭火条件下用水量近似为一整箱水（140L），大部分工况一箱水无法满足彻底灭火要求。考虑到火灾现场的人员操作水平难以达到专业灭火队员的程度，且保守起见假设无法外接水源，因此现有水箱容量设计稍显不足。因此如果能够在文物建筑出现大量明火前即开始灭火，便可以大大减轻灭火压力，并将火灾损失降至更低，但这也对火灾早期探测报警提出了更高要求。

（3）有效作用距离

本次试验重点研究了不同喷射距离对灭火效果的影响，进而可以推算出移动式高压细水雾的有效作用范围。对于近程细水雾模式，6m 喷射距离已无法完成灭火；对于远程细水雾模式，尽管 8m 喷射距离可以实现灭火，但木垛也已基本燃烧殆尽，灭火意义大打折扣。因此，可以认为试验型号的移动式细水雾灭火装置的有效作用范围在 5m 以内。移动式细水雾灭火装置的一大优势即为灵活轻便，实际灭火过程中应在保证灭火人员安全的前提下，尽可能接近火灾发生位置进行喷射。

（4）对文物建筑风貌的影响

火灾不可避免地将对文物建筑风貌造成损坏，但如果灭火过程引入二次破坏，甚至可能得不偿失。相比于传统的干粉灭火器，高压细水雾虽然在灭火效率上稍逊，但其对文物建筑的影响大大降低，不失为一种优良的选择方案。过火后木垛的损毁状况与火灾持续时间和灭火历程最为相关，灭火开始越早，灭火完成越快，对其影响程度也就越轻。

三、模拟研究

1. 模拟条件

参考本书第三章第二节，这里仍以文物建筑 TSD 为模拟对象，共模拟了 10 组工况，分别考察喷射时机、喷射流量、雾化粒径、喷射距离等因素，如表 6-11 所示。所选基础工况为起火 180s 后、以 20L/min 的流量、从距火源中心 2m 处喷射细水雾，雾化平均、最小、最大粒径分别为 50μm、20μm、80μm。以上数值的选取部分参考了奥尔净（OERTZEN）HDL 250 移动式细水雾灭火装置的参数。为控制变量，每次仅改变基础工况中的某一项条件，而保持其他条件不变。移动式细水雾灭火装置的作用位置如图 6-35 所示。

TSD 模拟移动式细水雾灭火工况 **表 6-11**

工况编号	起始喷射时间（s）	流量（L/min）	距离火源（m）	雾化粒径 *（μm）			现象描述
				d_{avg}	d_{min}	d_{max}	
TSD-M-BASIC	180	20	2	50	20	80	基础工况；火焰局限于火源附近，稍有蔓延
TSD-M-2	60	20	2	50	20	80	火焰局限于火源附近，无蔓延
TSD-M-3	120	20	2	50	20	80	火焰局限于火源附近，稍有蔓延
TSD-M-4	300	20	2	50	20	80	火焰局限于火源附近，稍有蔓延
TSD-M-5	180	10	2	50	20	80	600s 左右发生轰燃
TSD-M-6	180	30	2	50	20	80	火焰局限于火源附近，稍有蔓延
TSD-M-7	180	20	2	30	10	50	火焰局限于火源附近，稍有蔓延
TSD-M-8	180	20	2	80	50	120	550s 左右发生轰燃
TSD-M-9	180	20	3	50	20	80	760s 左右发生轰燃
TSD-M-10	180	20	4	50	20	80	600s 左右发生轰燃

注：* 符合 Rosin-Ramler 分布，$\lambda=2.4$。

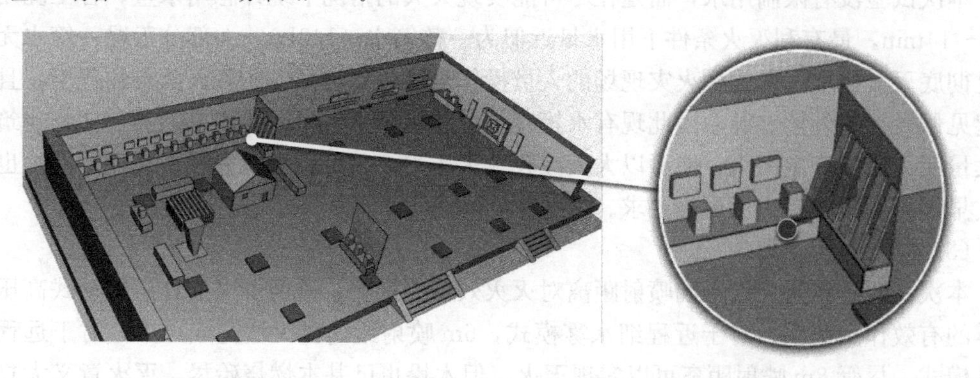

图 6-35 文物建筑 TSD 内移动式细水雾灭火作用点示意

2. 模拟灭火过程

图 6-36 为基础工况下的火灾蔓延状态和灭火过程。可见此时除在火源区域有少量残余火焰外，整个大殿未发生轰燃，细水雾对于大殿的防火保护具有显著效果。图中蓝色颗粒为模拟细水雾颗粒，仅为示意。

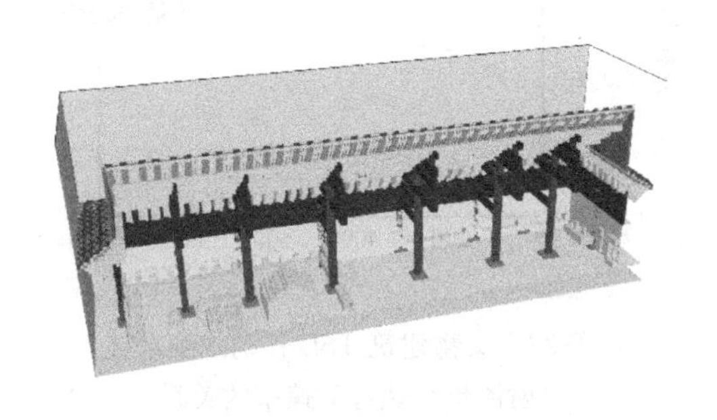

$t = 180\,s$

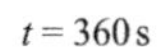

$t = 360\,s$

$t = 540\,s$

$t = 720\,s$

图 6-36　文物建筑 TSD 移动式细水雾灭火过程

3. 模拟结论

图 6-37～图 6-40 分别为上述各因素与火灾热释放速率的关系。为便于提高区分度，图中纵坐标采用对数坐标。根据模拟计算结果，可以得到以下结论：

（1）喷射时机

至少在起火 300s 前利用移动式细水雾灭火装置可以阻止火势扩大，将火灾控制在局部范围。考虑到 360s 左右建筑已发生轰燃，因此移动式细水雾灭火装置对于避免火灾发展为轰燃具有良好效果。

（2）喷射流量

移动式细水雾灭火装置的喷射流量在 10L/min 时只能延缓轰燃发生，无法彻底阻止火势扩大；当喷射流量达到 20L/min 甚至更大时，可以基本实现灭火。

（3）喷射距离

移动式细水雾灭火装置的喷射距离在 3m 或更远时对火灾的控制效果已较为微弱，建议尽可能近距离喷射。如初始无法靠近，也应在火场环境降温后逐步靠近起火点。

（4）雾化粒径

其他条件相同时，喷射细水雾的粒径越小，雾滴的比表面积越大，有效蒸发吸热量越多和隔绝空气窒息的效果越好。甚至当雾化粒径增大到一定程度后，灭火失败，建筑最终发生轰燃。

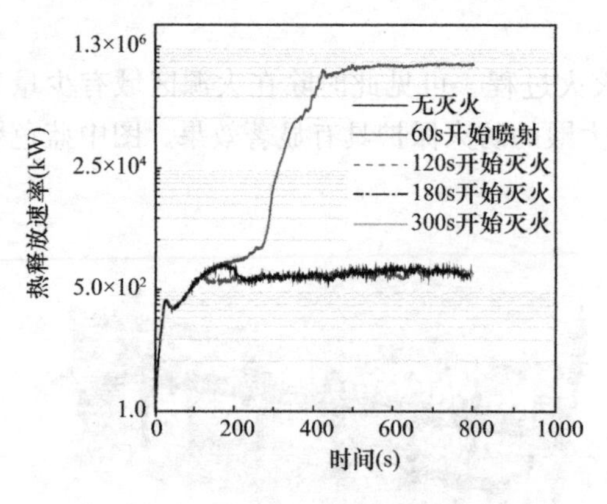

图 6-37　文物建筑 TSD 移动式细水雾喷射时机与热释放速率的关系

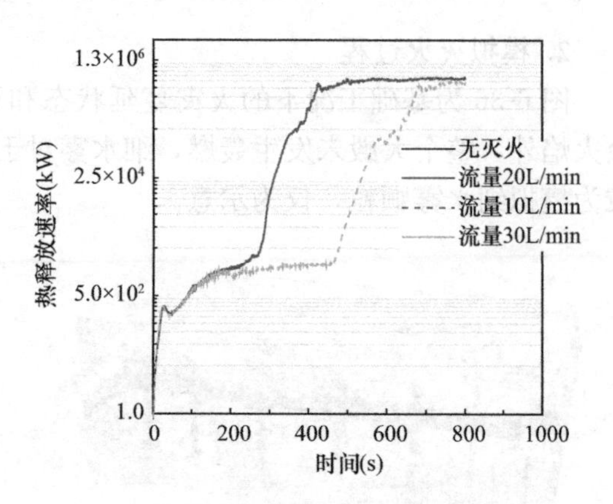

图 6-38　文物建筑 TSD 移动式细水雾喷射流量与热释放速率的关系

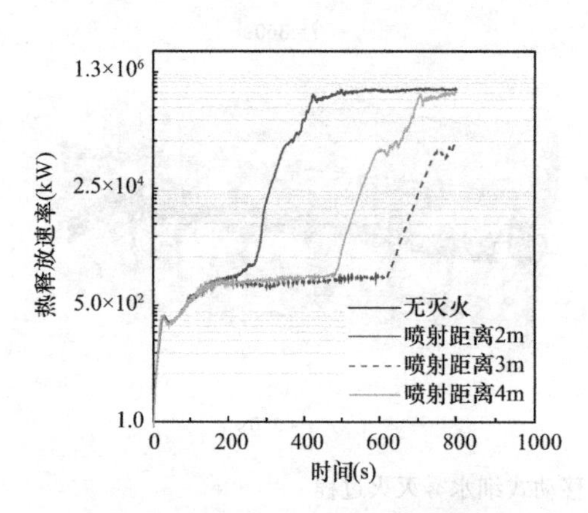

图 6-39　文物建筑 TSD 移动式细水雾喷射距离与热释放速率的关系

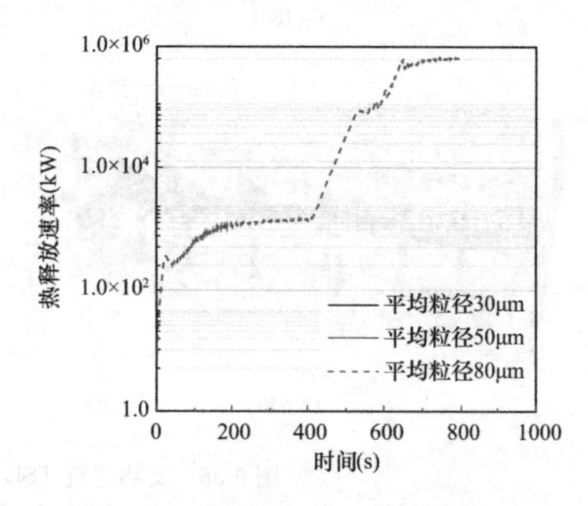

图 6-40　文物建筑 TSD 移动式细水雾雾化粒径与热释放速率的关系

第三节　细水雾防火分隔系统

一、试验研究

1. 试验目的

多数文物建筑因为缺少足够的防火间距，且无法设置防火墙，热辐射的传递往往会将临近文物建筑大面积引燃。针对此消防难点，引入细水雾防火分隔系统，在基本不破坏文物风貌的前提下，或可以产生可靠的防火分隔效果。细水雾防火分隔系统与传统消防水幕相比，不仅大量节水节地，且由于水量较小，在防火保护过程中对文物建筑的二次伤害也较轻。为了验证和分析细水雾防火分隔系统对文物建筑的保护作用，本部分采用试验方法，对其分隔效果、设置参数等进行研究。

2. 试验条件

试验分别对固定式和移动式细水雾防火分隔系统的隔热能力进行测试，并与使用较多的开式洒水喷头水幕系统（按《自动喷水灭火系统设计规范》GB 50084—2001（2005 版）

设计，以下简称水幕系统）进行对比。试验中同时测试了移动式细水雾防火分隔系统在距离火源不同位置、不同喷水强度时的阻隔热辐射的能力。图 6-41～图 6-43 分别为固定式细水雾防火分隔系统、移动式细水雾防火分隔系统和水幕系统试验现场照片。

图 6-41　固定式细水雾防火分隔系统试验

图 6-42　移动式细水雾防火分隔系统试验

图 6-43　开式洒水喷头水幕系统试验

固定式细水雾防火分隔系统和水幕系统的喷头均为从上向下喷射，移动式细水雾防火分隔系统的喷头为从下向上喷射，喷头高度错列布置，如图 6-44 所示。

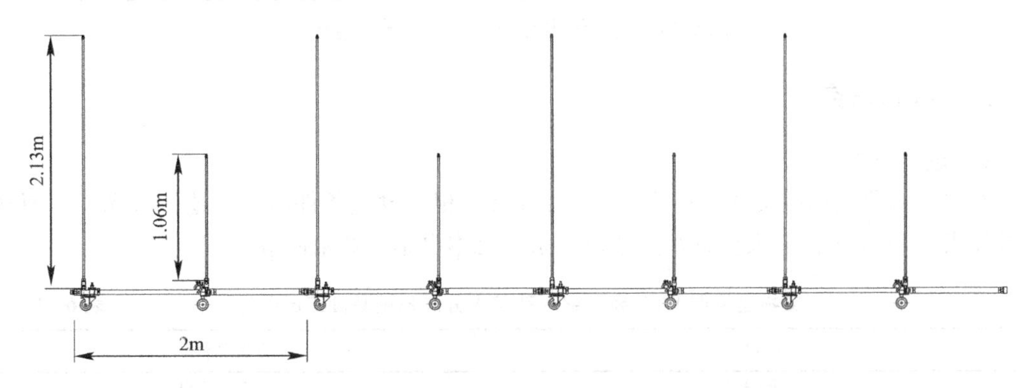

图 6-44　移动式细水雾防火分隔系统试验管路布置

3. 试验结论

（1）阻隔热辐射效果

单排布置的固定式、移动式细水雾防火分隔系统在阻隔热辐射的效果上与水幕系统相近。基础试验工况下，固定式细水雾防火分隔系统、水幕系统的热辐射通量衰减率均在80%～90%，移动式细水雾防火分隔系统的热辐射通量衰减率在60%～70%。随着移动式细水雾防火分隔系统与火源距离的增加，其阻隔热辐射的作用效果呈递减趋势，当距离由1m增加到3m时，热辐射通量衰减率由约60%降至约40%。

(2) 防止烟气扩散效果

固定式、移动式细水雾防火分隔系统在防止烟气扩散的效果上均好于水幕系统。这是细水雾的固有优势，因其雾滴粒径更小，空间弥散更为均匀，能够更有效地吸附烟气颗粒，使其不容易穿透分隔区域蔓延至保护侧。

(3) 环境风速影响

移动式细水雾防火分隔系统布置在距火源1m、2m的位置时，环境风速对分隔效果的影响较大，保护侧温度曲线波动较为剧烈，难以实施稳定有效的防火保护；当距火源3m时，环境风速的影响减弱，保护侧温度曲线波动较小，防火保护效果显著提升。因此在设计细水雾防火分隔系统布置位置时，应考虑环境风速因素，合理选取与建筑（即潜在火源）的距离，不宜过远或过近。

以上细水雾防火分隔系统在溥伦贝子府门楼保护工程中得以应用，如图6-45所示。

图6-45　高压细水雾防火分隔系统的应用

二、模拟研究

1. 模拟条件

本次模拟研究仍以文物建筑群WLS为对象，相关设置条件参考上述试验条件，具体参数如表6-12所示。起火位置及其他设置条件见本书第三章第四节。

文物建筑群WLS高压细水雾防火分隔系统基础工况条件　　表6-12

项目		设置条件
工况编号		WLS-M-BASIC
细水雾防火分隔系统	设置位置	距离2号建筑外墙2m
	分隔宽度	26m（与建筑底边等宽）
	喷射方向	向上
	喷头数量	27
	喷头高度	高2.8m，低1.7m，交错布置

续表

项目			设置条件
细水雾防火分隔系统	喷射参数	压力	12MPa
		流量系数 （单个喷头流量）	$20L/(min \cdot atm^{0.5})$ (219L/min)
		雾化锥角	20°
		雾化粒径	Rosin-Ramler 分布：$\lambda=2.4$ $d_{min}=20\mu m$ $d_{avg}=200\mu m$ $d_{max}=\infty$
	启动逻辑		2 号建筑正门口距地 2m 处热电偶温度达到 60℃
其他参数			与工况 WLS-BASIC 相同

2. 模拟防火分隔效果

基础工况的火灾蔓延过程和防火分隔效果如组图 6-46 所示。随着火灾导致建筑周边温度的上升，当 2 号建筑门口处距地 2m 的热电偶温度达到 60℃后（约 400s），触发启动细水雾防火分隔系统。实际操作中如有必要，也可适当降低触发启动的阈值，并增加声光报警和一定延迟时间，如有误报可及时手动解除。细水雾防火分隔系统的启动和运行将有效地阻隔热辐射，尽管无法扑灭初始起火建筑的火灾，但可以有效阻止其向对侧建筑蔓延，至计算结束，1 号建筑未被引燃。

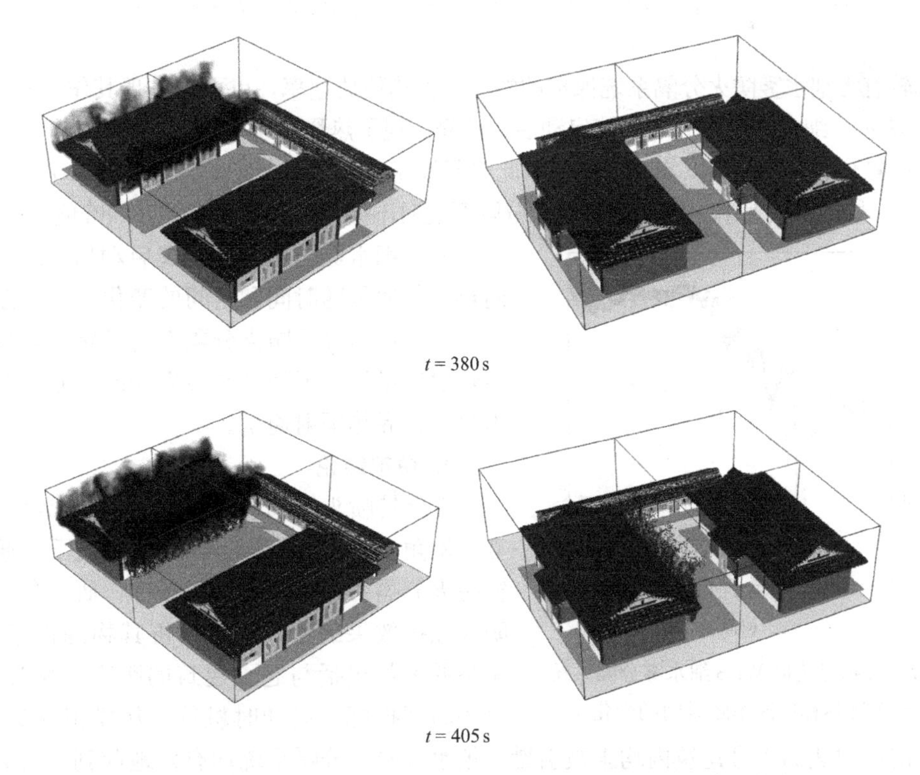

图 6-46　文物建筑群 WLS 细水雾防火分隔系统基础工况火灾蔓延状态（一）

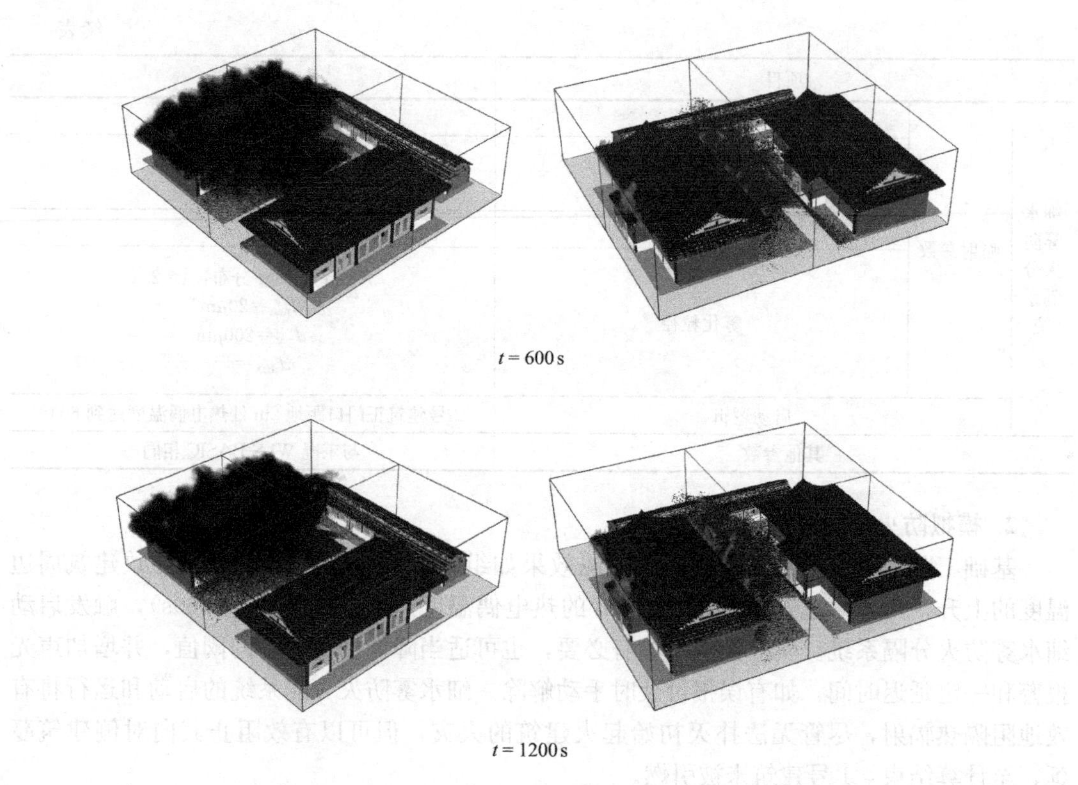

图 6-46　文物建筑群 WLS 细水雾防火分隔系统基础工况火灾蔓延状态（二）

比较有无细水雾防火分隔系统保护的整体火灾热释放速率，也可以体现其作用效果，如图 6-47 所示。细水雾防火分隔系统启动后，首先出现了热释放速率的瞬间下降，但由于其只具有阻火隔热的作用，难以实现灭火，因此热释放速率随后又缓慢上升。由于未引燃对侧的 1 号建筑，故热释放速率的发展规律与无分隔系统时不同，不存在二次上升的峰值。

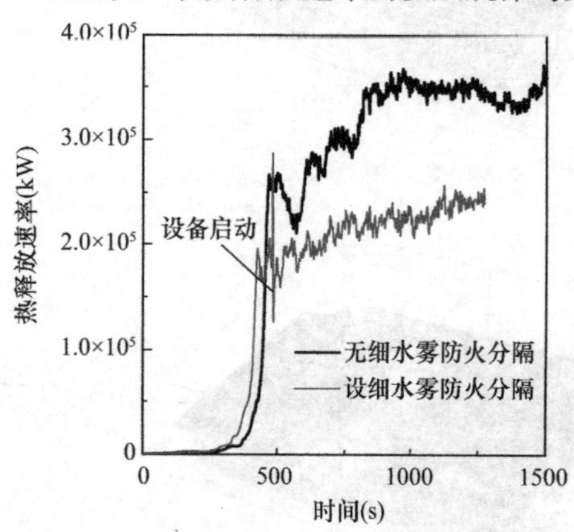

图 6-47　文物建筑群 WLS 细水雾分隔系统基础工况热释放速率随时间的变化

高压细水雾防火分隔系统启动后，纵向和横向热辐射通量随时间和空间的变化趋势如图 6-48 所示。相比与设置防火分隔系统的情况，保护侧热辐射通量显著下降（$<1kW/m^2$），远低于引燃木材的临界热辐射通量。

3. 模拟结论

在保持喷头喷射参数（如压力、雾化粒径、雾化锥角）、系统总流量不变的前提下，通过调整防火分隔系统的若干设置条件，研究各因素对防火保护效果的影响，并分析其物理作用机制。调整的参数包括与起火建筑的距离、喷头密度、喷头高度搭配、启动时机等。从模拟现象观察，所有工况中对侧的 1 号建筑内均未被引燃，细水雾防火分隔系统均有效地起到了防火保护的作用。这也说明在安装此类细水雾防火分隔系统后，只要启动不过于迟晚，都将可靠地发挥作用，而其设置条件可适当放宽。本研究为进一步比较各影响因素，利用 FDS 的数

理统计功能，通过量化指标对高压细水雾防火分隔系统的作用效果进行评判分析。

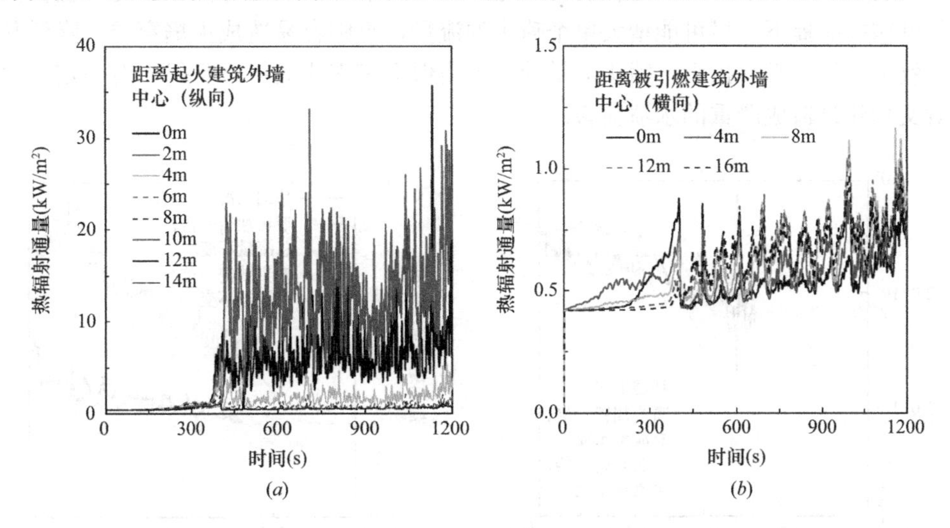

图 6-48　文物建筑群 WLS 细水雾防火分隔系统基础工况空间辐射热通量随时间的变化

(a) 纵向（高于 2 号建筑地坪 4m）；(b) 横向（高于 2 号建筑地坪 4m）

（1）设置位置影响

首先考察细水雾防火分隔系统与起火建筑外墙的间距，本书对比了 2m 和 5m 两个工况。如图 6-49 所示，当距离起火建筑外墙更远时，其原有的微弱灭火功能彻底消失，使得热释放速率稍有上升。且此时对侧 1 号建筑门楣处的热辐射通量尽管绝对值仍然较低，但稍有增加，如图 6-50 所示。由此可见，不宜将细水雾防火分隔系统设置在与被保护建筑外墙相距过远的位置，但如果为节省成本也可在两栋建筑中间设一道分隔系统，建议利用模拟计算验证其作用效果。

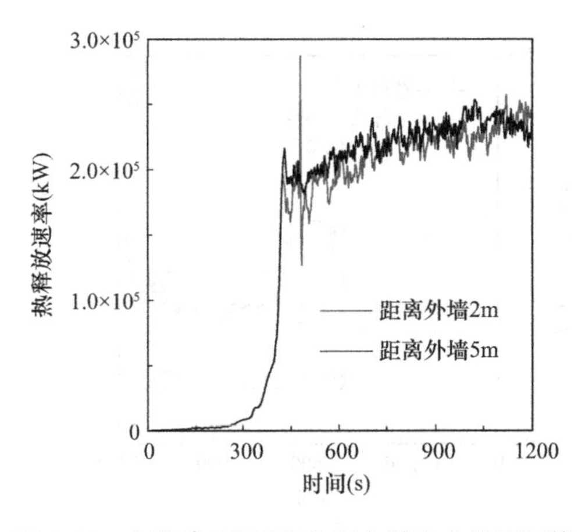

图 6-49　文物建筑群 WLS 细水雾防火分隔系统不同设置位置工况热释放速率随时间的变化

图 6-50　文物建筑群 WLS 细水雾防火分隔系统不同设置位置工况 1 号建筑门楣处辐射热通量随时间的变化

（2）喷头密度与流量影响

考虑在系统总流量不变的情况下，调整喷头设置密度，当密度增大（即喷头数目增加）时，单个喷头的流量相应有所减少。从图 6-51、图 6-52 中的结果可见，当喷头密度增大后，造成分隔效果呈现一定程度的弱化，即不利于对火灾的阻隔。因此，应在保证防火分隔可靠的前提下，尽可能增大单个喷头的流量，否则容易造成火焰穿透，降低其阻烟隔热的效果。但是必须指出，喷头流量的增大需保证其雾化效果，且仍应有一定上限，否则将对文物建筑造成严重的水渍损害。

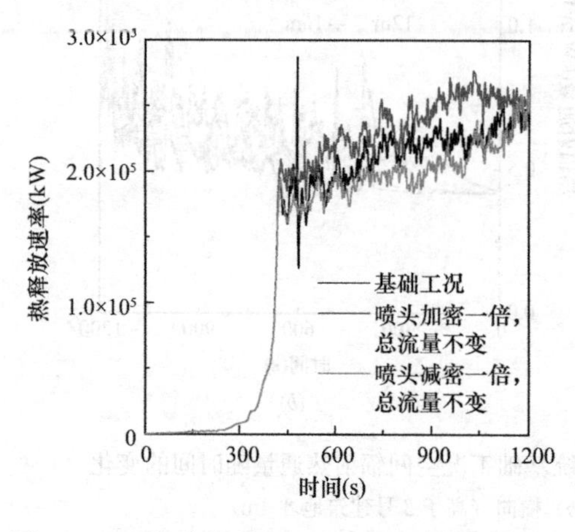

图 6-51　文物建筑群 WLS 细水雾防火分隔系统不同喷头密度工况热释放速率随时间的变化

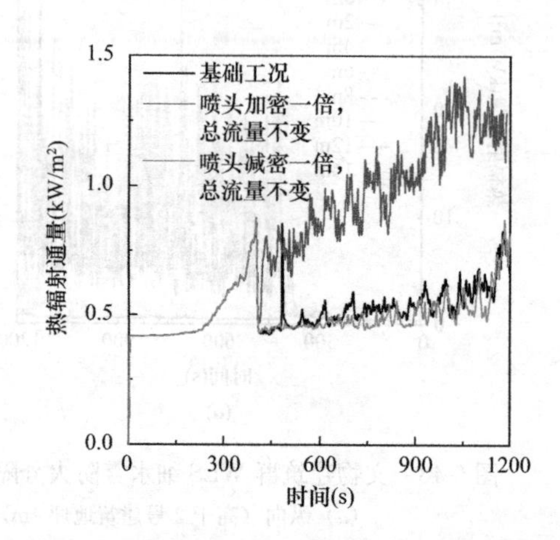

图 6-52　文物建筑群 WLS 细水雾防火分隔系统不同喷头密度工况 1 号建筑门楣处辐射热通量随时间的变化

（3）喷头高度影响

对照试验工况中所用的高低组合喷头，本研究中同时设置了全高喷头和全低喷头两种布置方案。从图 6-53、图 6-54 中的结果可见，采用全高喷头后，热释放速率和对侧建筑热辐射通量均有一个较为明显的上升，说明起火建筑下部热量将不受阻隔地通过辐射传递出去，有进一步引燃其他建筑的危险。综合试验和模拟结果，高低错落配置的喷头形式将形成上下互补的形态，这是较为合理的。

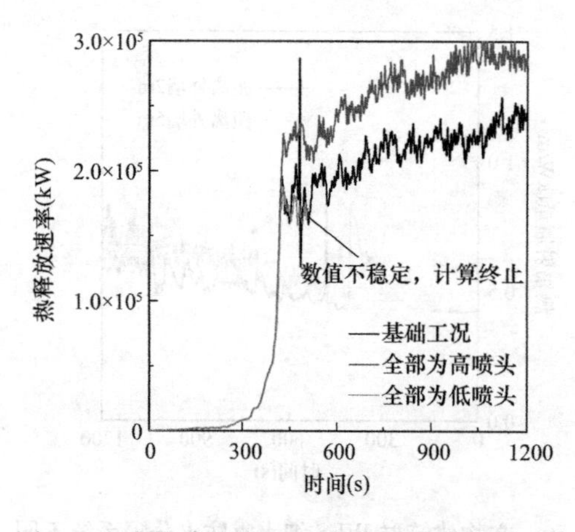

图 6-53　文物建筑群 WLS 细水雾防火分隔系统不同喷头高度工况热释放速率随时间的变化

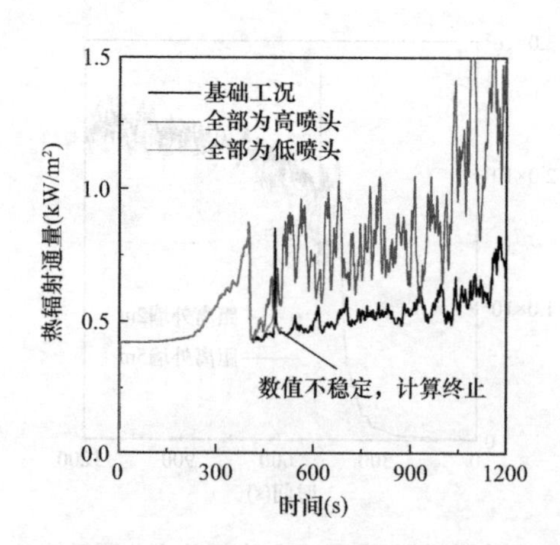

图 6-54　文物建筑群 WLS 细水雾防火分隔系统不同喷头高度工况 1 号建筑门楣处辐射热通量随时间的变化

（4）启动时机影响

显而易见，细水雾防火分隔系统启动越早，越有利于实现保护功能，周边建筑被引燃的概率越低。如果采用联动启动，将取决于火灾探测的灵敏度，同时启泵和管路充水也需

要一定的时间。从图 6-55、图 6-56 中的结果可见，当迟至 480s 启动后，对侧 1 号建筑所接受的热辐射通量最高已超过 6kW/m²，分隔系统启动后该值迅速下降至较低水平。如果周边建筑被引燃后再启动分隔系统，已有所迟晚。因此，建议增加文物建筑人员值守巡查力度，不仅可以在火灾自动报警联动前手动启动细水雾防火分隔系统，也可以对可能存在的误动作及时加以处置。

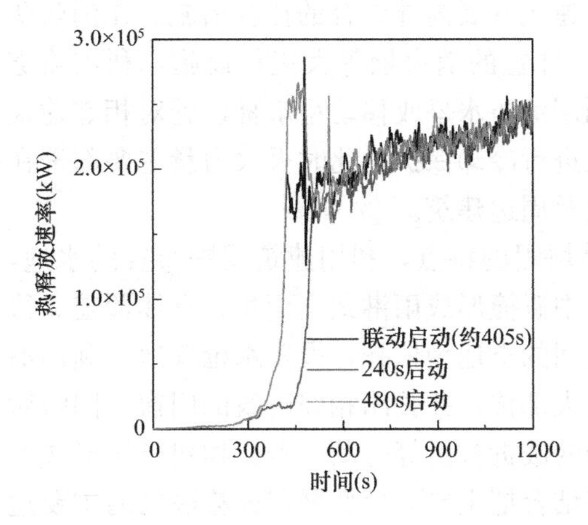

图 6-55　文物建筑群 WLS 细水雾防火分隔系统不同启动时机工况热释放速率随时间的变化

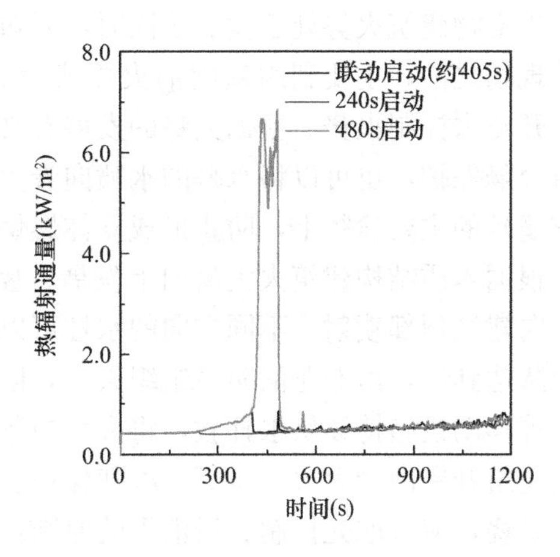

图 6-56　文物建筑群 WLS 细水雾防火分隔系统不同启动时机工况 1 号建筑门楣处辐射热通量随时间的变化

第四节　文物建筑中灭火设施的应用

火灾的发展具有一定的普遍规律，每个阶段都会有不同的特点，根据不同阶段的特点选择适合的灭火设施及扑救对策会起到事半功倍的效果。本节在对常用灭火设施在文物建筑中适用性分析的基础上，结合火灾发展的不同阶段、文物建筑的不同特征，重点介绍文物建筑灭火设施的设置方法。

一、火灾发展不同阶段灭火设施的选择

1. 初期阶段的扑救

由于火灾在初起阶段积蓄的能量少，燃烧范围小，若能及时发现和扑救，火灾损失将大大减少。分析国内外火灾统计资料，初起火灾灭火设施的设置不仅能防止小火蔓延成大火，减少火灾损失和人员伤亡，而且还可节省自动灭火系统启动费用。当火灾探测器报警或现场人员发现火灾后，应立即组织文物建筑内的工作人员开展扑救，时机稍纵即逝。从灭火角度来讲，基本对策应是“立足于自救”，在此阶段可供选择的灭火设施包括灭火器、消防水喉或轻便消防水龙、移动细水雾灭火装备、室内消火栓、沙土、石棉毯、简易消防设施等。

在使用这些设备时，一定要按照操作要求，对准火源根部释放灭火剂，直接攻打着火点，控制火势。同时注意尽量减小灭火剂的喷射范围，最大限度地保护好文物。必要的情况下，组织人员疏散文物，对于难以疏散的文物使用石棉毯等将其严密覆盖。此阶段以自救和使用室内的灭火设施为主，对于非专业消防队来讲，处置好初期火灾时减少损失的关键。结合各文物建筑的使用性质和安全要求，正确合理地设置初起火灾灭火设施，则是消

防实战的客观需求，也是重要的消防措施之一，应引起广泛重视。

对于安装了自动灭火系统的文物建筑，火灾发生时，通过其内部设置的自动灭火系统，如水喷淋、固定式细水雾、简易自喷系统可自动探测火灾并自动启动释放灭火剂。另外，自动灭火系统对文物建筑的中期火灾也有较好的扑救效果。

2. 充分发展阶段的扑救

当文物建筑火势处于发展阶段时，要对着火建筑开展内外结合的扑救措施。在消防队到达现场之前，主要利用室内消火栓或紧贴建筑外置的消火栓等大流量设施，利用喷雾水、开花水控制火势。根据火势的发展有必要利用消防水幕或移动型水幕设施对相邻建筑进行分隔保护，也可以将水幕的水喷向着火建筑进行冷却保护。此时灭火力量主要部署在火灾蔓延的主要途径上，防止形成立体燃烧，殃及周边建筑。

根据木质结构建筑火灾易向上发展、屋顶易坍塌的特点，利用建筑周围布置的水炮，集中向建筑顶部喷射，不同方向的水柱可以在空中碰撞形成雨淋式全面积、立体覆盖。待消防队达到后，由专业消防员组织灭火，以庭院间的空地为依托，设置水枪阵地，利用消防车等移动设施持续供水扑救，将火势控制在起火部位，并关闭相邻建筑的门窗，同时对着火建筑开展内功灭火、排烟、冷却保护、适当的破拆救援等行动。若文物建筑群形成大面积燃烧，应采取先控制、后消灭的原则，固移结合把主要力量部署在火势蔓延的主要途径上，将燃烧区域分成若干段，分片灭火，此时水炮、水幕的分隔作用更加明显。

二、灭火设施的设置位置

我国文物建筑以木结构和砖木结构为主，种类繁多，形式多样，构造复杂，具有明显的地域特点和民族特征。文物建筑按照用途可分为宫殿建筑、宗教建筑、坛庙建筑、陵墓建筑、园林建筑、民用建筑等六类。而就防火和火灾扑救而言可以简化为单体建筑和文物建筑群来划分。单体建筑作为重点保护对象，重在内部消防设施的设置。建筑群则是多个单体建筑的组合体，应在单体建筑保护的基础上，加强建筑与建筑间的防火分隔，防止火灾跳跃式蔓延发展。

在防火设计时对单体建筑重在考虑灭火器、自动灭火系统、移动式细水雾灭火装置、简易消防设施、气体灭火系统等设施的设置。灭火介质根据室内存放的文物特点选择水基型或干粉类灭火剂，必要时在建筑内设置自动喷水灭火系统。气体灭火系统则设置在电气机房、锅炉房等仿建或新建的附属房间。单体建筑内应按要求设置灭火器、消火栓等设施，或将灭火器、消火栓外置，如图6-57所示。单体建筑外围灭火设施的设置示意如图6-58所示。当消防队抵达火场后，结合现场固定设施，也可以利用消防车开展外攻灭火，如图6-59所示。

图6-57 单体文物建筑内灭火设施设置（一）

图 6-57　单体文物建筑内灭火设施设置（二）

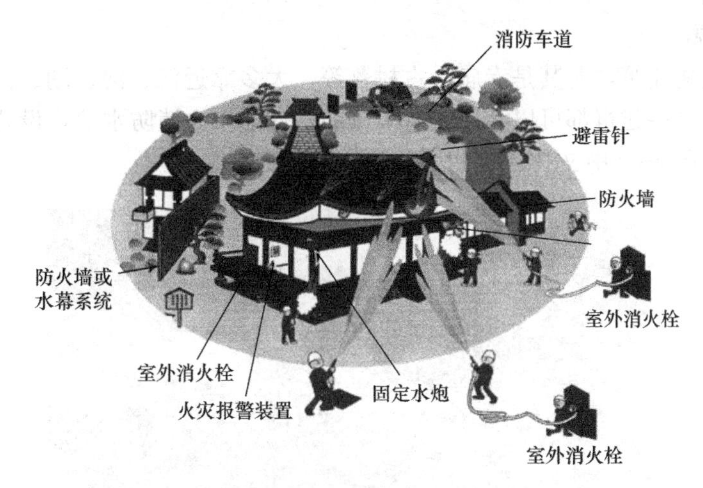

图 6-58　单体建筑外围消防设施的设置与应用

图 6-59　故宫太和殿消防演习

对于建筑群则在单体建筑保护的基础上，注重室外消火栓、水炮、水幕等设施的灭火与防火分隔设置，利用以上设施在建筑与建筑之间形成有效的防火分隔。

三、水源及供水管网的设置

当文物建筑火灾发展到充分发展阶段后，要扑灭火灾、保护相邻建筑，必须有源源不断的水作为保障。文物建筑消防水源的选择及设置是灭火成败的关键。按照本章第一节分析，根据文物建筑所处地理位置的不同，可选择天然水源、市政给水和消防水池作为消防水源。

同时，按照灭火设施的分布设置供水管网，供水管网可设置成环状管网或支状管网。

1. 市政给水

对于接近城镇或在城区内的文物建筑应该选择市政给水作为水源，并对文物建筑设置环状管网。环状管网在平面布置上，干线形成若干闭合环。由于环状管网的干线彼此相通，水流四通八达，供水安全可靠，其供水能力比枝状管网供水能力大 1.5～2.0 倍。

枝状管网在平面布置上，干线呈树枝状，分枝后干线彼此无联系。由于枝状管网内，水流从水源地向用水对象单一方向流动，当某段管网检修或损坏时，其后方无水，就会造成火场供水中断。因此，对于距离城镇较远或没有设置环状管网条件的文物建筑，可以考虑选择枝状管网。

2. 天然水源

我国很多文物建筑，尤其是寺庙、古村落等，大多靠近江、河、湖、泊、池塘、水库及井水等水源。这些建筑都可以利用这些丰富的水资源作为消防水源，设置供水管路，既经济又安全，如图 6-60 中文物建筑利用湖泊作为消防水源。

图 6-60　天然水源

3. 消防水池

对于依山而建，远离水源的文物建筑，例如半山或山顶的寺院，则有必要依地势建立高位水池，利用重力形成常高压供水，如图 6-61 所示。作为消防水池在保证常年有水的情况下，还要满足被保护建筑的灭火用水量要求。图 6-62 为日本某文物建筑的半山高位水池设置。

图 6-61　山顶高位水池

图 6-62　半山高位水池

四、文物建筑火灾扑救流程

各类灭火设施的合理配备是及时控制和扑灭火灾的基础。对于文物建筑火灾，首先应最大限度地保护高价值文物，同时在火势发展变化的过程中有取有舍，不同阶段使用好配备的灭火设施。根据火场战斗人员的不同，将文物建筑火灾扑救过程分为消防队到场前和消防队到场后两个阶段，不同阶段利用不同的设备和战术战法，其基本流程如图 6-63 所示。文物建筑管理单位应参考该流程做好灭火预案以及日常培训演练。

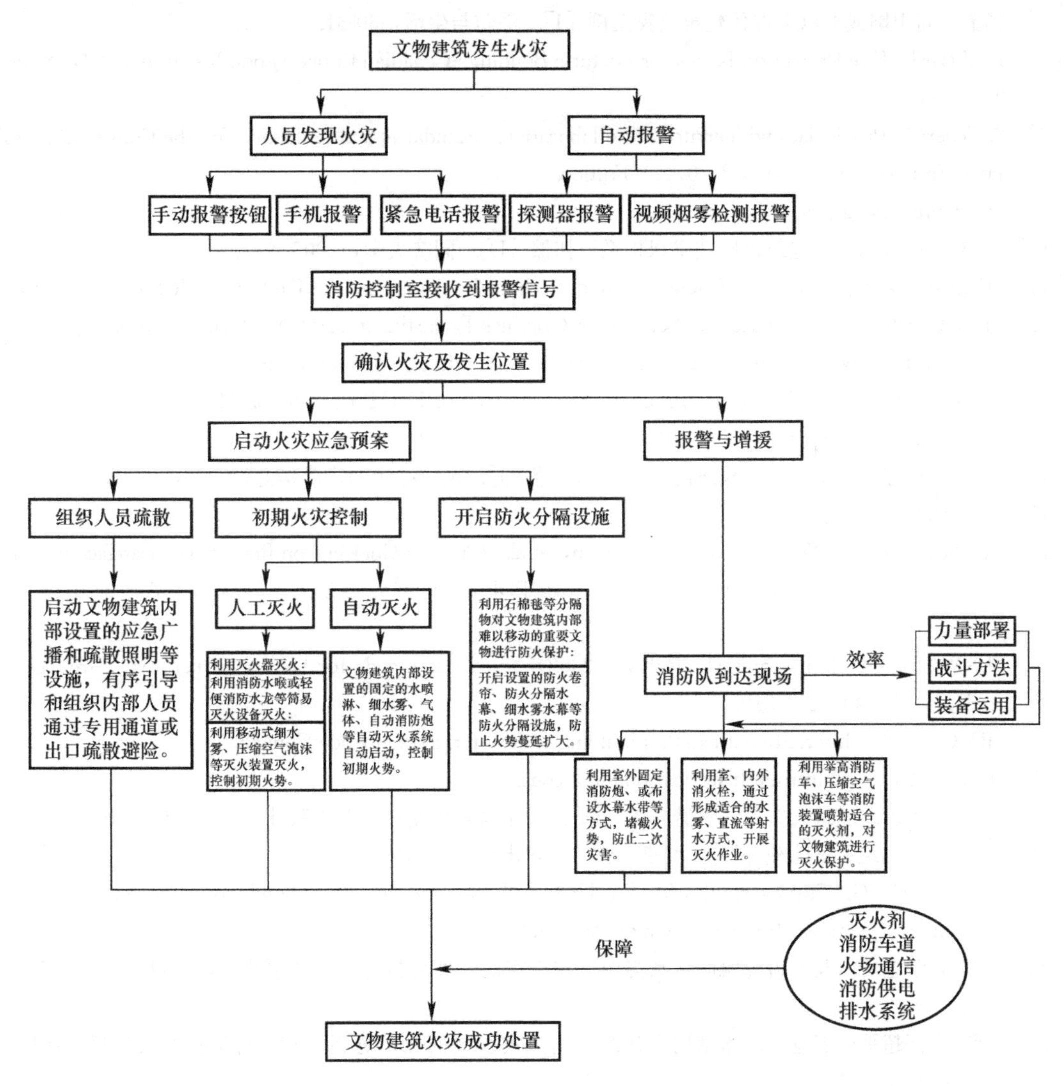

图 6-63　文物建筑火灾扑救流程

参考文献

[1] 张泽江，梅秀娟. 古建筑消防［M］. 北京：化学工业出版社，2010.

[2] 纪天斌. 故宫消防［M］. 北京：紫禁城出版社，2005.

[3] 蒙慧玲. 古建筑消防安全保护技术［M］. 北京：化学工业出版社，2017.

[4] 王英. 保护好我们共同的古文化遗产-聚焦古建筑防火［J］. 中国消防，2011，13：31-39.

[5] 丁杰. 浅谈如何做好文物古建筑的防火工作［J］. 科技展望，2015，20，245-247.

[6] 杨晶. 新中国成立以来古代建筑火灾案例［J］. 消防与生活，30-31.

[7] Paul Baril. Fire Protection Issues for Historic Buildings-Canadian Conservation Institute (CCI) Notes 2/6，1-4.

[8] A Federal，Provincial and Territorial Collaboration. Standards and Guidelinesfor the Conservation of Historic Places in Canada. 2010，2nd Edition.

[9] www. nrc-cnrc. gc. ca.

[10] 戴超. 中国木构古建筑消防技术保护系统初探［D］. 同济大学，2007.

[11] English Heritage (1997). English heritage technical guidance note. Timber paneled doors and fire.

[12] Hertfordshire Fire and Rescue Service' s Graphics Department (2006). Thatched property safety guide. http://www. hantsfire. gov. uk/thatchbooklet. pdfAccessed 09. 10 2009.

[13] Dongmei Huang et al. Recent Progresses in Research of Fire Protection on Historic Buildings［J］. J. Applied Fire Science，Vol. 19 (1) 63-81，2009-20100.

[14] 康茹，杨守生，王平. 古建筑的消防安全规范［J］. 消防技术与产品信息，2005，1，70-72.

[15] www. nfpa. org

[16] J. Zicherman，J. Watts，C.，and Alderson，et al. (2000). Guideline on fire ratings of archaic materials and assemblies. http://www. toolbase. org/PDF/DesignGuides/fire ratings. pdf. Accessed 10. 25 2009.

[17] J. Watts，M. John，and M. Robert (2002). Fire safety code for historic structures. Fire Technology，38 (4)：301-310.

[18] IECC (2009) International existing building code International Code Council.

[19] CBSC (2007) California historical building code.

[20] 宁欣，雷蕾. 建筑火灾探测报警技术［M］. 哈尔滨：黑龙江教育出版社，2016：113-126.

[21] 王金平. 建筑火灾荷载［M］. 北京：化学工业出版社，2016.

[22] Culver，C. G. Survey results for fire loads and live loads in office buildings. US Department of Commerce，National Bureau of Standards，1976.

[23] 周健，蒙慧玲. 我国古建筑的木结构构造与火灾危险性分析［J］. 华中建筑，2011，(12)：172-174.

[24] 刘芳，怀超平，李竞岌. 木结构古建筑室内火灾发展的数值分析［J］. 科学技术与工程，2019，19 (09)：304-309.

[25] 张爱莉，杨昌鸣，赵湜. 历史与现代的对话——北京文物建筑保护与再生新途径的探索［J］. 中外建筑，2013，(04)：117-120.

[26] 刘彦超，刘栋栋，王金平等. 北京住宅火灾荷载概率模型研究［C］. 第2届全国工程安全与防护学术会议. 2010.

[27] 盛骤，谢式千. 概率论与数理统计及其应用［M］. 北京：高等教育出版社，2004.

[28] Wang，Q.，Wang，C.，Feng，Z. Y.，et al. Review of K-means clustering algorithm. Electron-

ic Design Engineering，2012，20（7），21-24.
[29] 陆万里，程金新. 文物建筑普宁寺火灾数值模拟分析 [J]. 消防科学与技术，2011，30（4）：290-293.
[30] Thomas P H. Testing products and materials for their contribution to flashover in rooms [J]. Fire & Materials，1981，5（3）：103-111.
[31] 李思雨. 仿古建筑群人员安全疏散与火灾烟气研究 [D]. 北京建筑大学，2016.
[32] 朱强. 文物建筑火灾烟气流动模拟与模型实验研究 [D]. 重庆大学，2007.
[33] 李兆男，苏华，向天宇. 火源对木结构文物建筑轰燃的影响研究 [J]. 消防科学与技术，2017，36（5）：594-599.
[34] 郭福良. 木结构吊脚楼建筑群火灾蔓延特性研究 [D]. 中国矿业大学，2012.
[35] 高先占. 云南省木结构民居火灾蔓延研究 [D]. 昆明理工大学，2015.
[36] 许永贤. 福建土楼木架房间单元火灾模拟试验研究 [D]. 华侨大学，2016.
[37] 韩嘉兴. 文物建筑消防性能化研究 [D]. 北京建筑大学，2018.
[38] Harmathy T Z. Mechanism of burning of fully-developed compartment fires [J]. Combustion & Flame，1978，31（78）：265-273.
[39] 孙贵磊. 基于 PyroSim 的文物建筑火灾蔓延规律分析 [J]. 消防科学与技术，2016，35（2）：214-218.
[40] 王雁楠. 基于 FDS 的古建群落火灾蔓延规律数值分析 [J]. 中国安全科学学报，2014，24（6）：26-32.
[41] Mcgrattan K，Forney G，Floyd J，et al. Fire dynamics simulator（Version 3）-User's guide [J]. 2002.
[42] 阎昊鹏，陆熙娴，秦特夫. 热重法研究木材热解反应动力学 [J]. 木材工业，1997（2）：14-18.
[43] 文丽华，王树荣，施海云，等. 木材热解特性和动力学研究 [J]. 消防科学与技术，2004，23（1）：2-5.
[44] 电气火灾监控系统　第 1 部分：电气火灾监控设备 GB 14287. 1—2014 [S].
[45] 电气火灾监控系统　第 2 部分：剩余电流式电气火灾监控探测器 GB 14287. 2—2014 [S].
[46] 电气火灾监控系统　第 4 部分：故障电弧探测器 GB 14287. 4—2014 [S].
[47] 邱志明，周致良. 电气火灾监控系统的应用分析 [C]. 中国消防协会电气防火专业委员会电气防火学术研讨会，2011.
[48] 张振亚. 基于 ZigBee 无线传感器网络的电气火灾智能监测系统研究与设计 [D]. 华东理工大学.
[49] 王亮. 基于二总线的电气火灾监控系统的设计 [D]. 杭州电子科技大学.
[50] 孟建国，陶明. 浅谈剩余电流式电气火灾监控探测器及其应用 [J]. 低压电器，2009（04）：43-45+51.
[51] 贾佳. 文物建筑无线电气火灾监控系统的研究 [D]. 北京建筑大学，2019.
[52] 陈南，蒋慧灵. 电气防火及火灾监控 [M]. 北京：中国人民公安大学出版社，2014：209-216.
[53] 火灾自动报警系统设计规范 GB 50116—2013 [S].
[54] 消防联动控制系统 GB 16806—2006 [S].
[55] 点型感烟火灾探测器 GB 4717—2005 [S].
[56] 点型感温火灾探测器 GB 4716—2005 [S].
[57] 点型光束感烟火灾探测器 GB 14003—2005 [S].
[58] 特种火灾探测器 GB 15631—2008 [S].
[59] 吸气式感烟火灾探测报警系统设计、施工及验收规范 DB 11/1026—2013 [S].
[60] 刘明岩，常宁. 基于 ZigBee 和 GPRS 全无线火灾自动报警系统设计 [J]. 消防科学与技术，2015

(05): 59-62.
[61] 夏睿. 无线火灾自动报警系统的设计 [D]. 2016.
[62] 宋长海. 无线火灾自动报警系统的设计与实现 [D].
[63] 罗云庆, 宋军. 浅析无线火灾自动报警系统及其应用前景 [C]//2015中国消防协会科学技术年会.
[64] 丁敏. 无线智能火灾自动报警系统设计 [J]. 中国新技术新产品, No. 396 (14): 143-144.
[65] 吴龙彪, 方俊, 谢启源. 火灾探测与信息处理 [M]. 北京: 化学工业出版社, 2006.
[66] 陈南. 建筑火灾自动报警技术 [M]. 北京: 化学工业出版社, 2006.
[67] 李引擎. 建筑防火工程 [M]. 北京: 化学工业出版社, 2004.
[68] 吴龙标, 袁宏永. 火灾探测与控制工程 [M]. 北京: 中国科学技术大学出版社, 1999.
[69] 贾永红. 数字图像处理 [M]. 武汉: 武汉大学出版社, 2003.
[70] 谢添. 大空间建筑烟气控制与分析 [D]. 重庆大学, 2006.
[71] 王自朝, 孙宇臣. 视频火灾探测报警系统 [J]. 火灾科学与消防工程.
[72] 宋立巍, 黄军团. 大空间烟雾探测报警技术——红外光束线型感烟火灾探测器及高灵敏度吸气型感烟探测器 [J]. 消防技术与产品信息, 2004 (09): 11-13.
[73] 宋珍, 翁立坚, 刘凯. 远距离线型红外光束感烟火灾探测技术研究 [J]. 中国科学技术协会, 2006 (4): 326-329.
[74] 石冀军. 火灾自动报警监控通讯及联网技术的应用与发展 [J]. 中国职业安全卫生管理体系认证, 2004 (04): 67-70.
[75] 郑燕宇, 陆明浩. 智能型极早期空气采样火灾探测技术探讨 [J]. 智能建筑与城市信息, 2004 (07): 44-47.
[76] M. Thuillard. 基于火焰和模糊波最新研究成果的一种新型火焰探测器 [J]. 传感器世界, 2002 (11): 14-18.
[77] 朱立忠, 高涛. 用模糊算法实现双波段红外火焰探测器的信号处理 [J]. 辽宁工学院学报, 2003 (02): 51-52.
[78] 黄普希, 张昊. 国外视频烟雾探测技术简析 [J]. 智能建筑电气技术, 2007 (06): 13-16.
[79] 李友化. 火灾自动报警技术的应用现状及研究发展趋势 [J/OL]. http://wenku.bai
[80] 周全会. 线型光束感烟火灾探测器在大空间建筑的应用 [J]. 建筑电气. 2008, 28 (2): 52～54
[81] Shu-Guang M A. Construction of Wireless Fire Alarm System Based on ZigBee Technology [J]. Procedia Engineering, 2011, 11 (none): 308-313.
[82] Qiongfang, Yu Qiongfang Yu, Dezhong, Zheng Dezhong Zheng, Yongli, Fu Yongli Fu, 等. Intelligent Fire Alarm System Based on Fuzzy Neural Network [J]. Electronics Quality, 2004: 1-4.
[83] 徐金和, 王天锷, 严晓龙. 氟化酮灭火剂的性能及其合成路线 [J]. 消防技术与产品信息, 2005 (1): 30-33.
[84] 郑群林, 万会雄. 浅谈高压细水雾灭火技术及应用 [J]. 民营科技, 2013 (4): 57-58.
[85] 王静立, 朱玉泉, 贺小峰, 等. 移动式高压细水雾灭火器喷嘴的雾化特性实验研究 [J]. 液压与气动, 2005 (1): 68-70.
[86] 张慧. 高压细水雾系统灭火效果的实验研究 [D]. 安徽理工大学, 2016.
[87] 梁强. 细水雾灭火系统及雾化喷嘴研究 [D]. 河北工业大学, 2005.